数字信号处理
学习指导及实验

主　编　袁世英　姚道金　曹　东

副主编　钟燕科　周菁菁　陶勇剑　甘方成

西南交通大学出版社

·成　都·

内容提要

本书是《数字信号处理》（袁世英、姚道金主编，西南交通大学出版社出版）的配套教材，分为学习指导和实验两部分。学习指导部分对主教材中的重点与难点进行了归纳、集中和概括，并对全部习题进行了较为全面细致的解答，方便学生进行课后的系统练习，巩固基本知识。实验部分根据数字信号处理的基本原理、重要算法安排了5个实验。通过习题解答和实验，学生可进一步理解、领会教学内容，增强分析问题和解决问题的能力。

本书既可作为通信、电子信息等专业相关课程的辅导教材，也可作为考研人员的复习参考教材，还可以作为相关专业工程技术人员的参考书。

图书在版编目（CIP）数据

数字信号处理学习指导及实验 / 袁世英，姚道金，曹东主编. —成都：西南交通大学出版社，2021.4
ISBN 978-7-5643-8015-1

Ⅰ. ①数… Ⅱ. ①袁… ②姚… ③曹… Ⅲ. ①数字信号处理－高等学校－教材 Ⅳ. ①TN911.72

中国版本图书馆 CIP 数据核字（2021）第 074424 号

Shuzi Xinhao Chuli Xuexi Zhidao ji Shiyan

数字信号处理学习指导及实验

主编　袁世英　姚道金　曹　东

责任编辑　穆　丰
封面设计　曹天擎

出版发行　西南交通大学出版社
（四川省成都市金牛区二环路北一段 111 号
西南交通大学创新大厦 21 楼）
邮政编码　610031
发行部电话　028-87600564　028-87600533
网址　http://www.xnjdcbs.com
印刷　四川森林印务有限责任公司

成品尺寸　185 mm × 260 mm
印张　12.75
字数　319 千
版次　2021 年 4 月第 1 版
印次　2021 年 4 月第 1 次
定价　36.00 元
书号　ISBN 978-7-5643-8015-1

课件咨询电话：028-81435775
图书如有印装质量问题　本社负责退换

前言 PREFACE

本书是《数字信号处理》（袁世英、姚道金主编，西南交通大学出版社出版）配套的学习指导和实验辅导教材。

本书立足于工程应用型本科的教学实践，根据数字信号处理课程的特点，突出理论与实践相结合。全书分为学习指导与实验两部分。学习指导部分共 7 章，各章均对其重点与难点进行了归纳、总结和概括，并对全部习题进行了较为全面细致的解答，方便学生进行课后的系统练习和巩固基本知识；实验部分根据数字信号处理的基本概念与原理、重要算法与应用，安排了 5 个实验，方便学生上机练习，以加深理解数字信号处理的基本原理，并熟悉 Matlab 的使用。

本书由袁世英、姚道金、曹东担任主编，钟燕科、周菁菁、陶勇剑、甘方成担任副主编。具体编写分工为：第 1 章由钟燕科、邓芳芳编写，第 2 章由周菁菁（华东交通大学理工学院）、曹晖编写，第 3 章由陶勇剑、甘方成编写，第 4 章、第 5 章由姚道金、朱路编写，第 6 章、第 7 章由袁世英、程宵编写，第 8 章、附录由曹东（广州中医药大学医学信息工程学院）、程宵编写，全书由袁世英统稿。学校相关部门负责同志，西南交大出版社黄庆斌、穆丰编辑对本书编写工作给予了许多支持和帮助，在此表示衷心的感谢。

本书在编写构思和选材过程中参考了国内外诸多的文献资料，在此向文献资料的作者表示最衷心的感谢。

由于编者学识有限，书中难免有疏漏和不妥之处，希望得到使用本书的老师和读者的批评指正。

作 者

2021 年 1 月

目录 CONTENTS

第1章 离散时间信号与系统

1.1 重点与难点

1.1.1 信号与信号处理

1. 信号

信号是传递信息的载体。信号可分类为模拟信号与离散时间信号。离散时间信号可以采用函数、图形、序列描述。从自变量、函数值是否连续对信号进行分类，常用的有以下几类：自变量和函数值都取连续值的模拟信号（也称为时域连续信号）；自变量为离散值，函数值为连续值的时域离散信号（一般来源于模拟信号的采样）；自变量离散、幅度被量化并编码的数字信号。

2. 信号处理

信号处理是对信号进行分析、变换、综合、识别等加工，以达到提取有用信息和便于利用目的的过程。如果处理设备采用模拟部件，则为模拟信号处理（ASP）；若系统中的部件采用数字电路，信号也是数字信号，则这样的处理方法就为数字信号处理（DSP）。

1.1.2 序列与基本运算

1. 常用典型序列及波形图

1）单位脉冲序列

$$\delta(n)=\begin{cases}1, & n=0\\ 0, & n\neq 0\end{cases}$$

单位脉冲序列如图 1.1.1 所示。

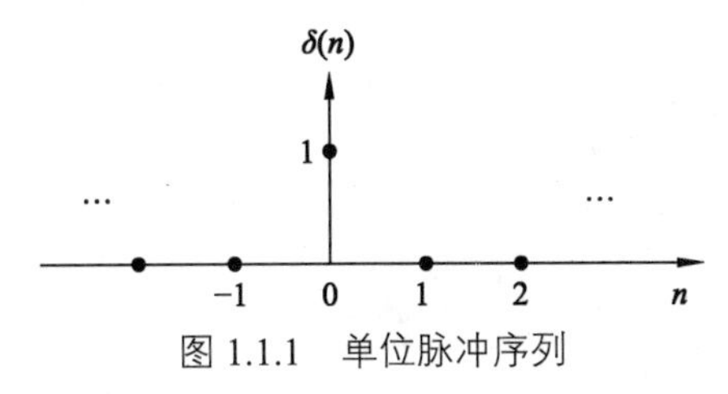

图 1.1.1　单位脉冲序列

2）单位阶跃序列

$$u(n)=\begin{cases}1, & n\geqslant 0\\0, & n<0\end{cases}$$

单位阶跃序列如图 1.1.2 所示。

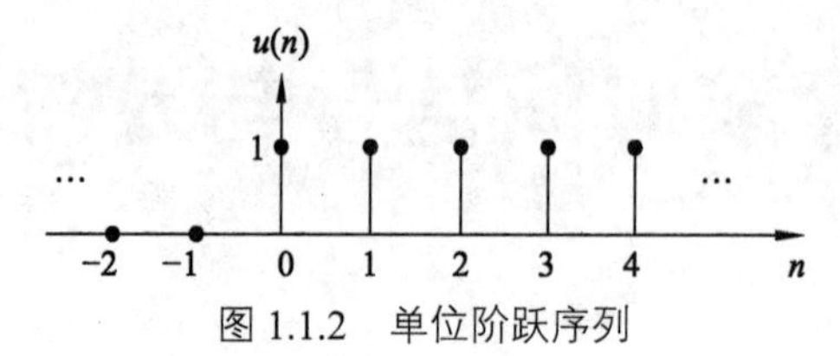

图 1.1.2 单位阶跃序列

3）单位矩形序列

$$R_N(n)=\begin{cases}1, & 0\leqslant n\leqslant N-1\\0, & n<0,\quad n\geqslant N\end{cases}$$

单位矩形序列如图 1.1.3 所示。

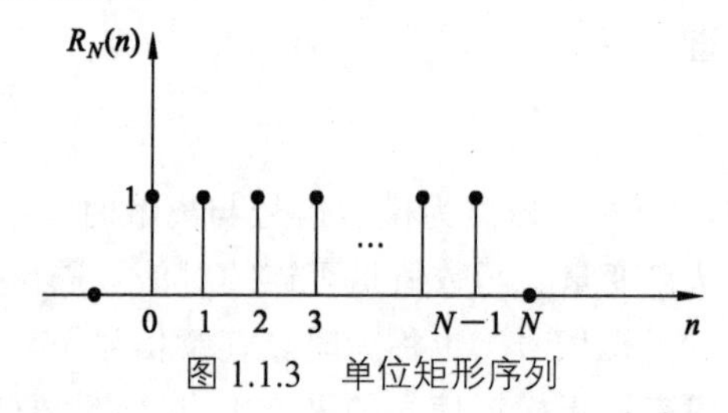

图 1.1.3 单位矩形序列

4）正弦型序列

$$x(n)=A\sin(\omega_0 n+\varphi_0)$$

正弦型序列如图 1.1.4 所示。

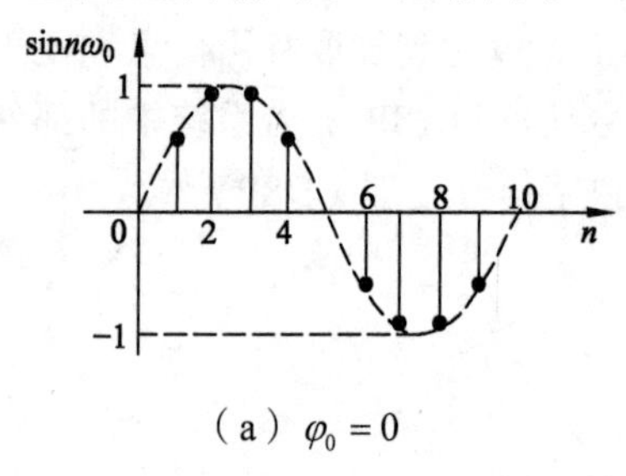

（a）$\varphi_0=0$

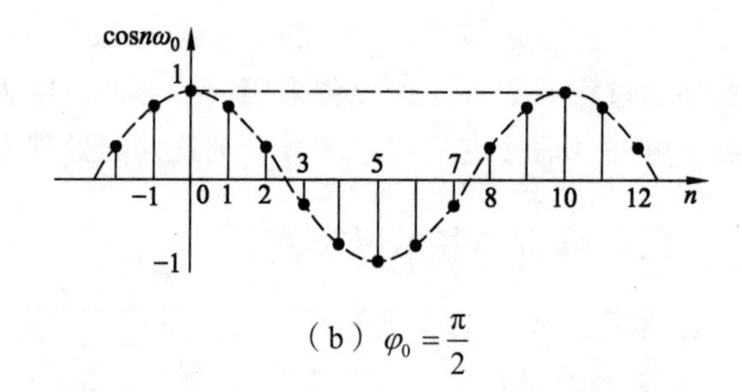

（b）$\varphi_0=\frac{\pi}{2}$

图 1.1.4 正弦型序列

5）实指数序列

$$x(n)=a^n\ ,\quad -\infty<n<\infty\ ,\ a\text{ 为实数}$$

实指数序列当 0< a <1 时的波形如图 1.1.5 所示。

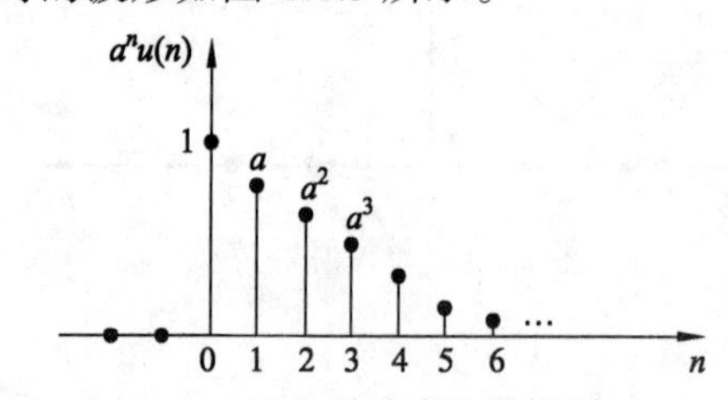

图 1.1.5 $0<a<1$ 时的单边实指数序列 $x(n)=a^n u(n)$

6）复指数序列

$$x(n)=\mathrm{e}^{(\sigma+\mathrm{j}\omega_0)n}=\mathrm{e}^{\sigma n}\mathrm{e}^{\mathrm{j}\omega_0 n}=\mathrm{e}^{\sigma n}(\cos\omega_0 n+\mathrm{j}\sin\omega_0 n)=|x(n)|\,\mathrm{e}^{\mathrm{j}\varphi(n)}$$

式中，$|x(n)|=\mathrm{e}^{\sigma n}$；$\varphi(n)=n\omega_0$。

7）周期序列

$$x(n)=x(n+N),\quad -\infty<n<\infty$$

对模拟正、余弦信号采样得到的序列未必是周期序列。例如，模拟正弦型采样信号一般表示为

$$x(n)=A\cos(\omega_0 n+\varphi_0)=A\cos\left(\frac{2\pi}{2\pi}\omega_0 n+\varphi_0\right)=A\cos\left(2\pi\frac{\omega_0 n}{2\pi}+\varphi_0\right)$$

$$\frac{2\pi}{\omega_0}=\frac{2\pi}{\Omega_0 T}=\frac{2\pi f_s}{\Omega_0}=\frac{f_s}{f_0}$$

式中，f_s是取样频率；f_0是模拟周期信号频率。

（1）$\dfrac{2\pi}{\omega_0}=N$，N为整数，则$x(n)$是周期序列，周期为N。

（2）$\dfrac{2\pi}{\omega_0}=S=\dfrac{N}{L}$，$L$、$N$为整数，则$x(n)$是周期序列，周期为$N=SL$。

（3）$2\pi/\omega_0$为无理数，则$x(n)=A\cos(\omega_0 n+\varphi_0)$不是周期序列。

2. 序列的基本运算

1）相加

$$z(n)=x(n)+y(n)$$

2）相乘

$$z(n)=x(n)\cdot y(n)$$

标量相乘　$z(n)=ax(n)$

3）延时或移位

$$z(n)=x(n\pm m),m>0$$

是原序列$x(n)$每项左、右移m位形成的新序列。

4）折叠

$$y(n)=x(-n)$$

是以纵轴为对称轴翻转180°形成的序列。

5）尺度变换

$$y(n)=x(mn)$$

$y(n)$是只取$x(n)$序列中m整数倍点（每m点取一点）序列值形成的新序列，即时间轴n压缩了m倍。

$$y(n)=x(n/m)$$

$y(n)$是$x(n)$序列每一点加$m-1$个零值点形成的，时间轴n扩展了m倍。

1.1.3　离散时间系统

1. 离散时间系统

$$y(n)=T[x(n)]$$

2. 非时变离散系统

离散系统的非时变性也称非移变性。若$T[x(n)]=y(n)$，则非时变离散系统的响应为

$$T[x(n-n_0)]=y(n-n_0)$$

3. 线性非时变离散系统

线性非时变离散系统，简写为 LSI 离散系统。LSI 离散系统的响应为

$$\begin{aligned}y(n)&=\sum_{m=-\infty}^{\infty}x(m)h(n-m)=\sum_{m=-\infty}^{\infty}x(n-m)h(m)\\&=x(n)*h(n)=h(n)*x(n)\end{aligned}$$

4. 卷积

$$x_1(n)*x_2(n)=\sum_{m=-\infty}^{\infty}x_1(m)x_2(n-m)=\sum_{m=-\infty}^{\infty}x_2(m)x_1(n-m)=x_2(n)*x_1(n)$$

1）卷积计算

常用卷积计算方法有图解法、解析法。常用序列卷积结果如表 1.1.1 所示。

表 1.1.1　常用序列卷积结果

序号	$x_1(n)$	$x_2(n)$	$x_1(n)*x_2(n)$
1	$\delta(n)$	$x(n)$	$x(n)$
2	$u(n)$	$x(n)u(n)$	$\sum_{m=0}^{n}x(m)$
3	$a^n u(n)$	$u(n)$	$\frac{1-a^{n+1}}{1-a}u(n)$
4	$u(n)$	$u(n)$	$(n+1)u(n)$
5	$a^n u(n)$	$a^n u(n)$	$(n+1)a^n u(n)$
6	$a^n u(n)$	$nu(n)$	$\left[\frac{n}{1-a}+\frac{a(a^n-1)}{(1-a)^2}\right]u(n)$
7	$a_1^n u(n)$	$a_2^n u(n)$	$\left[\frac{a_1^{n+1}-a_2^{n+1}}{a_1-a_2}\right]u(n)$

2）卷积性质

（1）当$x_1(n)$、$x_2(n)$、$x_3(n)$分别满足可和条件时，卷积具有以下代数性质：

交换律：

$$\begin{aligned}x_1(n)*x_2(n)&=\sum_{m=-\infty}^{\infty}x_1(m)x_2(n-m)\\&=\sum_{m=-\infty}^{\infty}x_2(m)x_1(n-m)=x_2(n)*x_1(n)\end{aligned}$$

分配律：

$$x_1(n)*[x_2(n)+x_3(n)]=x_1(n)*x_2(n)+x_1(n)*x_3(n)$$

结合律：

$$x_1(n)*x_2(n)*x_3(n)=x_1(n)*[x_2(n)*x_3(n)]=x_2(n)*[x_1(n)*x_3(n)]$$

（2）任意序列与 $\delta(n)$ 卷积：

$$\delta(n)*x(n)=x(n)$$

$$\delta(n-m)*x(n)=x(n-m)$$

（3）任意因果序列与 $u(n)$ 卷积：

$$u(n)*x(n)=\sum_{m=0}^{n}x(m)$$

（4）卷积的移序：

$$y(n\pm m)=x_1(n\pm m)*x_2(n)=x_1(n)*x_2(n\pm m)$$

$$y(n\pm m_1\pm m_2)=x_1(n\pm m_1)*x_2(n\pm m_2)$$

5. 常系数线性差分方程

线性非时变离散系统的数学模型是常系数线性差分方程。N 阶差分方程一般表示为

$$\sum_{k=0}^{N}a_k y(n-k)=\sum_{r=0}^{M}b_r x(n-r)$$

式中，a_k、b_r 为任意常数。为方便，一般取 $a_0=1$，上式还可表示为

$$y(n)=\sum_{r=0}^{M}b_r x(n-r)-\sum_{k=1}^{N}a_k y(n-k)$$

未知（待求）序列变量的序号最高与最低值之差是差分方程的阶数；各未知序列序号以递减方式给出：$y(n),\ y(n-1), y(n-2),\cdots, y(n-N)$，称为后向形式差分方程；各未知序列序号以递增方式给出：$y(n),\ y(n+1), y(n+2),\cdots, y(n+N)$，称为前向形式差分方程。

6. 系统的稳定性

对任意有界输入激励产生有界输出响应的系统具有稳定性。线性非时变系统稳定的充要条件是单位脉冲响应绝对可和，即

$$S=\sum_{m=-\infty}^{\infty}|h(m)|<\infty$$

7. 系统的因果性

线性非时变系统具有因果性的充要条件是其单位脉冲响应 $h(n)=0$，$n<0$。

8. 因果稳定系统

线性非时变系统为因果稳定的条件是

$$h(n)=\begin{cases}h(n),\ n\geqslant 0\\ 0,\ n<0\end{cases},\ 且\sum_{n=0}^{\infty}|h(n)|<\infty$$

1.1.4 连续时间信号的取样与重建

1. 时域采样

时域采样信号 $\hat{x}_a(t)$ 可以等效为信号 $x_a(t)$ 与周期开关函数 $p_\delta(t)$ 相乘，即

$$\hat{x}_a(t) = x_a(t) \cdot p_\delta(t)$$

1）取样信号 $\hat{x}_a(t)$ 的频谱函数 $\hat{X}_a(j\Omega)$

$$\hat{X}_a(j\Omega) = \frac{1}{2\pi} X_a(j\Omega) * P_\delta(j\Omega)$$

2）理想取样（周期冲激取样）信号的频谱 $P_\delta(j\Omega)$

当开关函数 $p_\delta(t)$ 为周期冲激序列时，也称为理想抽样，即

$$\hat{X}_a(j\Omega) = \frac{1}{T} \sum_{k=-\infty}^{\infty} X_a(j\Omega - jk\Omega_s)$$

3）取样定理

设频谱受限信号 $x_a(t)$ 的最高频率为 f_m，则 $x_a(t)$ 可以用不大于 $1/(2f_m)$ 的时间间隔进行取样的取样值唯一地确定。

通常把允许的最低取样频率 $f_s = 2f_m$ 定义为奈奎斯特频率；把允许的最大 $T_{max} = \pi / \Omega_m = 1/(2f_m)$ 定义为奈奎斯特间隔。

4）频率归一化

$$X(e^{j\omega})\Big|_{\omega=\Omega T} = \hat{X}_a(j\Omega) = \frac{1}{T} \sum_{k=-\infty}^{\infty} X_a(j\Omega - jk\Omega_s) = \frac{1}{T} \sum_{k=-\infty}^{\infty} X_a(j\frac{\omega}{T} - j\frac{2\pi}{T}k)$$

如果 $\omega = \Omega T$，那么 $x(n)$ 的频谱与取样信号的频谱相等。由于 $\omega = \Omega T = \dfrac{2\pi f}{f_s}$ 是 f 对 f_s 归一化的结果，故可以认为，离散时间信号 $x(n)$ 的频谱是取样信号的频谱经频率归一化后的结果。

2. 信号重建

$\hat{x}_a(t)$ 经 $H(j\Omega)$ 的理想低通滤波器可以恢复为 $y_a(t)$，即

$$y_a(t) = x_a(t) = \hat{x}_a(t) * h(t) = = \sum_{n=-\infty}^{\infty} x_a(nT) S_a(t - nT)$$

其中
$$S_a(t-nT) = \frac{\sin\left[\dfrac{\pi}{T}(t-nT)\right]}{\dfrac{\pi}{T}(t-nT)}$$

1.2 习题解答

1. 已知矩形序列 $x(n) = R_4(n)$，试画出以下序列的图形：

（1）$x(n-1)$；（2）$x(3-n)$。

解：（1）$x(n-1) = R_4(n-1)$，图形如图 1.2.1（a）所示；

（2）$x(3-n) = R_4(3-n)$，图形如图 1.2.1（b）所示。

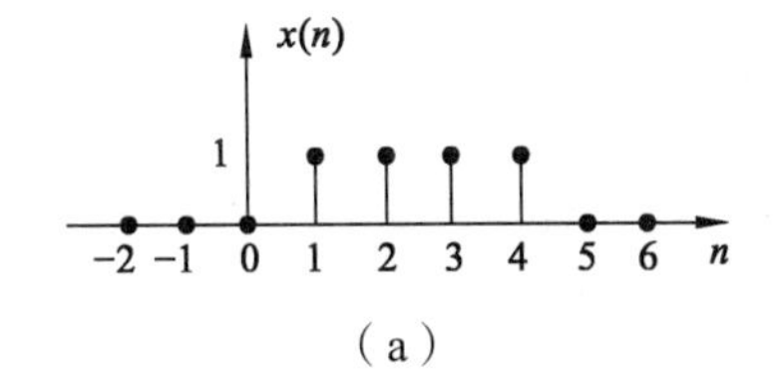

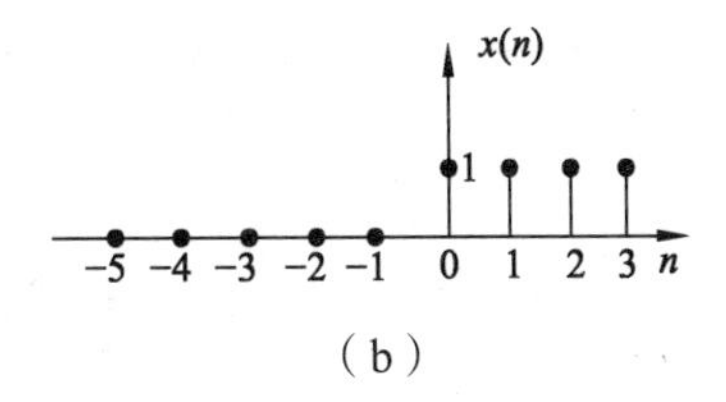

图 1.2.1　习题 1 第（1）、(2)波形图

2. 用单位脉冲序列及其加权和表示图 1.2.2 所示的序列 $x(n)$ 及 $x(-n)$。

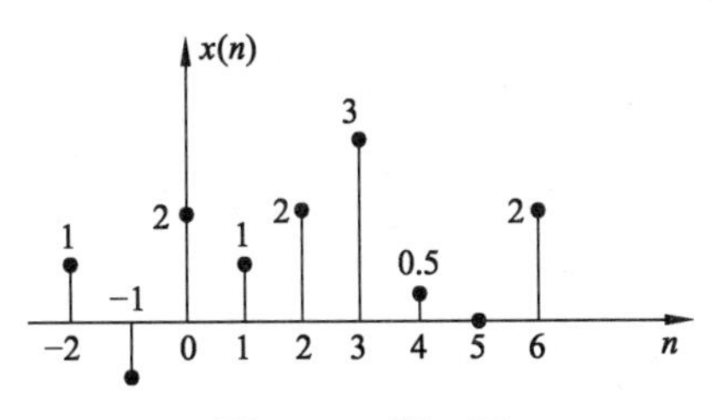

图 1.2.2　题 2 图

解： $x(n)=\delta(n+2)-\delta(n+1)+2\delta(n)+\delta(n-1)+2\delta(n-2)+3\delta(n-3)+0.5\delta(n-4)+2\delta(n-6)$

$x(-n)=2\delta(n+6)+0.5\delta(n+4)+3\delta(n+3)+2\delta(n+2)+\delta(n+1)+2\delta(n)-\delta(n-1)+\delta(n-2)$

3. 对图 1.2.2 给出的 $x(n)$，要求：

（1）计算 $x_e(n)=\dfrac{1}{2}[x(n)+x(-n)]$，并画出 $x_e(n)$ 波形；

（2）计算 $x_o(n)=\dfrac{1}{2}[x(n)-x(-n)]$，并画出 $x_o(n)$ 波形；

（3）令 $x_1(n)=x_e(n)+x_o(n)$，将 $x_1(n)$ 与 $x(n)$ 进行比较，你能得到什么结论?

解：

（1）将 $x(n)$ 与 $x(-n)$ 的波形相加，再除以 2，得到 $x_e(n)$。毫无疑问，这是一个偶对称序列，如图 1.2.3（a）所示。

$$x_e(n)=\delta(n+6)+0.25\delta(n+4)+1.5\delta(n+3)+1.5\delta(n+2)+2\delta(n)+$$
$$1.5\delta(n-2)+1.5\delta(n-3)+0.25\delta(n-4)+\delta(n-6)$$

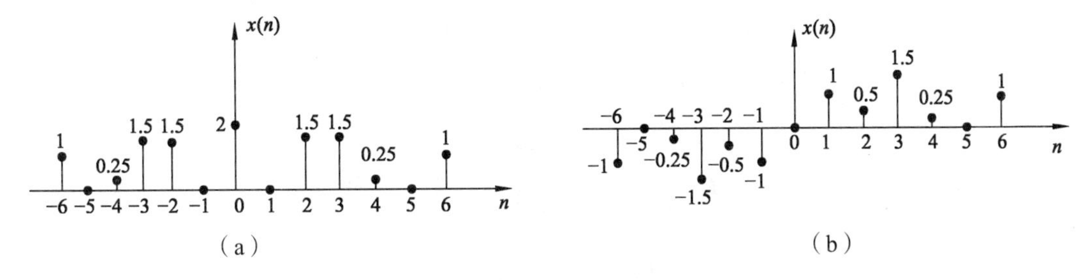

图 1.2.3　习题 3 第（1）、(2)波形图

（2）$x_o(n)=-\delta(n+6)-0.25\delta(n+4)-1.5\delta(n+3)-0.5\delta(n+2)-\delta(n+1)+$

$$\delta(n-1)+0.5\delta(n-2)+1.5\delta(n-3)+0.25\delta(n-4)+\delta(n-6)$$

$x_o(n)$ 为奇对称序列，如图 1.2.3（b）所示。

（3）一般实数序列可以分解为偶对称序列 $x_e(n)$ 和奇对称序列 $x_o(n)$，即

$$x(n)=x_e(n)+x_o(n)$$

式中，$x_e(n)=\frac{1}{2}[x(n)+x(-n)]$；$x_o(n)=\frac{1}{2}[x(n)-x(-n)]$。

4. 判断下列每个序列是否是周期的，如果是，试确定其周期。

（1）$x(n)=e^{j\left(\frac{n}{2}-\pi\right)}$；（2）$x(n)=3\cos\left(\frac{3}{7}\pi n-\frac{\pi}{8}\right)$；（3）$x(n)=A\sin\left(\frac{3}{4}\pi n-\frac{\pi}{5}\right)$。

解：（1）$x(n)=e^{j\left(\frac{n}{2}-\pi\right)}=\cos\left(\frac{n}{2}-\pi\right)+j\sin\left(\frac{n}{2}-\pi\right)=\cos\frac{n}{2}-j\sin\frac{n}{2}$，

$\frac{2\pi}{\omega_0}=4\pi$，$T$ 为无理数，该序列是非周期的。

（2）$x(n)=3\cos\left(\frac{3}{7}\pi n-\frac{\pi}{8}\right)$，

$2\pi/\omega_0=\frac{2\pi}{\frac{3}{7}\pi}=\frac{14}{3}$，因此该序列是周期的，且周期为 14。

（3）$x(n)=\mathrm{A}\sin\left(\frac{3}{4}\pi n-\frac{\pi}{5}\right)$，

$\frac{2\pi}{\omega_0}=\frac{2\pi}{\frac{3}{4}\pi}=\frac{8}{3}$，因此该序列是周期的，周期为 8。

5. 判断下列系统的线性和时不变性。

（1）$y(n)=-3x(n)+2$；（2）$y(n)=-3x(n)+2x(n-1)$；（3）$y(n)=3x(-n)$；

（4）$y(n)=-2x(n^2)$；（5）$y(n)=|x(n)|^2$；（6）$y(n)=x(n)\sin(\omega n)$；

（7）$y(n)=[x(n)]^2$。

解：（1）设 $y_1(n)=-3x_1(n)+2, y_2(n)=-3x_2(n)+2$，由于

$$y(n)=-3[x_1(n)+x_2(n)]+2\neq y_1(n)+y_2(n)=-3[x_1(n)+x_2(n)]+4$$

故系统不是线性系统。

由于 $y(n-k)=-3x(n-k)+2, T[x(n-k)]=-3x(n-k)+2$，因而

$$y(n-k)=T[x(n-k)]$$

故系统为时不变系统。

（2）令输入为 $x(n-n_0)$，输出为

$$y'(n)=-3x(n-n_0)+2x(n-n_0-1)$$

而
$$y(n-n_0)=-3x(n-n_0)+2x(n-n_0-1)=y'(n)$$

故系统为时不变系统。

$$\begin{aligned} y(n) &= T[ax_1(n)+bx_2(n)] \\ &= -3[ax_1(n)+bx_2(n)]+2[ax_1(n-1)+bx_2(n-1)] \end{aligned}$$

$$T[ax_1(n)] = -3ax_1(n)+2ax_1(n-1)$$

$$T[bx_2(n)] = -3bx_2(n)+2bx_2(n-1)$$

所以

$$T[ax_1(n)+bx_2(n)]=aT[x_1(n)]+bT[x_2(n)]$$

故系统为线性系统。

（3）令输入为 $x(n-n_0)$，输出为

$$y'(n) = 3x(-n+n_0)$$

而
$$y(n-n_0) = 3x(-n+n_0) = y'(n)$$

故系统为时不变系统。

$$\begin{aligned} T[ax_1(n)+bx_2(n)] &= 3ax_1(-n)+3bx_2(-n) \\ &= aT[x_1(n)]+bT[x_2(n)] \end{aligned}$$

故系统为线性系统。

（4）令输入为 $x(n-n_0)$，输出为

$$y'(n) = -2x((n-n_0)^2)$$

而
$$y(n-n_0) = -2x((n-n_0)^2) = y'(n)$$

故系统为时不变系统。

$$\begin{aligned} T[ax_1(n)+bx_2(n)] &= -2ax_1(n^2)-2bx_2(n^2) \\ &= aT[x_1(n)]+bT[x_2(n)] \end{aligned}$$

故系统为线性系统。

（5）令输入为 $T[x_1(n)] = \left|[x_1(n)]\right|^2$，$T[x_2(n)] = \left|[x_2(n)]\right|^2$

$$T[x_1(n)+x_2(n)] = \left|x_1(n)+x_2(n)\right|^2 = \left|x_1(n)\right|^2+\left|x_2(n)\right|^2+2\left|x_1(n)\right|\left|x_2(n)\right| \neq T[x_1(n)]+T[x_2(n)]$$

故系统为非线性系统。

$$T[x(n-m)] = \left|[x(n-m)]\right|^2,\quad y(n-m) = \left|[x(n-m)]\right|^2$$

故系统为时不变系统。

（6）令输入为 $x(n-n_0)$，输出为

$$y'(n) = x(n-n_0)\sin(\omega n)$$

而
$$y(n-n_0) = x(n-n_0)\sin[\omega(n-n_0)] \neq y'(n)$$

故系统为非时不变系统。

$$\begin{aligned} T[ax_1(n)+bx_2(n)] &= ax_1(n)\sin(\omega n)+bx_2(n)\sin(\omega n) \\ &= aT[x_1(n)]+bT[x_2(n)] \end{aligned}$$

故系统为线性系统。

（7）令输入为 $x(n-n_0)$，输出为

$$y'(n) = [x(n-n_0)]^2$$

而 $$y(n-n_0)=[x(n-n_0)]^2=y'(n)$$
故系统为时不变系统。

$$\begin{aligned}T[ax_1(n)+bx_2(n)]&=[ax_1(n)+bx_2(n)]^2\\&=[ax_1(n)]^2+[bx_2(n)]^2+2abx_1(n)x_2(n)\end{aligned}$$
$$T[ax_1(n)+bx_2(n)]\neq ay_1(n)+by_2(n)$$

故系统为非线性系统。

6. 判断下列系统的线性、时不变性、因果性和稳定性。

（1）$T[x(n)]=g(n)x(n)$；（2）$T[x(n)]=\sum\limits_{k=0}^{n}x(k)$；

（3）$T[x(n)]=x(n-n_0)$；（4）$T[x(n)]=\mathrm{e}^{x(n)}$。

解：（1）

$$T[ax_1(n)+bx_2(n)]=g(n)[ax_1(n)+bx_2(n)]=g(n)\times ax_1(n)+g(n)\times bx_2(n)=aT[x_1(n)]+bT[x_2(n)]$$

因此，系统为线性系统。

$$T[x(n-m)]=g(n)x(n-m),\ y(n-m)=g(n-m)x(n-m)$$

即 $$T[x(n-m)]\neq y(n-m)$$

因此，系统为非时不变系统。

因为系统的输出只取决于当前输入，与未来输入无关，所以是因果系统。

若$|x(n)|$有界，即$|x(n)|\leqslant M<\infty$，则$|T[x(n)]|\leqslant|g(n)|M$：

当$|g(n)|<\infty$时，输出有界，系统稳定；

当$|g(n)|=\infty$时，输出无界，为不稳定系统。

（2）$T[ax_1(n)+bx_2(n)]=\sum\limits_{k=n_0}^{n}[ax_1(k)+bx_2(k)]=\sum\limits_{k=n_0}^{n}ax_1(k)+\sum\limits_{k=n_0}^{n}bx_2(k)=aT[x_1(n)]+bT[x_2(n)]$

因此，系统为线性系统。

$$T[x(n-m)]=\sum_{k=n_0}^{n}x(k-m)=\sum_{k=n_0-m}^{n-m}x(k),y(n-m)=\sum_{k=n_0}^{n-m}x(k)$$

即 $$T[x(n-m)]\neq y(n-m)$$

因此，系统不是移不变的。

当$n\geqslant n_0$时，输出只取决于当前输入和以前的输入，而当$n<n_0$时，输出还取决于未来输入，所以是非因果系统。

当$|x(n)|\leqslant M<\infty$时，$|T[x(n)]|=\left|\sum\limits_{k=0}^{n}x(k)\right|\leqslant\sum\limits_{k=0}^{n}|x(k)|\leqslant(|n-n_0|+1)M,当n\to\infty,|T[x(n)]|\to\infty$，

所以是不稳定系统。

（3）$T[ax_1(n)+bx_2(n)]=ax_1(n-n_0)+bx_2(n-n_0)=aT[x_1(n)]+bT[x_2(n)]$

因此，系统为线性系统。

$$T[x(n-m)]=x(n-n_0-m),\ y(n-m)=x(n-n_0-m)$$

因此，系统为时不变系统。

假设 $n_0>0$，系统是因果系统，因为 n 时刻输出只和 n 时刻以后的输入有关。

如果 $|x(n)|\leqslant M$，则 $|y(n)|\leqslant M$，因此系统是稳定的。

（4）$T[ax_1(n)+bx_2(n)]=\mathrm{e}^{[ax_1(n)+bx_2(n)]}=\mathrm{e}^{ax_1(n)}\mathrm{e}^{bx_2(n)}\neq aT[x_1(n)]+bT[x_2(n)]=a\mathrm{e}^{x_1(n)}+b\mathrm{e}^{x_2(n)}$

因此，系统为非线性系统。

$$T[x(n-m)]=\mathrm{e}^{x(n-m)}=y(n-m)$$

因此是移不变系统。

输出只取决于当前输入，与未来输入无关，为因果系统。

如果 $|x(n)|\leqslant M<\infty$，则 $|y(n)|=|\mathrm{e}^{x(n)}|\leqslant \mathrm{e}^{|x(n)|}\leqslant \mathrm{e}^{M}$，因此系统是稳定的。

7. 已知下列系统的单位抽样响应，判断系统的因果性和稳定性。

（1）$h(n)=2^n u(n)$；（2）$h(n)=2^n u(-n)$；

（3）$h(n)=0.2^n u(-n-1)$；（4）$h(n)=0.2^n u(n)$；

（5）$\dfrac{1}{n^2}u(n)$；（6）$\dfrac{1}{n!}u(n)$；（7）$\delta(n+4)$。

解：（1）当 $n<0, h(n)=0$，为因果系统；$\sum\limits_{n=-\infty}^{\infty}|h(n)|=\sum\limits_{n=0}^{\infty}|2^n|=\infty$，为不稳定系统；

（2）当 $n<0, h(n)\neq 0$，为非因果系统；$\sum\limits_{n=-\infty}^{\infty}|h(n)|=\sum\limits_{n=-\infty}^{0}|2^n|=\sum\limits_{n=0}^{\infty}|2^{-n}|=\dfrac{1}{1-\dfrac{1}{2}}=2<\infty$，为稳定系统；

（3）当 $n<0, h(n)\neq 0$，为非因果系统；$\sum\limits_{n=-\infty}^{\infty}|h(n)|=\sum\limits_{n=-\infty}^{-1}|0.2^n|=\sum\limits_{n=1}^{\infty}|5^n|=\infty$，为非稳定系统；

（4）当 $n<0, h(n)=0$，为因果系统；$\sum\limits_{n=-\infty}^{\infty}|h(n)|=\sum\limits_{n=0}^{\infty}|0.2^n|=\dfrac{1}{1-0.2}=\dfrac{5}{4}<\infty$，为稳定系统；

（5）当 $n<0, h(n)=0$，为因果系统；$\sum\limits_{n=-\infty}^{\infty}|h(n)|=\sum\limits_{n=0}^{\infty}\dfrac{1}{n^2}=\dfrac{\pi^2}{6}<\infty$，为稳定系统；

（6）当 $n<0, h(n)=0$，为因果系统；$\sum\limits_{n=-\infty}^{\infty}|h(n)|=\sum\limits_{n=0}^{\infty}\dfrac{1}{n!}=\mathrm{e}<\infty$，为稳定系统；

（7）当 $n<0, h(n)\neq 0$，为非因果系统；$\sum\limits_{n=-\infty}^{\infty}|h(n)|=|\delta(n+4)|=1<\infty$，为稳定系统。

8. 计算下列线性卷积：

（1）$y(n)=u(n)*u(n)$；

（2）$y(n)=\lambda^n u(n)*u(n),\ \lambda\neq 1$。

解：（1）$y(n)=\sum\limits_{k=-\infty}^{\infty}u(k)u(n-k)=\sum\limits_{k=0}^{\infty}u(k)u(n-k)=(n+1),\ n\geqslant 0$

即 $\quad y(n)=(n+1)u(n)$

（2）$y(n)=\sum\limits_{k=-\infty}^{\infty}\lambda^k u(k)u(n-k)=\sum\limits_{k=0}^{\infty}\lambda^k u(n-k)=\sum\limits_{k=0}^{n}\lambda^k=\dfrac{1-\lambda^{n+1}}{1-\lambda},\ n\geqslant 0$

即　$y(n)=\dfrac{1-\lambda^{n+1}}{1-\lambda}u(n)$

9. 已知一个线性移不变系统的单位取样响应为

$$h(n)=a^n u(n), 0<a<1$$

用直接计算线性卷积的方法，求系统的单位阶跃响应。

解：$h(n)=a^n u(n)$，$x(n)=u(n)$，$y(n)=\sum_{m=-\infty}^{\infty}h(m)x(n-m)=\sum_{m=0}^{\infty}a^m u(n-m)$

当$n\leqslant -1$时

$$y(n)=0$$

当$n\geqslant 0$时

$$y(n)=\sum_{m=0}^{n}a^m=\frac{1-a^{n+1}}{1-a}$$

所以

$$y(n)=\frac{1-a^{n+1}}{1-a}u(n)$$

10. 设线性时不变系统的单位脉冲响应$h(n)$和输入$x(n)$分别有以下几种情况：

（1）$h(n)=R_4(n)$，$x(n)=R_5(n)$；（2）$h(n)=2R_4(n)$，$x(n)=\delta(n)-\delta(n-2)$；

（3）$h(n)=0.5^n u(n)$，$x(n)=\delta(n)$；（4）$h(n)=2^n u(-n-1)$，$x(n)=0.5^n u(n)$

分别求卷积输出$y(n)$。

解：（1）$y(n)=x(n)*h(n)=R_4(n)*R_5(n)$

$$=[\delta(n)+\delta(n-1)+\delta(n-2)+\delta(n-3)]*R_5(n)$$

$$=R_5(n)+R_5(n-1)+R_5(n-2)+R_5(n-3)$$

（2）$y(n)=x(n)*h(n)=2R_4(n)*[\delta(n)-\delta(n-2)]$

$$=2R_4(n)-2R_4(n-2)$$

（3）$y(n)=x(n)*h(n)=\delta(n)*0.5^n u(n)=0.5^n u(n)$

（4）$y(n)=\sum_{m=-\infty}^{\infty}x(m)h(n-m)$

当$n\leqslant -1$时，$y(n)=\sum_{m=-\infty}^{n}2^m\cdot 0.5^{n-m}=2^{-n}\sum_{m=-\infty}^{n}4^m=2^{-n}\sum_{m=-n}^{\infty}4^{-m}=2^{-n}\dfrac{4^n}{1-4^{-1}}=\dfrac{4}{3}\cdot 2^n$；

当$n\geqslant 0$时，$y(n)=\sum_{m=-\infty}^{-1}2^m\cdot 0.5^{n-m}=2^{-n}\sum_{m=-\infty}^{-1}4^m=2^{-n}\sum_{m=1}^{\infty}4^{-m}=2^{-n}\dfrac{4^{-1}}{1-4^{-1}}=\dfrac{1}{3}\cdot 2^{-n}$；

所以

$$y(n)=\frac{4}{3}\cdot 2^n u(-n-1)+\frac{1}{3}\cdot 2^{-n}u(n)$$

11. 证明线性卷积服从交换律、结合律和分配律，即证明下列等式成立：

（1）$x(n)*h(n)=h(n)*x(n)$；（2）$x(n)*[h_1(n)*h_2(n)]=[x(n)*h_1(n)]*h_2(n)$；

（3）$x(n)*[h_1(n)+h_2(n)]=x(n)*h_1(n)+x(n)*h_2(n)$。

证明：（1）交换律

$$x(n)*y(n)=\sum_{m=-\infty}^{\infty}x(m)y(n-m)$$

令 $k=n-m$ ，所以 $m=n-k$ ，又 $-\infty<k<\infty$ ，所以 $-\infty<m<\infty$ ，因此线性卷积公式变成

$$x(n)*y(n)=\sum_{k=-\infty}^{\infty}x(n-k)y(k)=y(n)*x(n)$$

交换律得证。

（2）结合律

$$\begin{aligned}[x(n)*h_1(n)]*h_2(n)&=\left[\sum_{k=-\infty}^{\infty}x(k)h_1(n-k)\right]*h_2(n)\\&=\sum_{m=-\infty}^{\infty}\left[\sum_{k=-\infty}^{\infty}x(k)h_1(m-k)\right]h_2(n-m)=\sum_{k=-\infty}^{\infty}x(k)\sum_{m=-\infty}^{\infty}[h_1(m-k)h_2(n-m)]\\&=\sum_{k=-\infty}^{\infty}x(k)\sum_{l=-\infty}^{\infty}h_1(l)h_2(n-k-l)=\sum_{k=-\infty}^{\infty}x(k)[h_1(n-k)*h_2(n-k)]\\&=x(n)*[h_1(n)*h_2(n)]\end{aligned}$$

结合律得证。

（3）加法分配律

$$\begin{aligned}x(n)*[h_1(n)+h_2(n)]&=\sum_{m=-\infty}^{\infty}x(m)[h_1(n-m)+h_2(n-m)]\\&=\sum_{m=-\infty}^{\infty}x(m)h_1(n-m)+\sum_{m=-\infty}^{\infty}x(m)h_2(n-m)\\&=x(n)*h_1(n)+x(n)*h_2(n)\end{aligned}$$

加法分配律得证。

12. 设系统由下面差分方程描述：

$$y(n)=\frac{1}{2}y(n-1)+x(n)+\frac{1}{2}x(n-1)$$

如系统是因果的，利用递推法求系统的单位脉冲响应。

解： 令 $x(n)=\delta(n)$ ，则

$$h(n)=\frac{1}{2}h(n-1)+\delta(n)+\frac{1}{2}\delta(n-1)$$

$n=0$ 时，

$$h(0)=\frac{1}{2}h(-1)+\delta(0)+\frac{1}{2}\delta(-1)=1$$

$n=1$ 时，

$$h(1)=\frac{1}{2}h(0)+\delta(1)+\frac{1}{2}\delta(0)=\frac{1}{2}+\frac{1}{2}=1$$

$n=2$ 时，

$$h(2)=\frac{1}{2}h(1)=\frac{1}{2}$$

$n=3$ 时，

$$h(3)=\frac{1}{2}h(2)=\left(\frac{1}{2}\right)^2$$

归纳起来，结果为

$$h(n)=\left(\frac{1}{2}\right)^{n-1}u(n-1)+\delta(n)$$

13. 设有一系统，其输入输出关系由以下差分方程确定：

$$y(n)-\frac{1}{2}y(n-1)=x(n)+\frac{1}{2}x(n-1)$$

设系统是因果性的。

（1）求该系统的单位抽样响应；

（2）由（1）的结果，利用卷积和求输入 $x(n)=\mathrm{e}^{\mathrm{j}\omega n}$ 的响应。

解：（1）令 $x(n)=\delta(n)$，则

$y(n)=h(n)=0(n<0)$

$h(0)=\frac{1}{2}y(-1)+x(0)+\frac{1}{2}x(-1)=1$

$h(1)=\frac{1}{2}y(0)+x(1)+\frac{1}{2}x(0)=\frac{1}{2}+\frac{1}{2}=1$

$h(2)=\frac{1}{2}y(1)+x(2)+\frac{1}{2}x(1)=\frac{1}{2}$

$h(3)=\frac{1}{2}y(2)+x(3)+\frac{1}{2}x(2)=\left(\frac{1}{2}\right)^{2}$

$\vdots$

$h(n)=\frac{1}{2}y(n-1)+x(n)+\frac{1}{2}x(n-1)=\left(\frac{1}{2}\right)^{n-1}$

所以 $h(n)=\left(\frac{1}{2}\right)^{n-1}u(n-1)+\delta(n)$

（2） $y(n)=x(n)*h(n)$

$$=\left[\left(\frac{1}{2}\right)^{n-1}u(n-1)+\delta(n)\right]*\mathrm{e}^{\mathrm{j}\omega n}u(n)=\left[\left(\frac{1}{2}\right)^{n-1}u(n-1)\right]*\mathrm{e}^{\mathrm{j}\omega n}u(n)+\mathrm{e}^{\mathrm{j}\omega n}u(n)$$

$$=\sum_{m=1}^{n}\left(\frac{1}{2}\right)^{(m-1)}\mathrm{e}^{\mathrm{j}\omega(n-m)}u(n-1)+\mathrm{e}^{\mathrm{j}\omega n}u(n)=2\mathrm{e}^{\mathrm{j}\omega n}\frac{\frac{1}{2}\mathrm{e}^{-\mathrm{j}\omega}-\frac{1}{2}\left(\frac{1}{2}\right)^{n}\mathrm{e}^{-\mathrm{j}\omega(n+1)}}{1-\frac{1}{2}\mathrm{e}^{-\mathrm{j}\omega}}u(n-1)+\mathrm{e}^{\mathrm{j}\omega n}u(n)$$

$$=\frac{\mathrm{e}^{\mathrm{j}\omega(n-1)}-\left(\frac{1}{2}\right)^{n}\mathrm{e}^{-\mathrm{j}\omega}}{1-\frac{1}{2}\mathrm{e}^{-\mathrm{j}\omega}}u(n-1)+\mathrm{e}^{\mathrm{j}\omega n}u(n)=\frac{\mathrm{e}^{\mathrm{j}\omega n}-\left(\frac{1}{2}\right)^{n}}{\mathrm{e}^{\mathrm{j}\omega}-\frac{1}{2}}u(n-1)+\mathrm{e}^{\mathrm{j}\omega n}u(n)$$

14. 有一连续信号 $x_{\mathrm{a}}(t)=\cos(2\pi ft+\varphi)$， $f=20\ \mathrm{Hz}$， $\varphi=\pi/2$。

（1）求出 $x_{\mathrm{a}}(t)$ 的周期；

（2）用采样间隔 $T=0.02\ \mathrm{s}$ 对 $x_{\mathrm{a}}(t)$ 进行采样，试写出采样信号 $\hat{x}_{\mathrm{a}}(t)$ 的表达式；

（3）画出对应 $\hat{x}_a(t)$ 的时域离散信号（序列）$x(n)$ 的波形，并求出 $x(n)$ 的周期。

解：（1）$x_a(t)$ 的周期为

$$T=\frac{1}{f}=0.05\ \text{s}$$

（2）$\hat{x}_a(t)=\sum_{n=-\infty}^{\infty}\cos(2\pi fnT+\varphi)\delta(t-nT)=\sum_{n=-\infty}^{\infty}\cos(40\pi nT+\varphi)\delta(t-nT)$

（3）$x(n)$ 的数字频率 $\omega=0.8\pi$，故 $\frac{2\pi}{\omega}=\frac{5}{2}$，周期 $N=5$，$x(n)=\cos(0.8\pi n+\pi/2)$，所以画出其波形如图 1.2.4 所示。

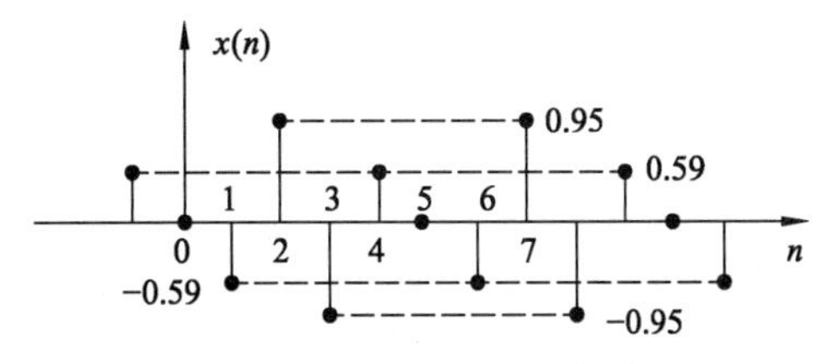

图 1.2.4　习题 14 $x(n)$ 波形图

15. 连续信号幅频 $|F(\mathrm{j}\Omega)|$ 如图 1.2.5 所示，试画出它的采样信号的幅度频谱 $|F^*(\mathrm{j}\Omega)|$（不考虑相位）。图中，$\Omega_1=6\ \text{rad/s}$，$\Omega_2=8\ \text{rad/s}$，$\Omega_s=10\ \text{rad/s}$。

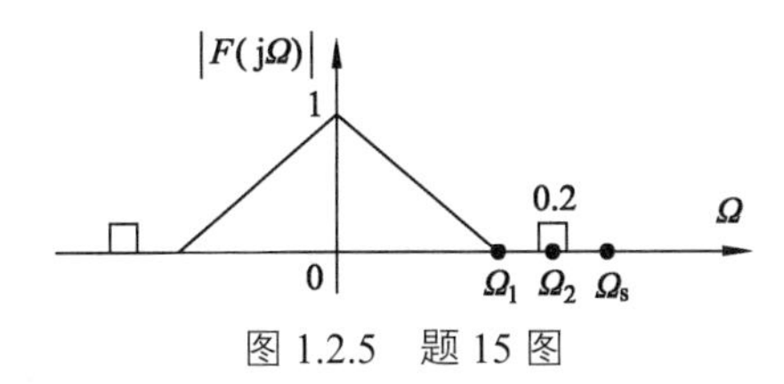

图 1.2.5　题 15 图

解：采样信号的频谱是原信号频谱以 ω_s 为周期进行周期延拓得到的，幅度是原来的 $1/T$，其中 $T=\frac{2\pi}{\omega_s}$，得到采样信号频谱如图 1.2.6 所示。

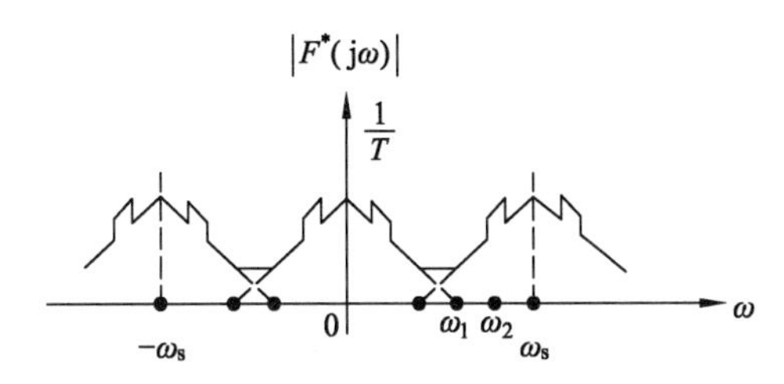

图 1.2.6　采样信号频谱

16. 有一理想抽样系统，抽样频率 $\Omega_s=6\pi$，抽样后经理想低通滤波器 $H_a(\mathrm{j}\Omega)$ 还原，其中

$$H_a(\mathrm{j}\Omega)=\begin{cases}\frac{1}{2}, & |\Omega|<3\pi \\ 0, & |\Omega|\geqslant 3\pi\end{cases}$$

现有两个输入 $x_{a_1}(t)=\cos 2\pi t$，$x_{a_2}(t)=\cos 5\pi t$，通过该系统后，输出信号 $y_{a_1}(t)$，$y_{a_2}(t)$ 有无失真？为什么？

解：根据奈奎斯特定理可知：

因为 $x_{a_1}(t)=\cos 2\pi t$，频谱中最高频率 $\Omega_{a_1}=2\pi<\dfrac{6\pi}{2}=3\pi$，所以 $y_{a_1}(t)$ 无失真。

因为 $x_{a_2}(t)=\cos 5\pi t$，频谱中最高频率 $\Omega_{a_2}=5\pi>\dfrac{6\pi}{2}=3\pi$，所以 $y_{a_2}(t)$ 失真。

17. 当需要对带限模拟信号滤波时，经常采用数字滤波器，如图 1.2.7 所示。图中 T 表示取样周期，假设 T 很小，足以防止混叠失真。把从 $x_a(t)$ 到 $y_a(t)$ 的整个系统等效成一个模拟滤波器：

（1）如果数字滤波器 $h(n)$ 的截止频率 ω 等于 $\pi/8$，$1/T=10\ \text{kHz}$，求整个系统的截止频率 f_{ac}，并求出理想低通滤波器的截止频率 f_c；

（2）对 $1/T=20\ \text{kHz}$，重复（1）的计算。

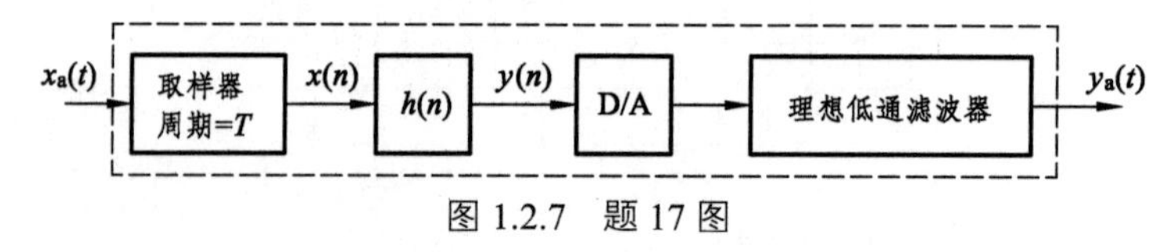

图 1.2.7　题 17 图

解：（1）理想低通滤波器的截止频率 $\dfrac{\pi}{T}$（弧度/秒）折合成数字频率为 π（弧度），它比数字滤波器 $h(n)$ 的截止频率 $\dfrac{\pi}{8}$（弧度）要大，故整个系统的截止频率由数字滤波器 $h(n)$ 的截止频率 $\dfrac{\pi}{8}$（弧度）来决定。将其换算成实际频率，即将 $f_s=\dfrac{1}{T}=10\ 000\ \text{Hz}$ 代入 $\dfrac{2\pi f_{ac}}{f_s}=\dfrac{\pi}{8}$，得到

$$f_{ac}=625\ \text{Hz}$$

理想低通滤波的截止频率（弧度/秒）换算成实际频率得到 f_c，即由 $\dfrac{\pi}{T}=2\pi f_c$ 得到

$$f_c=\frac{1}{2T}=\frac{10\ 000}{2}=5000\ \text{Hz}$$

（2）同理可求得

$$f_{ac}=1250\ \text{Hz}$$
$$f_c=10\ \text{kHz}$$

18. 已知 $x(n)=\{0,0.5,1,1.5\},0\leqslant n\leqslant 3$；$h(n)=\{1,1,1\},0\leqslant n\leqslant 2$，计算 $y(n)=x(n)*h(n)$，并画出原序列 $x(n)$、$h(n)$ 和卷积结果 $y(n)$ 的图形。

解：

$$y(n)=x(n)*h(n)=x(n)*[\delta(n)+\delta(n-1)+\delta(n-2)]=x(n)+x(n-1)+x(n-2)=\{\underline{0},0.5,1.5,3,2.5,1.5\}$$

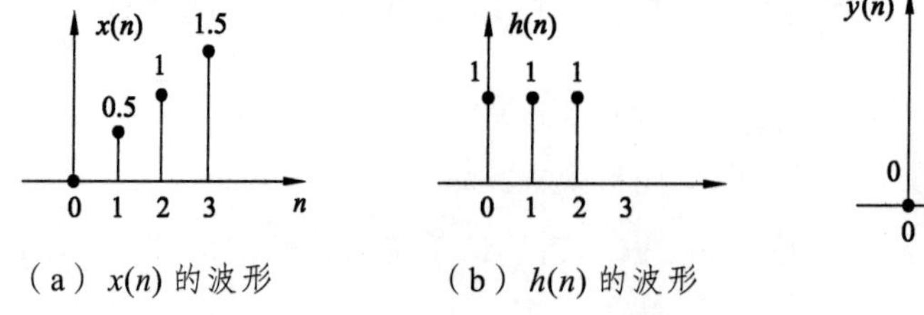

（a）$x(n)$ 的波形　（b）$h(n)$ 的波形　（c）$y(n)$ 的波形

图 1.2.8　习题 18 波形图

19. 已知

$$x(n)=\{1,2.3,4,5\},0\leqslant n\leqslant 4$$

$$h(n)=\{1,-2,1,3\},0\leqslant n\leqslant 3$$

计算 $y(n)=x(n)*h(n)$，并画出 $x(n)$、$h(n)$ 和卷积结果 $y(n)$ 的图形。

解： $y(n)=x(n)*h(n)=x(n)*[\delta(n)-2\delta(n-1)+\delta(n-2)+3\delta(n-3)]$

$=x(n)-2x(n-1)+x(n-2)+3x(n-3)=[\underline{1},0,0,3,6,3,17,15]$

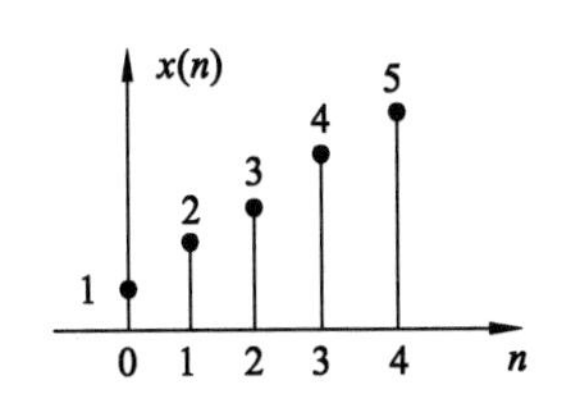

（a）$x(n)$ 的波形

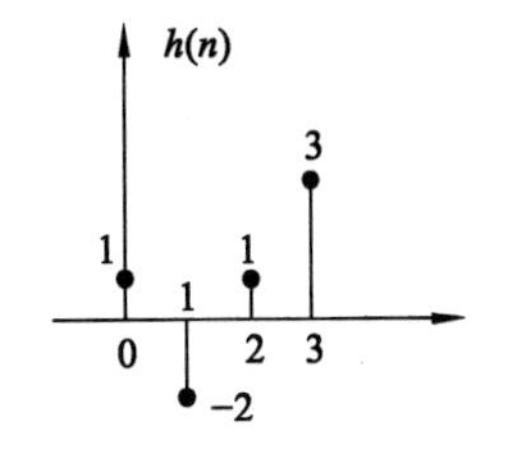

（b）$h(n)$ 的波形

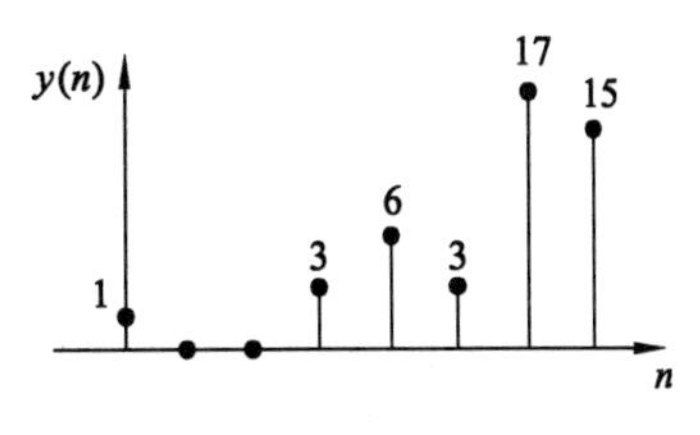

（c）$y(n)$ 的波形

图 1.2.9　习题 19 波形图

20. 已知系统的差分方程为

$$y(n)=-a_1y(n-1)-a_2y(n-2)+bx(n)$$

其中，$a_1=-0.8$，$a_2=0.64$，$b=0.866$。

（1）编写求解系统单位脉冲响应 $h(n)(0\leqslant n\leqslant 49)$ 的程序，并画出 $h(n)$；

（2）编写求解系统零状态单位阶跃响应 $s(n)(0\leqslant n\leqslant 100)$ 的程序，并画出 $s(n)$。

解：（1）B=0.866,A=[1,-0.8,0.64];

```
xn=[1,zeros(1,48)];
hn=filter(B,A,xn);
n=0:length(hn)-1;
stem(n,hn,'.');
title('系统的单位脉冲响应');xlabel('n');ylabel('h(n)');
```

(2) B=0.866,A=[1,-0.8,0.64];

```
xn=ones(1,100);
sn=filter(B,A,xn);
n=0:length(sn)-1;
stem(n,sn,'.');axis([0,30,0,2])
title('系统的单位阶跃响应');xlabel('n');ylabel('s(n)');
```

$h(n)$、$s(n)$ 波形如图 1.2.10 所示。

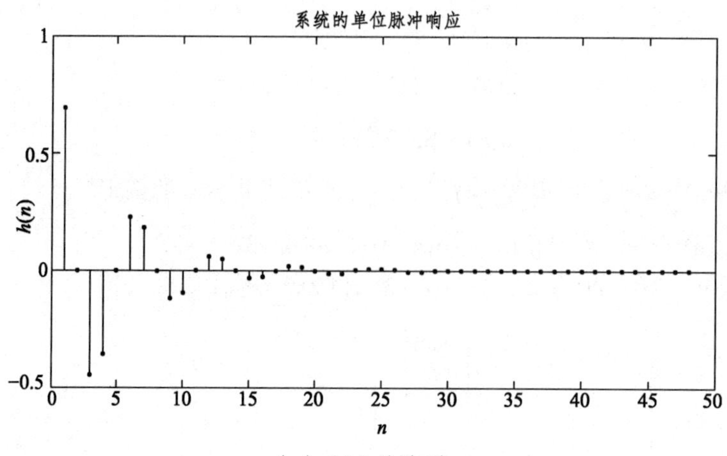

（a） $h(n)$ 的波形

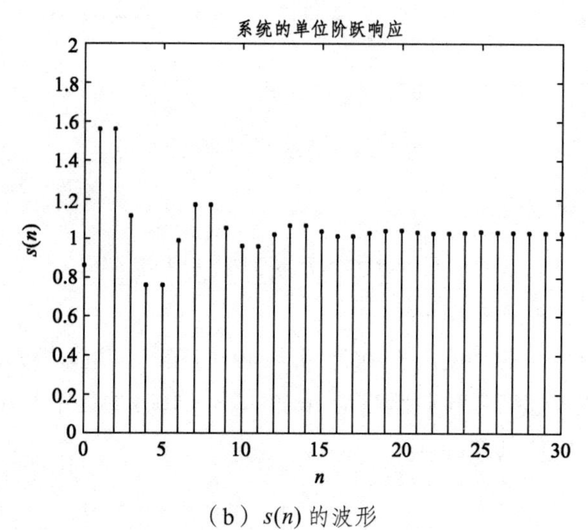

（b） $s(n)$ 的波形

图 1.2.10　习题 20 第（1）、（2）波形图

第2章 离散时间信号与系统的频域分析

2.1 重点与难点

2.1.1 离散时间信号的傅里叶变换

1. 序列的傅里叶变换

序列的傅里叶变换定义为

$$X(\mathrm{e}^{\mathrm{j}\omega}) = \sum_{n=-\infty}^{\infty} x(n)\mathrm{e}^{-\mathrm{j}n\omega}$$

$$x(n) = \frac{1}{2\pi}\int_{-\pi}^{\pi} X(\mathrm{e}^{\mathrm{j}\omega})\mathrm{e}^{\mathrm{j}n\omega}\mathrm{d}\omega$$

2. 常用序列的 DTFT（离散时间傅里叶变换）

常用序列的 DTFT 如表 2.1.1 所示。

表 2.1.1 常用序列的 DTFT

序号	时域序列 $x(n)$	DTFT 变换函数
1	$\delta(n)$	1
2	$\delta(n-m)$	$\mathrm{e}^{-\mathrm{j}\omega m}$
3	$a^n u(n)$，$\|a\|<1$	$\dfrac{1}{1-a\mathrm{e}^{-\mathrm{j}\omega}}$
4	$x(n)=R_N(n)$	$\mathrm{e}^{-\mathrm{j}(N-1)\omega/2}\dfrac{\sin(N\omega)}{\sin(\omega/2)}$
5	$\mathrm{Sa}(\omega_0 n)$	$\begin{cases} N, & \|\omega\|<\pi/N \\ 0, & 其他 \end{cases}$
6	$\mathrm{e}^{\mathrm{j}\omega_0 n}, 2\pi/\omega_0$ 为有理数，$\omega_0\in[-\pi,\pi]$	$2\pi\sum_{r=-\infty}^{\infty}\delta(\omega-\omega_0+2\pi r)$
7	$\sin(\omega_0 n), 2\pi/\omega_0$ 为有理数，$\omega_0\in[-\pi,\pi]$	$\mathrm{j}\pi\sum_{r=-\infty}^{\infty}[\delta(\omega+\omega_0+2\pi r)-\delta(\omega-\omega_0+2\pi r)]$
8	$\cos(\omega_0 n), 2\pi/\omega_0$ 为有理数，$\omega_0\in[-\pi,\pi]$	$\pi\sum_{r=-\infty}^{\infty}[\delta(\omega+\omega_0+2\pi r)-\delta(\omega-\omega_0+2\pi r)]$
9	$u(n)$	$\dfrac{1}{1-\mathrm{e}^{-\mathrm{j}\omega}}+\pi\sum_{r=-\infty}^{\infty}\delta(\omega+2\pi r)$

3. 序列傅里叶变换的性质

傅里叶变换的基本性质和定理如表 2.1.2 所示。

表 2.1.2 傅里叶变换性质与定理

序号	名称	序列 $x(n)$ 、$y(n)$	频谱 $X(e^{j\omega})$、$Y(e^{j\omega})$
1	线性	$ax_1(n)+bx_2(n)$	$aX_1(e^{j\omega})+bX_2(e^{j\omega})$
2	时移	$x(n-n_0)$	$e^{-j\omega n_0}X(e^{j\omega})$
3	频移	$e^{jn\omega_0}x(n)$	$X(e^{j(\omega-\omega_0)})$
4	频域微分	$nx(n)$	$j\dfrac{d}{d\omega}X(e^{j\omega})$
5	卷积定理	$x(n)*y(n)$	$X(e^{j\omega})Y(e^{j\omega})$
6	复卷积定理	$x(n)y(n)$	$\dfrac{1}{2\pi}\int_{-\pi}^{\pi}X(e^{j\theta})Y(e^{j(\omega-\theta)})d\theta$
7	帕斯瓦尔定理	$\sum_{n=-\infty}^{\infty}x(n)y^*(n)=\dfrac{1}{2\pi j}\oint_c X(v)Y^*\left(\dfrac{1}{v^*}\right)v^{-1}dv$	
		$\sum_{n=-\infty}^{\infty}\lvert x(n)\rvert^2=\dfrac{1}{2\pi}\int_{-\pi}^{\pi}\left\lvert X(e^{j\omega})\right\rvert^2d\omega$	

4. 序列傅里叶变换的对称性

（1）$x(n)$ 的共轭对称与共轭反对称序列为

$$x_e(n)=\frac{1}{2}[x(n)+x^*(-n)]$$

$$x_o(n)=\frac{1}{2}[x(n)-x^*(-n)]$$

式中，$x_e(n)$ 是实部为偶对称、虚部为奇对称的序列；$x_o(n)$ 是实部为奇对称、虚部为偶对称的序列。

若 $x(n)$ 是实序列，其共轭对称序列及共轭反对称序列分别为

$$x_e(n)=\frac{1}{2}[x(n)+x(-n)]=x_e(-n)$$

$$x_o(n)=\frac{1}{2}[x(n)-x(-n)]=-x_o(-n)$$

如果 $x(n)$ 是实因果序列，这时的 $x_e(n)$ 、$x_o(n)$ 可进一步表示为

$$x_e(n)=\begin{cases}x(0), & n=0\\(1/2)x(n), & n>0\\(1/2)x(-n), & n<0\end{cases}$$

$$x_o(n)=\begin{cases}0, & n=0\\(1/2)x(n), & n>0\\-(1/2)x(-n), & n<0\end{cases}$$

（2）对称性：表 2.1.3 列出了傅里叶变换的对称性。

表 2.1.3 傅里叶变换的对称性

序号	序列 $x(n)$	傅里叶变换 $X(e^{j\omega})$
1	$x^*(n)$	$X^*(e^{-j\omega})$
2	$x^*(-n)$	$X^*(e^{j\omega})$
3	$\mathrm{Re}[x(n)]$	$X_e(e^{j\omega})$
4	$\mathrm{jIm}[x(n)]$	$X_o(e^{j\omega})$
5	$x_e(n)$	$\mathrm{Re}[X(e^{j\omega})]$
6	$x_o(n)$	$\mathrm{jIm}[X(e^{j\omega})]$

2.1.2 离散时间信号的Z变换

1. 双边 Z 变换的定义

$$X(z)=\sum_{n=-\infty}^{\infty}x(n)z^{-n}$$

2. 单边 Z 变换的定义

$$X(z)=\sum_{n=0}^{\infty}x(n)z^{-n}$$

3. Z 变换的收敛域

$X(z)$的收敛域是对于任意给定的有界序列，使 $X(z)=\sum_{n=-\infty}^{\infty}x(n)z^{-n}$ 级数收敛的所有 z 值。几类序列的收敛域如下：

（1）有限长序列在 $n_1\leqslant n\leqslant n_2$ 时为非零值，其收敛域至少为 $0<|z|<\infty$ 。若 $n_1\geqslant 0$ ，收敛域为 $0<|z|\leqslant\infty$ ；若 $n_2\leqslant 0$ ，收敛域为 $0\leqslant|z|<\infty$ ，即收敛域均为半开区间。

（2）右边序列是有始无终的序列，一般在 $X(z)$ 的封闭表示式中，若有多个极点，则右边序列的收敛域是在以绝对值最大的极点为收敛半径的圆外。

（3）左边序列是无始有终的序列，一般在 $X(z)$ 的封闭表示式中，若有多个极点，则左边序列的收敛域是在以绝对值最小的极点为收敛半径的圆内。

（4）双边序列是无始无终的序列。将双边序列的 $X(z)$ 分为左序列和右序列两部分，其中，左序列的收敛域为 $0\leqslant|z|<R_{X_+}$ ；右序列的收敛域为 $R_{X_-}<|z|\leqslant\infty$ ；当且仅当 $R_{X_+}>R_{X_-}$ 时，$X(z)$ 的双边 Z 变换存在，其收敛域为 $R_{X_-}<|z|<R_{X+}$ 。

4. Z 变换与傅里叶变换的关系

Z 变换的极坐标形式为：

$$X(z)=X(re^{j\omega})=\sum_{n=-\infty}^{\infty}x(n)r^{-n}e^{-j\omega n}$$

序列 $x(n)$的离散时间傅里叶变化 $X(e^{j\omega})$ 定义如下：

$$X(\mathrm{e}^{\mathrm{j}\omega})=\sum_{n=-\infty}^{\infty}x(n)\,\mathrm{e}^{\mathrm{j}\omega n}$$

对比两式可以看出：序列 $x(n)$在单位圆上的 Z 变换就是它的傅里叶变换。

5. Z 变换与拉普拉斯变换的关系

$$X(z)\big|_{z=\mathrm{e}^{sT}}=\hat{X}_{\mathrm{a}}(s)$$

$$X(z)\big|_{z=\mathrm{e}^{sT}}=\frac{1}{T}\sum_{r=-\infty}^{\infty}X_{\mathrm{a}}(s-\mathrm{j}\Omega_{\mathrm{s}}r)=\frac{1}{T}\sum_{r=-\infty}^{\infty}X_{\mathrm{a}}\left(s-\mathrm{j}\frac{2\pi}{T}r\right)$$

2.1.3 逆 Z 变换

1. 留数法

当 $X(z)$ 为有理函数时，$x(n)$ 可由下式计算：

$$x(n)=\frac{1}{2\pi\mathrm{j}}\oint_{c}X(z)z^{n-1}\mathrm{d}z=\sum_{k}\mathrm{Res}\,[X(z)z^{n-1},z_k]$$

式中，z_k 为 $X(z)z^{n-1}$ 的极点。

留数计算方法如下：

1）z_k 为 $X(z)z^{n-1}$ 的单极点

$$\mathrm{Res}[X(z)z^{n-1},z_k]=(z-z_k)X(z)z^{n-1}\big|_{z=z_k}$$

2）z_k 为 $X(z)z^{n-1}$ 的 s 阶重极点

$$\mathrm{Res}[X(z)z^{n-1},z_k]=\frac{1}{(s-1)!}\cdot\frac{\mathrm{d}^{(s-1)}}{\mathrm{d}z^{(s-1)}}[(z-z_k)^{s}X(z)z^{n-1}]\bigg|_{z=z_k}$$

2. 幂级数法

对单边的左序列或右序列，当 $X(z)$ 为有理函数时，幂级数展开可用长除完成，所以幂级数法也称长除法。这时可将 $X(z)$ 展开为 z 的升幂或降幂级数，它取决于 $X(z)$ 的收敛域。所以在用长除法之前，首先要确定 $x(n)$ 是左序列还是右序列，以此决定分母多项式是按升幂还是按降幂排列。

3. 部分分式法

一般有理多项式可以表示为

$$F(x)=\frac{P(x)}{Q(x)}=\frac{b_0+b_1x+\cdots+b_{M-1}x^{M-1}+b_Mx^M}{a_0+a_1x+\cdots+a_{N-1}x^{N-1}+a_Nx^N}$$

式中，分子的最高次为 M，分母的最高次为 N。

（1）$M<N$，且 $F(x)$ 均为单极点，$F(x)$ 可展开为

$$F(x)=\frac{P(x)}{\prod_{k=1}^{N}(x-x_k)}=\sum_{k=1}^{N}\frac{A_k}{x-x_k}$$

式中，$A_k=(x-x_k)F(x)\big|_{x=x_k}$。

（2）若 x_i 是 $F(x)$ 的 s 阶重极点，其余为单极点，$F(x)$ 可展开为

$$F(x)=\frac{P(x)}{Q(x)}=\sum_{\substack{k=1\\k\neq i}}^{N-s}\frac{A_k}{x-x_k}+\sum_{k=1}^{s}\frac{C_k}{(x-x_i)^k}$$

式中，A_k 同上，$C_k=\frac{1}{(s-k)!}\left\{\frac{\mathrm{d}^{s-k}}{\mathrm{d}x^{s-k}}[(x-x_i)^s F(x)]\right\}\Bigg|_{x=x_i}$。

（3）$M\geqslant N$，$F(x)=B_{M-N}x^{M-N}+B_{M-N-1}x^{M-N-1}+\cdots+B_1x+B_0+\frac{P_1(x)}{Q(x)}=F_0(x)+F_1(x)$

式中，$F_1(x)=\frac{P_1(x)}{Q(x)}$ 满足分子的最高次低于分母的最高次，则

$$F(x)=\begin{cases}F_0(x)+\sum_{k=1}^{N}\frac{A_k}{x-x_k}, & \text{均为单根}\\ F_0(x)+\sum_{k=1}^{N-s}\frac{A_k}{x-x_k}+\sum_{k=1}^{s}\frac{C_k}{(x-x_i)^k}, & \text{有一个}s\text{阶重根}\end{cases}$$

式中，A_k、C_k 的计算同上。

在进行 Z 反变换时，既可以令 $z^{-1}=x$，也可以令 $z=x$。

常用序列的 Z 变换如表 2.1.4 所示。

表 2.1.4　常用序列 Z 变换表

序号	序列	Z 变换
1	$\delta(n)$	1，整个 Z 平面
2	$u(n)$	$\frac{z}{z-1}$，$\|z\|>1$
3	$R_N(n)$	$\frac{1-z^{-N}}{1-z^{-1}}$，$\|z\|>0$
4	$a^n u(n)$	$\frac{z}{z-a}$，$\|z\|>\|a\|$
5	$-b^n u(-n-1)$	$\frac{z}{z-b}$，$\|z\|<\|b\|$
6	$nu(n)$	$\frac{z}{(z-1)^2}$，$\|z\|>1$
7	$na^n u(n)$	$\frac{az}{(z-a)^2}$，$\|z\|>\|a\|$

续表

序号	序列	Z 变换
8	$\frac{n(n-1)}{2!}u(n)$	$\frac{z}{(z-1)^3}$，$\|z\|>1$
9	$\frac{n(n-1)(n-2)\cdots(n-m+1)}{m!}u(n)$	$\frac{z}{(z-1)^{m+1}}$，$\|z\|>1$
10	$(n+1)a^n u(n)$	$\frac{z^2}{(z-a)^2}$，$\|z\|>\|a\|$
11	$\frac{(n+1)(n+2)}{2!}a^n u(n)$	$\frac{z^3}{(z-a)^3}$，$\|z\|>\|a\|$
12	$\frac{(n+1)(n+2)(n+3)\cdots(n+m)}{m!}a^n u(n)$	$\frac{z^{m+1}}{(z-a)^{m+1}}$，$\|z\|>\|a\|$
13	$-(n+1)a^n u(-n-1)$	$\frac{z^2}{(z-a)^2}$，$\|z\|<\|a\|$
14	$-\frac{(n+1)(n+2)}{2!}a^n u(-n-1)$	$\frac{z^3}{(z-a)^3}$，$\|z\|<\|a\|$

2.1.4　Z 变换的性质与定理

Z 变换的性质与定理如表 2.1.5 所示。

表 2.1.5　Z 变换的性质与定理

序号	名称	时域	复频域
1	线性	$ax(n)+by(n)$	$aX(z)+bY(z)$
2	双边移序	$x(n+m)$	$z^m X(z)$
3	单边移序	$x(n+m)u(n)$ $x(n-m)u(n)$	$z^m\left[X(z)-\sum_{k=0}^{m-1}x(k)z^{-k}\right]$ $z^{-m}\left[X(z)+\sum_{k=-m}^{-1}x(k)z^{-k}\right]$
4	指数序列加权	$a^n x(n)$	$X(a^{-1}z)$
5	z 域微分	$nx(n)$	$-z\frac{\mathrm{d}X(z)}{\mathrm{d}z}$
6	共轭序列	$x^*(n)$	$X^*(z^*)$
7	初值定理	$x(0)=\lim_{z\to\infty}X(z)$	
8	终值定理	$\lim_{n\to\infty}x(n)=\lim_{z\to 1}(z-1)X(z)$	
9	时域卷积定理	$x(n)*y(n)$	$X(z)Y(z)$
10	频域卷积定理	$x(n)y(n)$	$\frac{1}{2\pi\mathrm{j}}\oint_c X(v)Y\left(\frac{z}{v}\right)v^{-1}\mathrm{d}v$

2.1.5 离散线性移不变系统的变换域表征

1. 系统函数

定义 LSI（线性移不变）离散系统输出 Z 变换与输入 Z 变换之比为系统函数，即

$$H(z)=\frac{Y(z)}{X(z)}$$

$$H(z)=Z[h(n)]$$

$$h(n)=Z^{-1}[H(z)]$$

2. 系统函数与差分方程

差分方程为

$$y(n)+\sum_{k=1}^{N}a_k y(n-k)=\sum_{k=0}^{M}b_k x(n-k)$$

其系统函数为

$$H(z)=\frac{Y(z)}{X(z)}=\frac{\sum_{k=0}^{M}b_k z^{-k}}{1+\sum_{k=1}^{N}a_k z^{-k}}$$

系统函数的系数正是差分方程的系数，它的分子分母多项式可以分解为

$$H(z)=\frac{A\prod_{k=1}^{M}(1-c_k z^{-1})}{\prod_{k=1}^{N}(1-d_k z^{-1})}$$

式中，c_k 是 $H(z)$ 的零点；d_k 是 $H(z)$ 的极点。

3. 系统的因果稳定性

系统函数的收敛域直接关系到系统的因果稳定性。

1）因果系统

$h(n)=0,\ n<0$ 或 $H(z)$ 的收敛域包含无穷时，为因果系统。

2）稳定系统

$\lim\limits_{n\to\infty}h(n)=0$ 或 $H(z)$ 的收敛域包含单位圆时，为稳定系统。

$\lim\limits_{n\to\infty}h(n)=M(M\neq 0)$ 或 $H(z)$ 的单位圆上有一阶极点时，定义离散系统为临界稳定。

3）因果稳定系统

因果稳定系统的 $h(n)=0,\ n<0$，且 $\lim\limits_{n\to\infty}h(n)=0$，或 $H(z)$ 的所有极点分布在单位圆内。

4. $H(z)$ 的零、极点与系统频率响应特性

已知稳定系统的系统函数为

$$H(z)=\frac{A\prod_{k=1}^{M}(1-c_k z^{-1})}{\prod_{k=1}^{N}(1-d_k z^{-1})}=\frac{\prod_{k=1}^{M}(z-c_k)}{\prod_{k=1}^{N}(z-d_k)}\cdot z^{N-M}$$

则系统的频率响应函数为

$$H(\mathrm{e}^{\mathrm{j}\omega})=H(z)\big|_{z=\mathrm{e}^{\mathrm{j}\omega}}=A\frac{\prod_{k=1}^{M}(\mathrm{e}^{\mathrm{j}\omega}-c_k)}{\prod_{k=1}^{N}(\mathrm{e}^{\mathrm{j}\omega}-d_k)}\mathrm{e}^{\mathrm{j}\omega(N-M)}$$

$$=A\frac{\prod_{k=1}^{M}C_k\mathrm{e}^{\mathrm{j}\alpha_k}}{\prod_{k=1}^{M}D_k\mathrm{e}^{\mathrm{j}\beta_k}}\mathrm{e}^{\mathrm{j}\omega(N-M)}=\left|H(\mathrm{e}^{\mathrm{j}\omega})\right|\mathrm{e}^{\mathrm{j}\varphi(\omega)}$$

式中，$\left|H(\mathrm{e}^{\mathrm{j}\omega})\right|=A\frac{\prod_{k=1}^{M}C_k}{\prod_{k=1}^{N}D_k}$，$\varphi(\omega)=\sum_{k=1}^{M}\alpha_k-\sum_{k=1}^{N}\beta_k+\omega(N-M)$。

频率响应 $H(\mathrm{e}^{\mathrm{j}\omega})$ 的一般规律如下：

（1）在某个极点 d_k 附近，振幅特性 $\left|H(\mathrm{e}^{\mathrm{j}\omega})\right|$ 有可能形成峰值，d_k 越靠近单位圆，峰值越明显，d_k 在单位圆上时，$\left|H(\mathrm{e}^{\mathrm{j}\omega})\right|\to\infty$，出现谐振。

（2）在某个零点 c_k 附近，振幅特性 $\left|H(\mathrm{e}^{\mathrm{j}\omega})\right|$ 有可能形成谷点，c_k 越靠近单位圆，谷点越明显，c_k 在单位圆上时，$\left|H(\mathrm{e}^{\mathrm{j}\omega})\right|=0$。

（3）原点处的零、极点对振幅特性 $\left|H(\mathrm{e}^{\mathrm{j}\omega})\right|$ 无影响，只有一线性相位分量。

（4）在零、极点附近相位变化较快（与实轴夹角有 $\pm\pi$ 的变化）。

2.2 习题解答

1. 设 $X(\mathrm{e}^{\mathrm{j}\omega})$ 和 $Y(\mathrm{e}^{\mathrm{j}\omega})$ 分别是 $x(n)$ 和 $y(n)$ 的傅里叶变换，试求下面序列的傅里叶变换：

（1）$x(n-n_0)$；（2）$x^*(n)$；（3）$x(-n)$；（4）$x(n)*y(n)$；（5）$x(n)y(n)$；

（6）$nx(n)$；（7）$x(2n)$；（8）$x^2(n)$；（9）$x_9(n)=\begin{cases}x(n/2), & n=偶数\\ 0, & n=奇数\end{cases}$。

解：（1）$DTFT[x(n-n_0)]=\sum_{n=-\infty}^{\infty}x(n-n_0)\mathrm{e}^{-\mathrm{j}\omega n}$

令 $n'=n-n_0$，即 $n=n'+n_0$，则

$$DTFT[x(n-n_0)]=\sum_{n'=-\infty}^{\infty}x(n')\mathrm{e}^{-\mathrm{j}\omega(n'+n_0)}=\mathrm{e}^{-\mathrm{j}\omega n_0}X(\mathrm{e}^{\mathrm{j}\omega})$$

（2）$DTFT[x^*(n)]=\sum_{n=-\infty}^{\infty}x^*(n)\mathrm{e}^{-\mathrm{j}\omega n}=\left[\sum_{n=-\infty}^{\infty}x(n)\mathrm{e}^{\mathrm{j}\omega n}\right]^*=X^*(\mathrm{e}^{-\mathrm{j}\omega})$

（3）$DTFT[x(-n)]=\sum_{n=-\infty}^{\infty}x(-n)\mathrm{e}^{-\mathrm{j}\omega n}$

令 $n'=-n$，则

$$DTFT[x(-n)]=\sum_{n'=-\infty}^{\infty}x(n')\mathrm{e}^{\mathrm{j}\omega n'}=X(\mathrm{e}^{-\mathrm{j}\omega})$$

（4）$DTFT[x(n)*y(n)]=X(\mathrm{e}^{\mathrm{j}\omega})Y(\mathrm{e}^{\mathrm{j}\omega})$

下面证明上式成立：

$$x(n)*y(n)=\sum_{n=-\infty}^{\infty}x(m)y(n-m)$$

$$DTFT[x(n)*y(n)]=\sum_{n=-\infty}^{\infty}[\sum_{m=-\infty}^{\infty}x(m)y(n-m)]\mathrm{e}^{-\mathrm{j}\omega n}$$

令 $k=n-m$，则

$$\begin{aligned}DTFT[x(n)*y(n)]&=\sum_{k=-\infty}^{\infty}[\sum_{m=-\infty}^{\infty}x(m)y(k)]\mathrm{e}^{-\mathrm{j}\omega k}\mathrm{e}^{-\mathrm{j}\omega n}\\&=\sum_{k=-\infty}^{\infty}y(k)\mathrm{e}^{-\mathrm{j}\omega k}\sum_{m=-\infty}^{\infty}x(m)\mathrm{e}^{-\mathrm{j}\omega n}\\&=X(\mathrm{e}^{\mathrm{j}\omega})Y(\mathrm{e}^{\mathrm{j}\omega})\end{aligned}$$

（5）
$$\begin{aligned}DTFT[x(n)y(n)]&=\sum_{n=-\infty}^{\infty}x(n)y(n)\mathrm{e}^{-\mathrm{j}\omega n}\\&=\sum_{n=-\infty}^{\infty}x(n)\left[\frac{1}{2\pi}\int_{-\pi}^{\pi}Y(\mathrm{e}^{\mathrm{j}\omega'})\mathrm{e}^{-\mathrm{j}\omega' n}\mathrm{d}\omega'\right]\mathrm{e}^{-\mathrm{j}\omega n}\\&=\frac{1}{2\pi}\int_{-\pi}^{\pi}Y(\mathrm{e}^{\mathrm{j}\omega'})\sum_{n=-\infty}^{\infty}x(n)\,\mathrm{e}^{-\mathrm{j}(\omega-\omega')n}\mathrm{d}\omega'\\&=\frac{1}{2\pi}\int_{-\pi}^{\pi}Y(\mathrm{e}^{\mathrm{j}\omega'})X(\mathrm{e}^{\mathrm{j}(\omega-\omega')})\mathrm{d}\omega'\end{aligned}$$

或者

$$DTFT[x(n)y(n)]=\frac{1}{2\pi}\int_{-\pi}^{\pi}X(\mathrm{e}^{\mathrm{j}\omega'})Y(\mathrm{e}^{-\mathrm{j}(\omega-\omega')})\mathrm{d}\omega'$$

（6）因为 $X(\mathrm{e}^{\mathrm{j}\omega})=\sum_{n=-\infty}^{\infty}x(n)\mathrm{e}^{-\mathrm{j}\omega n}$，对该式两边 ω 求导，得到

$$\frac{\mathrm{d}X(\mathrm{e}^{\mathrm{j}\omega})}{\mathrm{d}\omega}=-\mathrm{j}\sum_{n=-\infty}^{\infty}nx(n)\mathrm{e}^{-\mathrm{j}\omega n}=-\mathrm{j}DTFT[nx(n)]$$

因此

$$DTFT[nx(n)]=\mathrm{j}\frac{\mathrm{d}X(\mathrm{e}^{\mathrm{j}\omega})}{\mathrm{d}\omega}$$

（7）$DTFT[x(2n)]=\sum_{n=-\infty}^{\infty}x(2n)\mathrm{e}^{-\mathrm{j}\omega n}$

令 $m=2n$，则

$$\begin{aligned}DTFT[x(2n)]&=\sum_{m=2n}x(m)\mathrm{e}^{-\mathrm{j}\omega\frac{m}{2}}\\&=\sum_{m=-\infty}^{\infty}\frac{1}{2}[x(m)+(-1)^m x(m)]\mathrm{e}^{-\mathrm{j}\frac{1}{2}\omega m}\\&=\frac{1}{2}\left[\sum_{m=-\infty}^{\infty}x(m)\mathrm{e}^{-\mathrm{j}\frac{1}{2}\omega m}+\sum_{m=-\infty}^{\infty}x(m)\left(-\mathrm{e}^{-\mathrm{j}\frac{1}{2}\omega}\right)^{-m}\right]\\&=\frac{1}{2}\left[X(\mathrm{e}^{\mathrm{j}\frac{1}{2}\omega})+X(-\mathrm{e}^{-\mathrm{j}\frac{1}{2}\omega})\right]\end{aligned}$$

（8）$DTFT[x^2(n)]=\sum_{n=-\infty}^{\infty}x^2(n)\mathrm{e}^{-\mathrm{j}\omega n}$

利用（5）题结果，令 $x(n)=y(n)$，则

$$DTFT[x^2(n)]=\frac{1}{2\pi}X(\mathrm{e}^{\mathrm{j}\omega})*X(\mathrm{e}^{\mathrm{j}\omega})=\frac{1}{2\pi}\int_{-\pi}^{\pi}X(\mathrm{e}^{\mathrm{j}\omega'})X(\mathrm{e}^{\mathrm{j}\omega-\omega'})\mathrm{d}\omega'$$

（9）$DTFT[x(n/2)]=\sum_{n=-\infty}^{\infty}x(n/2)\mathrm{e}^{-\mathrm{j}\omega n}$

令 $n'=n/2$，则

$$DTFT[x(n/2)]=\sum_{n=-\infty}^{\infty}x(n')\mathrm{e}^{-\mathrm{j}2\omega n'}=X(\mathrm{e}^{\mathrm{j}2\omega})$$

2. 试求如下序列的傅里叶变换：

（1）$x_1(n)=\delta(n-n_0)$；（2）$x_2(n)=\frac{1}{2}\delta(n+1)+\delta(n)+\frac{1}{2}\delta(n-1)$；

（3）$x_3(n)=a^n u(n),0<a<1$；（4）$x_4(n)=u(n+3)-u(n-4)$；

（5）$x_5(n)=\mathrm{e}^{-(a+\mathrm{j}\omega_0)n}u(n)$；（6）$x_6(n)=R_5(n)$。

解：（1）$X_1(\mathrm{e}^{\mathrm{j}\omega})=\sum_{n=-\infty}^{\infty}\delta(n-n_0)\mathrm{e}^{-\mathrm{j}\omega n}=\mathrm{e}^{-\mathrm{j}n_0\omega}$

（2）$X_2(\mathrm{e}^{\mathrm{j}\omega})=\sum_{n=-\infty}^{\infty}x_2(n)\mathrm{e}^{-\mathrm{j}\omega n}=\frac{1}{2}\mathrm{e}^{\mathrm{j}\omega}+1+\frac{1}{2}\mathrm{e}^{-\mathrm{j}\omega}=1+\frac{1}{2}(\mathrm{e}^{\mathrm{j}\omega}+\mathrm{e}^{-\mathrm{j}\omega})=1+\cos\omega$

（3）$X_3(\mathrm{e}^{\mathrm{j}\omega})=\sum_{n=-\infty}^{\infty}a^n u(n)\mathrm{e}^{-\mathrm{j}\omega n}=\sum_{n=0}^{\infty}a^n\mathrm{e}^{-\mathrm{j}\omega n}=\frac{1}{1-a\mathrm{e}^{-\mathrm{j}\omega}}$

（4）$x_4(n)=u(n+3)-u(n-4)=R_7(n+3)$

$$X_4(\mathrm{e}^{\mathrm{j}\omega})=\sum_{n=-\infty}^{\infty}R_7(n+3)\mathrm{e}^{-\mathrm{j}\omega n}$$

$$DTFT[R_7(n)]=\sum_{n=0}^{6}\mathrm{e}^{-\mathrm{j}\omega n}=\frac{1-\mathrm{e}^{-\mathrm{j}7\omega}}{1-\mathrm{e}^{-\mathrm{j}\omega}}$$

$$X_4(e^{j\omega})=\sum_{n=-\infty}^{\infty}R_7(n+3)e^{-j\omega n}=\frac{1-e^{-j7\omega}}{1-e^{-j\omega}}e^{j3\omega}=\frac{e^{-j\frac{7}{2}\omega}(e^{j\frac{7}{2}\omega}-e^{-j\frac{7}{2}\omega})}{e^{-j\frac{1}{2}\omega}(e^{j\frac{1}{2}\omega}-e^{-j\frac{1}{2}\omega})}e^{j3\omega}$$

$$=\frac{e^{-j\frac{\omega}{2}}(e^{j\frac{7}{2}\omega}-e^{-j\frac{7}{2}\omega})}{e^{-j\frac{\omega}{2}}(e^{j\frac{\omega}{2}}-e^{-j\frac{\omega}{2}})}=\frac{\sin\left(\frac{7}{2}\omega\right)}{\sin\left(\frac{1}{2}\omega\right)}$$

（5）$X_5(e^{j\omega})=\sum_{n=-\infty}^{\infty}e^{-(\alpha+j\omega_0)n}u(n)e^{-j\omega n}=\sum_{n=0}^{\infty}e^{-\alpha}e^{-j(\omega+\omega_0)n}=\frac{1}{1-e^{-\alpha}e^{-j(\omega+\omega_0)}}$

（6）$X_6(e^{j\omega})=\sum_{n=-\infty}^{\infty}R_5(n)e^{-j\omega n}=\sum_{n=0}^{4}e^{-j\omega n}=\frac{1-e^{-5j\omega}}{1-e^{-j\omega}}$

3. 假设：

（1）$x(n)$是实偶函数；

（2）$x(n)$是实奇函数。

在以上两种假设下，分别分析$x(n)$的傅里叶变换性质。

解：令

$$X(e^{j\omega})=\sum_{n=-\infty}^{\infty}x(n)e^{-j\omega n}$$

（1）因为$x(n)$是实偶函数，对上式两边取共轭，得到

$$X^*(e^{j\omega})=\sum_{n=-\infty}^{\infty}x(n)e^{j\omega n}=\sum_{n=-\infty}^{\infty}x(n)e^{-j(-\omega)n}=X(e^{-j\omega})$$

因此

$$X(e^{j\omega})=X^*(e^{-j\omega})$$

上式说明$x(n)$是实序列，$X(e^{j\omega})$具有共轭对称性质。

$$X(e^{j\omega})=\sum_{n=-\infty}^{\infty}x(n)e^{-j\omega n}=\sum_{n=-\infty}^{\infty}x(n)[\cos\omega+j\sin\omega]$$

由于$x(n)$是偶函数，$x(n)\sin\omega$是奇函数，那么$\sum_{n=-\infty}^{\infty}x(n)\sin\omega=0$，因此

$$X(e^{j\omega})=\sum_{n=-\infty}^{\infty}x(n)\cos\omega$$

上式说明$X(e^{j\omega})$是实函数，且是ω的偶函数。

总结以上，$x(n)$是实偶函数时，对应的傅里叶变换$X(e^{j\omega})$是实函数，且是ω的偶函数。

（2）上面已推出，由于$x(n)$是实序列，$X(e^{j\omega})$具有共轭对称性质，即

$$X(e^{j\omega})=X^*(e^{-j\omega})$$

$$X(e^{j\omega})=\sum_{n=-\infty}^{\infty}x(n)e^{-j\omega n}=\sum_{n=-\infty}^{\infty}x(n)[\cos\omega+j\sin\omega]$$

由于$x(n)$是奇函数，上式中$x(n)\cos\omega$是奇函数，那么$\sum_{n=-\infty}^{\infty}x(n)\cos\omega=0$，因此

$$X(e^{j\omega}) = j\sum_{n=-\infty}^{\infty} x(n)\sin\omega$$

上式说明 $X(e^{j\omega})$ 是纯虚数，且是 ω 的奇函数。

4. 设系统的单位脉冲响应 $h(n)=a^n u(n), 0<a<1$，输入序列为

$$x(n)=\delta(n)+2\delta(n-2)$$

完成下面各题：

（1）求出系统输出序列 $y(n)$；

（2）分别求出 $x(n)$、$h(n)$ 和 $y(n)$ 的傅里叶变换。

解：（1）$y(n)=h(n)*x(n)=a^n u(n)*[\delta(n)+\delta(n-2)]=a^n u(n)+2a^{n-2}u(n-2)$

（2）$X(e^{j\omega})=\sum\limits_{n=-\infty}^{\infty}[\delta(n)+2\delta(n-2)]e^{-j\omega n}=1+2e^{-j2\omega}$

$$H(e^{j\omega})=\sum_{n=-\infty}^{\infty}a^n u(n)e^{-j\omega n}=\sum_{n=0}^{\infty}a^n e^{-j\omega n}=\frac{1}{1-ae^{-j\omega}}$$

$$Y(e^{j\omega})=H(e^{j\omega})X(e^{j\omega})=\frac{1+2e^{-j2\omega}}{1-ae^{-j\omega}}$$

5. 设图 2.2.1 所示的序列 $x(n)$ 的 DTFT 用 $X(e^{j\omega})$ 表示，不直接求出 $X(e^{j\omega})$，完成下列运算：

（1）$X(e^{j0})$；（2）$\int_{-\pi}^{\pi}X(e^{j\omega})d\omega$；（3）$X(e^{j\pi})$；

（4）确定并画出傅里叶变换实部 $\mathrm{Re}[X(e^{j\omega})]$ 的时间序列 $x_e(n)$；

（5）$\int_{-\pi}^{\pi}|X(e^{j\omega})|^2 d\omega$；（6）$\int_{-\pi}^{\pi}\left|\frac{dX(e^{j\omega})}{d\omega}\right|^2 d\omega$。

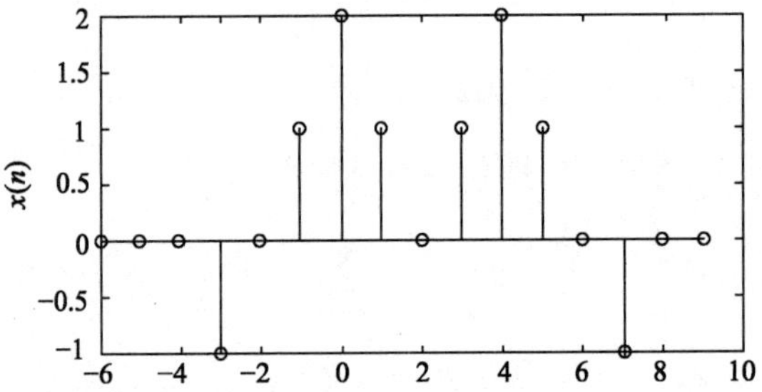

图 2.2.1　题 5 图

解：（1）$X(e^{j0})=\sum\limits_{n=-3}^{7}x(n)=6$。

（2）$\int_{-\pi}^{\pi}X(e^{j\omega})d\omega=x(0)\cdot 2\pi=4\pi$。

（3）$X(e^{j\pi})=\sum\limits_{n=-\infty}^{\infty}x(n)e^{-j\omega n}=\sum\limits_{n=-3}^{7}(-1)^n x(n)=2$。

（4）因为傅里叶变换的实部对应序列的共轭对称部分的傅里叶变换，即

$$\mathrm{Re}[X(e^{j\omega})]=\sum_{n=-\infty}^{\infty}x_e(n)e^{-j\omega}$$

$$x_e(n)=\frac{1}{2}[x(n)+x(-n)]$$

按照上式画出 $x_e(n)$ 的波形，如图 2.2.2 所示。

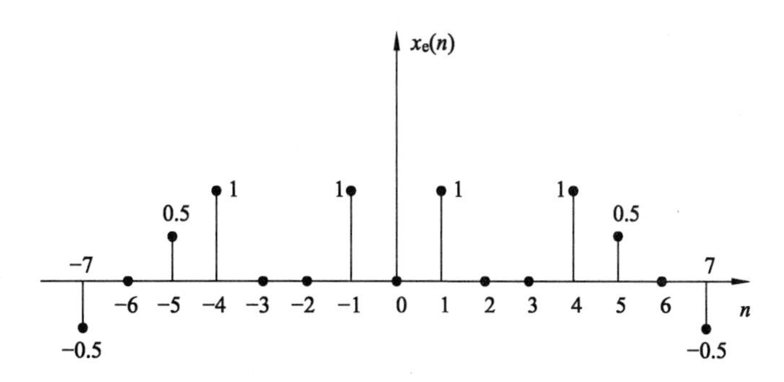

图 2.2.2　$x_e(n)$ 的波形

（5）$\int_{-\pi}^{\pi}\left|X(e^{j\omega})\right|^2 d\omega = 2\pi\sum_{n=-1}^{7}|x(n)|^2 = 28\pi$ 。

（6）因为

$$\frac{dX(e^{j\omega})}{d\omega} = DTFT[-jnx(n)]$$

因此

$$\int_{-x}^{\pi}\left|\frac{dX(e^{j\omega})}{d\omega}\right|^2 d\omega = 2\pi\sum_{n=-3}^{7}|nx(n)|^2 = 316\,\pi$$

6. 设 $x(n) = R_4(n)$，试求 $x(n)$ 的共轭对称序列 $x_e(n)$ 和共轭反对称序列 $x_o(n)$，并分别用图表示。

解： $x_e(n) = \frac{1}{2}[R_4(n) + R_4(-n)]$，$x_o(n) = \frac{1}{2}[R_4(n) - R_4(-n)]$，其波形如图 2.2.3 所示。

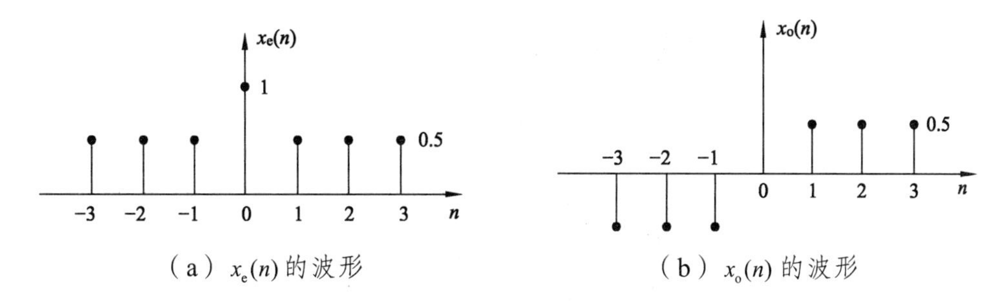

（a）$x_e(n)$ 的波形　　（b）$x_o(n)$ 的波形

图 2.2.3　习题 6 的波形

7. 已知 $x(n) = a^n u(n), 0 < a < 1$，分别求出其共轭对称序列 $x_e(n)$ 和共轭反对称序列 $x_o(n)$ 的傅里叶变换。

解：

$$X(e^{j\omega}) = \sum_{n=-\infty}^{\infty} x(n)e^{-j\omega n}$$

因为 $x_e(n)$ 的傅里叶变换对应 $X(e^{j\omega})$ 的实部，$x_o(n)$ 的傅里叶变换对应 $X(e^{j\omega})$ 的虚部并乘以 j，因此

$$DTFT[x_e(n)] = \mathrm{Re}[X(e^{j\omega})] = \mathrm{Re}\left[\frac{1}{1-ae^{-j\omega}}\right] = \mathrm{Re}\left[\frac{1}{1-ae^{-j\omega}} \cdot \frac{1-ae^{j\omega}}{1-ae^{j\omega}}\right]$$

$$= \frac{1-a\cos\omega}{1+a^2-2a\cos\omega}$$

$$DTFT[x_o(n)] = j\mathrm{Im}[X(e^{j\omega})] = j\mathrm{Im}\left[\frac{1}{1-ae^{-j\omega}}\right] = j\mathrm{Im}\left[\frac{1}{1-ae^{-j\omega}} \cdot \frac{1-ae^{j\omega}}{1-ae^{j\omega}}\right]$$

$$= \frac{-ja\sin\omega}{1+a^2-2a\cos\omega}$$

8. 若序列 $h(n)$ 是实因果序列，其傅里叶变换的实部如下：

$$H_R(e^{j\omega}) = 1+\cos\omega$$

求序列 $h(n)$ 及其傅里叶变换 $H(e^{j\omega})$。

解：

$$H_R(e^{j\omega}) = 1+\cos\omega = 1+\frac{1}{2}e^{j\omega}+\frac{1}{2}e^{-j\omega} = DTFT[h_e(n)] = \sum_{n=-\infty}^{\infty} h_e(n)e^{-j\omega n}$$

$$h_e(n) = \begin{cases} \frac{1}{2}, & n=-1 \\ 1, & n=0 \\ \frac{1}{2}, & n=1 \end{cases}$$

$$h(n) = \begin{Bmatrix} 0, & n<0 \\ h_e(n), & n=0 \\ 2h_e(n), & n>0 \end{Bmatrix} = \begin{cases} 1, & n=0 \\ 1, & n=1 \\ 0, & 其他 \end{cases}$$

$$H(e^{j\omega}) = \sum_{n=-\infty}^{\infty} h(n)e^{-j\omega n} = 1+e^{-j\omega} = 2e^{-j\omega/2}\cos(\omega/2)$$

9. 若序列 $h(n)$ 是实因果序列，$h(0)=1$，其傅里叶变换的虚部为

$$H_I(e^{j\omega}) = -\sin\omega$$

求序列 $h(n)$ 及其傅里叶变换 $H(e^{j\omega})$。

解：

$$H_I(e^{j\omega}) = -\sin\omega = -\frac{1}{2j}[e^{j\omega}-e^{-j\omega}]$$

$$DTFT[h_o(n)] = jH_I(e^{j\omega}) = -\frac{1}{2}[e^{j\omega}-e^{-j\omega}] = \sum_{n=-\infty}^{\infty} h_o(n)e^{-j\omega n}$$

$$h_o(n) = \begin{cases} -\frac{1}{2}, & n=-1 \\ 0, & n=0 \\ \frac{1}{2}, & n=1 \end{cases}$$

$$h(n)=\begin{cases}0, & n<0\\ h(n), & n=0\\ 2h_o(n), & n>0\end{cases}=\begin{cases}1, & n=0\\ 1, & n=1\\ 0, & 其他\end{cases}$$

$$H(\mathrm{e}^{\mathrm{j}\omega})=\sum_{n=-\infty}^{\infty}h(n)\mathrm{e}^{-\mathrm{j}\omega n}=1+\mathrm{e}^{-\mathrm{j}\omega}=2\mathrm{e}^{-\mathrm{j}\omega/2}\cos(\omega/2)$$

10. 求下列序列的 Z 变换和收敛域：

（1）$\delta(n-m)$；（2）$\left(\frac{1}{2}\right)^n u(n)$；（3）$a^n u(-n-1)$；（4）$\cos(\omega_0 n)u(n)$；（5）$\left(\frac{1}{2}\right)^n[u(n)-u(n-10)]$。

解：（1）$X(z)=\sum\limits_{n=-\infty}^{\infty}\delta(n-m)z^{-n}=z^{-m}$

当 $m>0$ 时，$x(n)$ 是因果序列，收敛域为 $0<|z|\leqslant\infty$，无零点，极点为 0（m 阶）；当 $m<0$ 时，$x(n)$ 是逆因果序列，收敛域为 $0\leqslant|z|<\infty$，零点为 0（m 阶），无极点；当 $m=0$，$X(z)=1$，收敛域为 $0\leqslant|z|\leqslant\infty$，既无零点，也无极点。

（2）$X(z)=\sum\limits_{n=\infty}^{\infty}\left(\frac{1}{2}\right)^n u(n)z^{-n}=\sum\limits_{n=0}^{\infty}\left(\frac{1}{2}z^{-1}\right)^n=\dfrac{1}{1-\frac{1}{2}z^{-1}}$，$|z|>\frac{1}{2}$。

（3）$X(z)=\sum\limits_{n=-\infty}^{\infty}a^n u(-u-1)z^{-n}=\sum\limits_{n=-\infty}^{-1}(az^{-1})^n=\sum\limits_{n=1}^{\infty}(a^{-1}z)^n=\dfrac{a^{-1}z}{1-a^{-1}z}=\dfrac{-1}{1-az^{-1}}$，$|z|<|a|$。

（4）$X(z)=\sum\limits_{n=-\infty}^{\infty}\cos(\omega_0 n)u(n)z^{-n}=\sum\limits_{n=0}^{\infty}\dfrac{\mathrm{e}^{\mathrm{j}\omega_0 n}+\mathrm{e}^{-\mathrm{j}\omega_0 n}}{2}z^{-n}=\sum\limits_{n=0}^{\infty}\frac{1}{2}(\mathrm{e}^{\mathrm{j}\omega_0}z^{-1})^n+\sum\limits_{n=0}^{\infty}\frac{1}{2}(\mathrm{e}^{-\mathrm{j}\omega_0}z^{-1})^n$

$$=\frac{1}{2}\left(\frac{1}{1-\mathrm{e}^{\mathrm{j}\omega_0}z^{-1}}+\frac{1}{1-\mathrm{e}^{-\mathrm{j}\omega_0}z^{-1}}\right)=\frac{1-z^{-1}\cos\omega_0}{1-2z^{-1}\cos\omega_0+z^{-2}}$$

$x(n)$ 是右边序列，它的 Z 变换的收敛域是半径为 R_{x_-} 的圆的外部区域，这里

$$R_{x_-}=\lim_{n\to\infty}\left|\frac{x(n+1)}{x(n)}\right|=\lim_{n\to\infty}\left|\frac{\cos[\omega_0(n+1)]}{\cos(\omega_0 n)}\right|=1$$

$x(n)$ 还是因果序列，可以有 $|z|=\infty$，故收敛域为 $1<|z|\leqslant\infty$，零点为 0 和 $\cos\omega_0$，极点为 $\mathrm{e}^{\mathrm{j}\omega_0}$ 和 $\mathrm{e}^{-\mathrm{j}\omega_0}$。

（5）$X(z)=\sum\limits_{n=-\infty}^{\infty}\left(\frac{1}{2}\right)^n[u(n)-u(n-10)]z^{-n}=\sum\limits_{n=0}^{9}\left(\frac{1}{2}\right)^n z^{-n}=\dfrac{1-(2z)^{-10}}{1-(2z)^{-1}}$

$x(n)$ 是有限长序列，且它的 Z 变换只有负幂项，故收敛域为 $0<|z|\leqslant\infty$。零点为 0 和 $\frac{1}{2}$（10 阶），极点为 $\frac{1}{2}$。

11. 求下列序列的 Z 变换，收敛域和零、极点。

（1）$x(n)=\left(\frac{1}{2}\right)^n u(n)$；（2）$x(n)=a^{|n|},0<a<1$；（3）$x(n)=\mathrm{e}^{(a+\mathrm{j}\omega_0)\pi}u(n)$；

（4）$x(n)=Ar^n\cos(\omega_0 n+\varphi)u(n),0<r<1$；

（5）$x(n)=\frac{1}{n!}u(n)$；（6）$x(n)=\sin\left(\omega_0 n+\theta\right)u(n)$。

解：（1）$X(z)=\sum_{n=-\infty}^{\infty}\left(\frac{1}{2}\right)^n u(n)z^{-n}=\sum_{n=0}^{\infty}\left(\frac{1}{2}z^{-1}\right)^n=\frac{1}{1-\frac{1}{2}z^{-1}}=\frac{z}{z-\frac{1}{2}},|z|>\frac{1}{2}$。

$x(n)$是右边序列，可看成是一个因果序列（收敛域$\frac{1}{2}<|z|\leqslant\infty$），零点为 0，极点为$\frac{1}{2}$。

（2）$X(z)=\sum_{n=-\infty}^{\infty}a^{|n|}z^{-n}=\sum_{n=-\infty}^{-1}a^{-n}z^{-n}+\sum_{n=0}^{\infty}a^n z^{-n}=\sum_{n=1}^{\infty}a^n z^n+\sum_{n=0}^{\infty}a^n z^{-n}=\frac{az}{1-az}+\frac{1}{1-az^{-1}}$

$$=\frac{z(1-a^2)}{(1-az)(z-a)}\text{。}$$

$x(n)$是双边序列，可看成是由一个因果序列（收敛域$|a|<|z|\leqslant\infty$）和一个逆因果序列（收敛域$0\leqslant|z|<\frac{1}{|a|}$）相加组成，故$X(z)$的收敛域是这两个收敛域的重叠部分，即圆环区域$|a|<|z|<\frac{1}{|a|}$。零点为 0 和$\infty$，极点为$a$和$\frac{1}{a}$。

（3）$X(z)=\sum_{n=-\infty}^{\infty}\mathrm{e}^{(a+\mathrm{j}\omega_0)\pi}u(n)z^{-n}=\sum_{n=0}^{\infty}\mathrm{e}^{(a+\mathrm{j}\omega_0)n}z^{-n}=\frac{1}{1-\mathrm{e}^{a+\mathrm{j}\omega_0}z^{-1}}$。

$x(n)$是右边序列，它的 Z 变换的收敛域是半径为R_{x_-}的圆的外部区域，这里

$$R_{x_-}=\lim_{x\to\infty}\left|\frac{x(n+1)}{x(n)}\right|=\mathrm{e}^a$$

$x(n)$还是因果序列，可以有$|z|=\infty$，故收敛域为$\mathrm{e}^a<|z|\leqslant\infty$。零点为 0，极点为$\mathrm{e}^{a+\mathrm{j}\omega_0}$。

（4）$X(z)=\sum_{n=-\infty}^{\infty}Ar^n\cos\left(\omega_0 n+\varphi\right)u(n)z^{-n}=\sum_{n=0}^{\infty}Ar^n\frac{\mathrm{e}^{\mathrm{j}(\omega_0 n+\varphi)}+\mathrm{e}^{-\mathrm{j}(\omega_0 n+\varphi)}}{2}z^{-n}$

$$=\frac{A\mathrm{e}^{\mathrm{j}\varphi}}{2}\sum_{n=0}^{\infty}(r\mathrm{e}^{\mathrm{j}\omega_0}z^{-1})^n+\frac{A\mathrm{e}^{-\mathrm{j}\varphi}}{2}\sum_{n=0}^{\infty}(r\mathrm{e}^{-\mathrm{j}\omega_0}z^{-1})^n=\frac{A\mathrm{e}^{\mathrm{j}\varphi}}{2}\frac{1}{1-r\mathrm{e}^{\mathrm{j}\omega_0}z^{-1}}+\frac{A\mathrm{e}^{-\mathrm{j}\varphi}}{2}\frac{1}{1-r\mathrm{e}^{-\mathrm{j}\omega_0}z^{-1}}$$

$$=\frac{A}{2}\left[\frac{\mathrm{e}^{\mathrm{j}\varphi}-(r\mathrm{e}^{-\mathrm{j}(\omega_0-\varphi)}+r\mathrm{e}^{\mathrm{j}(w_0-\varphi)})z^{-1}+\mathrm{e}^{-\mathrm{j}\varphi}}{1-rz^{-1}(\mathrm{e}^{\mathrm{j}\omega_0}+\mathrm{e}^{-\mathrm{j}\omega_0})+r^2z^{-2}}\right]=A\left[\frac{\cos\varphi-rz^{-1}\cos(\omega_0-\varphi)}{1-2rz^{-1}\cos\omega_0+r^2z^{-2}}\right]$$

$x(n)$是右边序列，它的 Z 变换的收敛域是半径为R_{x_-}的圆的外部区域，这里

$$R_{x_-}=\lim_{n\to\infty}\left|\frac{x(n+1)}{x(n)}\right|=\lim_{n\to\infty}\left|\frac{Ar^{n+1}\cos[\omega_0(n+1)+\varphi]}{Ar^n\cos(n\omega_0+\varphi)}\right|=|r|$$

$x(n)$还是因果序列，可以有$|z|=\infty$，故收敛域为$|r|<|z|\leqslant\infty$。

零点为 0 和$\frac{r\cos(\omega_0-\varphi)}{\cos\varphi}$，极点为$r\mathrm{e}^{\mathrm{j}\omega_0}$和$r\mathrm{e}^{-\mathrm{j}\omega_0}$。

（5）$X(z)=\sum_{n=-\infty}^{\infty}\frac{1}{n!}u(n)z^{-n}=\sum_{n=0}^{\infty}\frac{z^{-n}}{n!}$

$=1+z^{-1}+\frac{1}{2!}z^{-2}+\frac{1}{3!}z^{-3}+\cdots+\frac{1}{n!}z^{-n}+\cdots$

$=\mathrm{e}^{\frac{1}{z}}$。

$x(n)$ 是右边序列，它的 Z 变换的收敛域是半径为 R_{x_-} 的圆的外部区域，这里

$$R_{x_-}=\lim_{n\to\infty}\left|\frac{x(n+1)}{x(n)}\right|=\lim_{n\to\infty}\left|\frac{1}{n+1}\right|=0$$

$x(n)$ 还是因果序列，可以有 $|z|=\infty$，故收敛域为 $0<|z|\leqslant\infty$，无零点，极点为 0。

（6）$X(z)=\sum_{n=-\infty}^{\infty}\sin(\omega_0 n+\varphi)u(n)z^{-n}=\sum_{n=0}^{\infty}\sin(\omega_0 n+\varphi)z^{-n}$

$=\sum_{n=0}^{\infty}\frac{\mathrm{e}^{\mathrm{j}(\omega_0 n+\varphi)}-\mathrm{e}^{-\mathrm{j}(\omega_0 n+\varphi)}}{2\mathrm{j}}z^{-n}=\frac{\mathrm{e}^{\mathrm{j}\varphi}}{2\mathrm{j}}\sum_{n=0}^{\infty}(\mathrm{e}^{\mathrm{j}\omega_0}z^{-1})^n-\frac{\mathrm{e}^{-\mathrm{j}\varphi}}{2\mathrm{j}}\sum_{n=0}^{\infty}(\mathrm{e}^{-\mathrm{j}\omega_0}z^{-1})^n$

$=\frac{1}{2\mathrm{j}}\frac{(\mathrm{e}^{\mathrm{j}\varphi}-\mathrm{e}^{-\mathrm{j}\varphi})+(\mathrm{e}^{\mathrm{j}(\omega_0-\varphi)}-\mathrm{e}^{-\mathrm{j}(\omega_0-\varphi)})z^{-1}}{1-(\mathrm{e}^{\mathrm{j}\omega_0}+\mathrm{e}^{-\mathrm{j}\omega_0})z^{-1}+z^{-2}}=\frac{\sin\varphi+\sin(\omega_0-\varphi)z^{-1}}{1-2\cos\omega_0 z^{-1}+z^{-2}}$。

$x(n)$ 是右边序列，它的 Z 变换收敛域是半径为 R_{x_-} 的圆的外部区域，这里

$$R_{x_-}=\lim_{n\to\infty}\left|\frac{x(n+1)}{x(n)}\right|=\lim_{n\to\infty}\left|\frac{\sin[\omega_0(n+1)+\varphi]}{\sin(\omega_0 n+\varphi)}\right|=1$$

$x(n)$ 还是因果序列，故收敛域为 $1<|z|<\infty$，零点为 0 和 $\frac{\sin(\omega_0-\varphi)}{\sin\varphi}$，极点为 $\cos\omega_0+\mathrm{j}\sin\omega_0$ 和 $\cos\omega_0-\mathrm{j}\sin\omega_0$。

12. 用 3 种方法求下列 Z 变换的逆变换：

（1）$X(z)=\frac{1-\frac{1}{2}z^{-1}}{1-\frac{1}{4}z^{-2}},|z|<\frac{1}{2}$；

（2）$X(z)=\frac{1-\frac{1}{2}z^{-1}}{1+\frac{3}{4}z^{-1}+\frac{1}{8}z^{-2}},|z|>\frac{1}{2}$；

（3）$X(z)=\frac{1-az^{-1}}{z^{-1}-a},|z|>|a^{-1}|$。

解：（1）采用幂级数法。由收敛域确定 $x_1(n)$ 是左边序列。又因为 $\lim_{z\to\infty}X_1(z)=1$ 为有限值，所以 $x_1(n)$ 是逆因果序列。用长除法将 $X_1(z)$ 展开成正幂级数，即

$$X_1(z)=\frac{1}{1+\frac{1}{2}z^{-1}}$$

$$=2z-4z^2+8z^3-16z^4+21z^5+\cdots+(-1)^{n-1}2^n z^n+\cdots$$

$$=\sum_{n=1}^{\infty}(-1)^{n-1}2^n z^n=\sum_{n=1}^{\infty}-(-2)^n z^{-n}$$

最后得到

$$x_1(n) = -(-2)^{-n}, n = -1, -2, -3 \cdots$$

或

$$x_1(n) = -\left(-\frac{1}{2}\right)^n u(-n-1)$$

（2）采用部分分式展开法，将 $X_2(z)$ 展开成部分分式：

$$X_2(z) = \frac{1-\frac{1}{2}z^{-1}}{1+\frac{3}{4}z^{-1}+\frac{1}{8}z^{-2}} = \frac{1-\frac{1}{2}z^{-1}}{\left(1+\frac{1}{2}z^{-1}\right)+\left(1+\frac{1}{4}z^{-1}\right)} = \frac{A_1}{1+\frac{1}{2}z^{-1}} + \frac{A_2}{1+\frac{1}{4}z^{-1}}$$

其中

$$A_1 = \left.\frac{1-\frac{1}{2}z^{-1}}{1+\frac{1}{4}z-1}\right|_{z=-\frac{1}{2}} = 4\text{，}\quad A_2 = \left.\frac{1-\frac{1}{2}z^{-1}}{1+\frac{1}{2}z-1}\right|_{z=-\frac{1}{4}} = -3$$

由收敛域可确定 $x_2(n)$ 是右边序列。又因 $\lim\limits_{z\to\infty} X_2(z) = 1$，所以 $x_2(n)$ 还是因果序列。由 $a^n u(n) \overset{z}{\longleftrightarrow} \frac{1}{1-az^{-1}}, |z| > |a|$，得

$$x_2(n) = \left[4\left(-\frac{1}{2}\right)^n - 3\left(-\frac{1}{4}\right)^n\right] u(n)$$

（3）采用留数定理法。围线积分的被积函数为

$$x_3(n)z^{n-1} = \frac{\left(1-az^{-1}\right)z^{n-1}}{z^{-1}-a} = \frac{\left(1-a^{-1}z\right)z^{n-1}}{z-a^{-1}}$$

当 $n > 0$ 时，由给定的收敛域可知，被积函数在围线之内仅有一个极点 $z = \frac{1}{a}$，因此

$$\begin{aligned} x_3(n) &= \mathrm{Re\,s}\left[x_3(z)z^{n-1}, \frac{1}{a}\right] = (1-a^{-1}z)\, z^{n-1}\Big|_{z=\frac{1}{4}} \\ &= (a^2-1)a^{-n-1}, n > 0 \end{aligned}$$

当 $n = 0$ 时，被积函数在围线之内有两个极点 $z = \frac{1}{a}$ 和 $z = 0$，因此

$$\begin{aligned} x_3 &= \mathrm{Re\,s}\left[X_3(z)z^{n-1}, \frac{1}{a}\right] + \mathrm{Re\,s}\left[X_3(z)z^{n-1}, 0\right] \\ &= (1-a^{-1}z)\, z^{-1}\Big|_{z=\frac{1}{a}} + \left.\frac{1-a^{-1}z}{z-a^{-1}}\right|_{z=0} \\ &= (1-a^{-2})a - a = -a^{-1}, n = 0 \end{aligned}$$

当 $n < 0$ 时，因为 $x_3(z)z^{n-1}$ 在围线之外无极点，所以有 $x_3(n) = 0$，$n < 0$。

最后解得

$$x_3(n)=\begin{cases}(a^2-1)a^{-n-1}, n>0\\ -a^{-1}, n=0\\ 0, n<0\end{cases}$$

故 $$x_3(n)=(a^2-1)a^{-n-1}u(n-1)-a^{-1}\delta(n)$$

13. 求下列 Z 变换的逆变换：

（1）$X(z)=\dfrac{1}{(1-z^{-1})(1-2z^{-1})}, 1<|z|<2$；

（2）$X(z)=\dfrac{z-5}{(1-0.5z^{-1})(1-0.5z)}, 0.5<|z|<2$；

（3）$X(z)=\dfrac{\mathrm{e}^{-T}z^{-1}}{(1-\mathrm{e}^{-T}z^{-1})^2}, |z|>\mathrm{e}^{-T}$；

（4）$X(z)=\dfrac{z(2z-a-b)}{(z-a)(z-b)}, |a|<|z|<|b|$。

解：（1）采用部分分式法

$$X(z)=\frac{z^2}{(z-1)(z-2)}$$

$$\frac{X(z)}{z}=\frac{z}{(z-1)(z-2)}$$

$$=\frac{A}{z-1}+\frac{B}{z-2}$$

$$A=\mathrm{Re\,s}\left[\frac{x(z)}{z}\right]_{z=1}=(z-1)\cdot\frac{z}{(z-1)(z-2)}\bigg|_{z=1}=-1$$

$$B=\mathrm{Re\,s}\left[\frac{x(z)}{z}\right]_{z=2}=(z-2)\cdot\frac{z}{(z-1)(z-2)}\bigg|_{z=2}=2$$

即 $$X(z)=\frac{2}{1-2z^{-1}}-\frac{1}{1-z^{-1}}$$

$-\dfrac{1}{1-z^{-1}}, |z|>1$ 和 $\dfrac{2}{1-2z^{-1}}, |z<2|$ 分由 $a^n u(n)\overset{z}{\longleftrightarrow}\dfrac{1}{1-az^{-1}}, |z|>|a|$，$-b^n u(-n-1)\overset{z}{\longleftrightarrow}\dfrac{1}{1-bz^{-1}}$，

$|z|<|b|$ 即

$$x(n)=-u(n)-2^{n+1}u(-n-1)$$

（2）用留数定理法，被积函数为

$$X(z)z^{n-1}=\frac{(z-5)z^{n-1}}{(1-0.5z^{-1})(1-0.5z)}=-\frac{2(z-5)z^n}{(\mathrm{z}-0.5)(\mathrm{z}-2)}$$

根据收敛域 $0.5<|z|<2$ 可知，对应的是一个双边序列。其中：

$0.5<|z|$ 对应于一个因果序列，即 $n<0$ 时，$x(n)=0$；$n\geqslant 0$ 时被积函数有 1 个极点 0.5 在

围线内，故得

$$x(n)=\mathrm{Re}\,s[X(z)z^{n-1},0.5]=\frac{2(z-5)z^n}{(z-0.5)(z-2)}\times(z-0.5)\bigg|_{z-0.5}$$

$$=-6\left(\frac{1}{2}\right)^n,n\geqslant 0$$

$|z|<2$ 对应于一个逆因果序列，即 $n\geqslant 0$ 时，$x(n)=0$；$n<0$ 时，被积函数在围线外有 1 个极点 2，且分母多项式的阶比分子多项式的阶高 $2-(n+1)=1-n\geqslant 2$，故得

$$x(n)=-\mathrm{Re}\,s[X_5(z)z^{n-1},2]$$

$$=\frac{(z-5)z^n}{z-0.5}\bigg|_{z=2}=-2^{n+1},\ n<0$$

最后得到

$$x(n)=\begin{cases}-6\left(\frac{1}{2}\right)^n, & n\geqslant 0\\ -2^{n+1}, & n<0\end{cases}$$

或 $$x(n)=-6\left(\frac{1}{2}\right)^n u(n)-2^{n+1}u(-n-1)$$

（3）由公式 $na^nu(n)\xleftrightarrow{z}\frac{az^{-1}}{(1-az^{-1})^2},|z|>|a|$，得

$$x(n)=n\mathrm{e}^{-nT}u(n)$$

（4）由收敛域知，该式对应的是一个双边序列。将 $X(z)$ 进行部分分式分解，即

$$X(z)=\frac{z(2z-a-b)}{(z-a)(z-b)}=\frac{2-(a+b)z^{-1}}{(1-az^{-1})(1-bz^{-1})}=\frac{A_1}{1-az^{-1}}+\frac{A_2}{1-bz^{-1}}$$

其中 $$A_1=(1-az^{-1})X(z)\Big|_{z=a}=\frac{2-(a+b)z^{-1}}{1-bz^{-1}}\bigg|_{z=a}=1$$

$$A_2=(1-bz^{-1})X(z)\Big|_{z=b}=\frac{2-(a+b)z^{-1}}{1-az^{-1}}\bigg|_{z=b}=1$$

对于 $\frac{1}{1-az^{-1}},|z|>|a|$，得到

$$x_1(n)=a^nu(n)$$

对于 $\frac{1}{1-bz^{-1}},|z|<|b|$，得到

$$x_2(n)=-b^nu(-n-1)$$

最后得到

$$x(n)=a^nu(n)-b^nu(-n-1)$$

14. 已知序列 $x(n)$ 的 Z 变换 $X(z)$ 的极零点分布如图 2.2.4 所示。

（1）如果已知 $x(n)$ 的傅里叶变换是收敛的，试求 $X(z)$ 的收敛域，并确定 $x(n)$ 是右边序列、左边序列或双边序列？

（2）如果不知道序列 $x(n)$ 的傅里叶变换是否收敛，但知道序列是双边序列，试问图 2.2.4 所示的极零点分布图能对应多少个不同的可能序列，并对每种可能的序列指出它的 Z 变换收敛域。

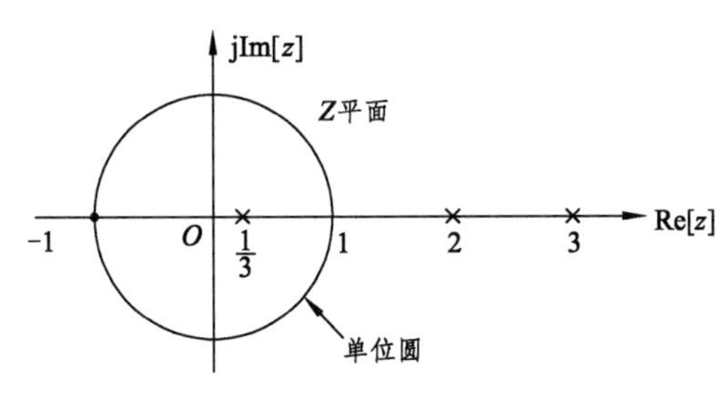

图 2.2.4　题 14 图

解:（1）根据极零点图得到 $x(n)$ 的 Z 变换为

$$X(z)=\frac{z+1}{\left(z-\frac{1}{3}\right)(z-2)(z-3)}$$

因傅里叶变换收敛，所以单位圆在收敛域内，因而收敛域为 $\frac{1}{3}<|z|<2$。故 $x(n)$ 是双边序列。

（2）因为 $x(n)$ 是双边序列，所以它的 Z 变换的收敛域是一个圆环。根据极点分布情况，收敛域有两种可能：$\frac{1}{3}<|z|<2$ 或 $2<|z|<3$。

采用留数定理法求对应的序列。被积函数为

$$X(z)z^{n-1}=\frac{z+1}{\left(z-\frac{1}{3}\right)(z-2)(z-3)}z^{n-1}$$

对于收敛域 $\frac{1}{3}<|z|<2$，被积函数有 1 个极点 $z=\frac{1}{3}$ 在积分围线内，故得

$$x(n)=\operatorname{Re}s\left[X(z)z^{n-1},\frac{1}{3}\right]=\left.\frac{(z+1)z^{n-1}}{(z-2)(z-3)}\right|_{z=\frac{1}{3}}=0.9\left(\frac{1}{3}\right)^{n},n\geqslant 0$$

被积函数有 2 个极点 $z_1=2$ 和 $z_2=3$ 在积分围线外，又因分母多项式的阶比分子多项式的阶高 $3-n>2$（因 $n<0$），故

$$x(n)=-\operatorname{Re}s\left[X(z)z^{n-1},z_1\right]-\operatorname{Re}s\left[X(z)z^{n-1},z_2\right]=\left.\frac{-(z+1)z^{n-1}}{(z-\frac{1}{3})(z-3)}\right|_{z=2}\left.-\frac{(z+1)z^{n-1}}{(z-\frac{1}{3})(z-2)}\right|_{z=3}$$

$$=0.9\times 2^{n}-4.5\times 3^{n},n<0$$

最后得到

$$x(n)=\begin{cases}0.9\left(\dfrac{1}{3}\right)^n, n\geqslant 0\\ 0.9\times 2^n-4.5\times 3^n, n<0\end{cases}$$

或 $$x(n)=0.9\left(\frac{1}{3}\right)^n u(n)+\left(0.9\times 2^n-4.5\times 3^n\right)u(-n-1)$$

对于收敛域 $2<|z|<3$，被积函数有 2 个极点 $z_1=\dfrac{1}{3}$ 和 $z_2=2$ 在积分围线内，故

$$x(n)=\mathrm{Re}\,s[X(z)z^{n-1},z_1]+\mathrm{Re}\,s[X(z)z^{n-1},z_2]=\left.\frac{(z+1)z^{n-1}}{(z-2)(z-3)}\right|_{z=\frac{1}{3}}+\left.\frac{(z+1)z^{n-1}}{\left(z-\dfrac{1}{3}\right)(z-3)}\right|_{z=2}$$

$$=0.9\times\left(\frac{1}{3}\right)^n-0.9\times 2^n, n\geqslant 0$$

被积函数有 1 个极点 $z=3$ 在积分围线外，又因分母多项式的阶比分子多项式的阶高 $3-n>2$（因 $n<0$），故

$$x(n)=-\mathrm{Re}\,s[X(z)z^{-1},3]=\left.\frac{-(z+1)z^{n-1}}{\left(z-\dfrac{1}{3}\right)(z-2)}\right|_{z=3}=-4.5\times 3^n, n<0$$

最后得 $x(n)=\begin{cases}0.9\left(\dfrac{1}{3}\right)^n-0.9\times 2^n, n\geqslant 0\\ -4.5\times 3^n, n<0\end{cases}$

或 $$x(n)=0.9\left[\left(\frac{1}{3}\right)^n-2^n\right]u(n)-4.5\times 3^n u(-n-1)$$

15. 假如 $x(n)$ 的 Z 变换代数表示式为

$$X(z)=\frac{1-\dfrac{1}{4}z^{-2}}{\left(1+\dfrac{1}{4}z^{-2}\right)\left(1+\dfrac{5}{4}z^{-1}+\dfrac{3}{8}z^{-2}\right)}$$

问 $X(z)$ 可能有多少不同的收敛域，它们分别对应什么序列？

解：（1）收敛域为 $\dfrac{1}{2}<|z|<\dfrac{3}{4}$，双边序列；

（2）收敛域为 $|z|<\dfrac{1}{2}$，左边序列；

（3）收敛域为 $|z|>\dfrac{3}{4}$，右边序列。

16. 某稳定系统的系统函数为

$$H(z)=\frac{(z-1)^2}{z-\frac{1}{2}}$$

试确定其收敛域，并说明该系统是否为因果系统。

解： 收敛域为 $|z|>\frac{1}{2}$，系统不是因果系统。

17. 研究一个输入为 $x(n)$ 和输出为 $y(n)$ 的时域线性离散移不变系统，已知它满足

$$y(n-1)-\frac{10}{3}y(n)+y(n+1)=x(n)$$

并已知系统是稳定的。试求其单位抽样响应。

解： 对给定的差分方程两边作 Z 变换，得

$$z^{-1}Y(z)-\frac{10}{3}Y(z)+zY(z)=X(z)$$

则

$$H(z)=\frac{Y(z)}{X(z)}=\frac{1}{z^{-1}-\frac{10}{3}+z}=\frac{z}{(z-3)\left(z-\frac{1}{3}\right)}=\frac{3}{8}\left(\frac{z}{z-3}-\frac{z}{z-\frac{1}{3}}\right)$$

可求得极点为

$$z_1=3,\quad z_2=\frac{1}{3}$$

为了使系统稳定，收敛区域必须包括单位圆，故取 $\frac{1}{3}<|z|<3$，即

$$h(n)=-\frac{3}{8}\left[3^n u(-n-1)+\left(\frac{1}{3}\right)^n u(n)\right]$$

18. 设系统由下面差分方程描述：

$$y(n)=y(n-1)+y(n-2)+x(n-1)$$

（1）求系统的系统函数 $H(z)$，并画出极零点分布图；

（2）限定系统是因果的，写出 $H(z)$ 的收敛域，并求出其单位脉冲响应 $h(n)$；

（3）限定系统是稳定性的，写出 $H(z)$ 的收敛域，并求出其单位脉冲响应 $h(n)$。

解：（1）将上式进行 Z 变换，得到

$$Y(z)=Y(z)z^{-1}+Y(z)z^{-2}+X(z)z^{-1}$$

因此

$$H(z)=\frac{z^{-1}}{1-z^{-1}-z^{-2}}=\frac{z}{z^2-z-1}$$

零点为 $z=0$，令 $z^2-z-1=0$，求出极点：

$$z_1=\frac{1+\sqrt{5}}{2}, \quad z_2=\frac{1-\sqrt{5}}{2}$$

极零点分布如图 2.2.5 所示。

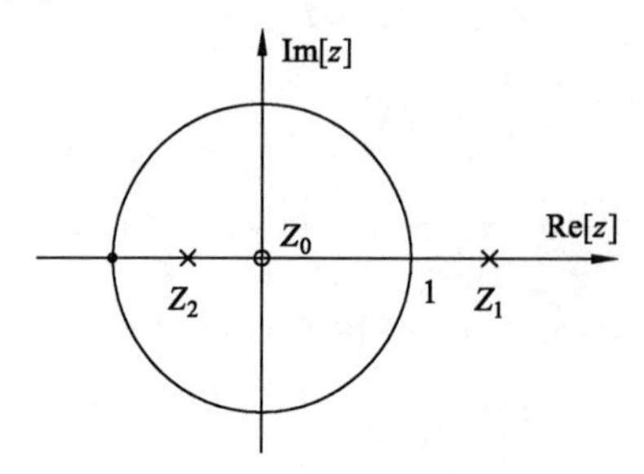

图 2.2.5　系统的极零点分布

（2）由于限定系统是因果的，收敛域需选包含∞在内的收敛域，即 $|z|>(1+\sqrt{5})/2$。求系统的单位脉冲响应可以用两种方法：一种是令输入等于单位脉冲序列，通过解差分方程，其零状态输入解便是系统的单位脉冲响应；另一种方法是求 $H(z)$ 的逆 Z 变换。这里采用第二种方法。

$$h(n)=Z^{-1}[H(z)]=\frac{1}{2\pi \mathrm{j}}\oint_c H(z)z^{n-1}\mathrm{d}z$$

式中

$$H(z)=\frac{z}{z^2-z-1}=\frac{z}{(z-z_1)(z-z_2)}, \quad z_1=\frac{1+\sqrt{5}}{2}, \quad z_2=\frac{1-\sqrt{5}}{2}$$

令

$$F(z)=H(z)z^{n-1}=\frac{z^n}{(z-z_1)(z-z_2)}$$

$n\geqslant 0$ 时，

$$\begin{aligned}h(n)&=\mathrm{Res}[F(z),z_1]+\mathrm{Res}[F(z),z_2]\\&=\frac{z^n}{(z-z_1)(z-z_2)}(z-z_1)\bigg|_{z=z_1}+\frac{z^n}{(z-z_1)(z-z_2)}(z-z_2)\bigg|_{z=z_2}\\&=\frac{z_1^n}{(z_1-z_2)}+\frac{z_2^n}{(z_2-z_1)}=\frac{1}{\sqrt{5}}\left[\left(\frac{1+\sqrt{5}}{2}\right)^n-\left(\frac{1-\sqrt{5}}{2}\right)^n\right]\end{aligned}$$

$n<0$ 时，因为 $h(n)$ 是因果序列，$h(n)=0$，故

$$h(n)=\frac{1}{\sqrt{5}}\left[\left(\frac{1+\sqrt{5}}{2}\right)^n-\left(\frac{1-\sqrt{5}}{2}\right)^n\right]u(n)$$

（3）由于限定系统是稳定的，收敛域需选包含单位圆在内的收敛域，即 $|z_2|<|z|<|z_1|$，

$$F(z)=H(z)z^{n-1}=\frac{z^n}{(z-z_1)(z-z_2)}$$

$n\geqslant 0$时，c 内只有极点 z_2，只需求 z_2点的留数，即

$$h(n)=\mathrm{Res}\,[F(z),z_2]=-\frac{1}{\sqrt{5}}\left(\frac{1-\sqrt{5}}{2}\right)^n$$

$n<0$时，c 内只有两个极点：z_2和 $z=0$，因为 $z=0$是一个 n 阶极点，改成求圆外极点留数，圆外极点只有一个，即 z_1，那么

$$h(n)=-\mathrm{Res}\,[F(z),z_1]=-\frac{1}{\sqrt{5}}\left(\frac{1+\sqrt{5}}{2}\right)^n$$

最后得到

$$y(n)=-\frac{1}{\sqrt{5}}\left(\frac{1-\sqrt{5}}{2}\right)^n u(n)-\frac{1}{\sqrt{5}}\left(\frac{1+\sqrt{5}}{2}\right)^n u(-n-1)$$

19. 已知线性因果网络用下面的差分方程描述：

$$y(n)=0.9y(n-1)+x(n)+0.9x(n-1)$$

（1）求网络的系统函数 $H(z)$ 及单位脉冲响应 $h(n)$；

（2）写出网络频率响应函数 $H(\mathrm{e}^{\mathrm{j}\omega})$ 的表达式，并定性画出其幅频特性曲线；

（3）设输入 $x(n)=(\mathrm{e}^{\mathrm{j}\omega_0 n})$，求输出 $y(n)$。

解：（1）已知 $y(n)=0.9y(n-1)+x(n)+0.9x(n-1)$，得

$$Y(z)=0.9Y(z)z^{-1}+X(z)+0.9X(z)z^{-1}$$

$$H(z)=\frac{1+0.9z^{-1}}{1-0.9z^{-1}},|z|>0.9$$

$$h(n)=\frac{1}{2\pi\mathrm{j}}\oint_c H(z)z^{n-1}\mathrm{d}z$$

令 $F(z)=H(z)z^{n-1}=\dfrac{z+0.9}{z-0.9}z^{n-1}$，

$n\geqslant 1$时，c 内有极点 0.9，

$$h(n)=\mathrm{Res}[F(z),0.9]=\frac{z+0.9}{z-0.9}z^{n-1}(z-0.9)\bigg|_{z=0.9}=1.8\times 0.9^{n-1}$$

$n=0$时，c 内有极点 0.9、0，

$$h(n)=\mathrm{Res}[F(z),0.9]+\mathrm{Res}[F(z),0]$$

$$\mathrm{Res}[F(z),0.9]=\frac{z+0.9}{(z-0.9)z}(z-0.9)\bigg|_{z=0.9}=2$$

$$\mathrm{Res}[(F(z),0]=\frac{z+0.9}{(z-0.9)z}z\bigg|_{z=0}=-1$$

$n<0$ 时，因为系统为因果系统，

所以
$$h(n)=0$$

最后得到

$$h(n)=1.8\times 0.9^{n-1}u(n-1)+\delta(n)$$

（2）$H(\mathrm{e}^{\mathrm{j}\omega})=\text{DTFT}[h(n)]=\left.\dfrac{1+0.9z^{-1}}{1-0.9z^{-1}}\right|_{z=\mathrm{e}^{\mathrm{j}\omega}}=\dfrac{1+0.9\mathrm{e}^{-\mathrm{j}\omega}}{1-0.9\mathrm{e}^{-\mathrm{j}\omega}}$。

由上式可知，极点为 $z_1=0.9$，零点为 $z_2=-0.9$。极零点分布如图 2.2.6（a）所示，按照极零点图画出的幅度特性曲线如图 2.2.6（b）所示。

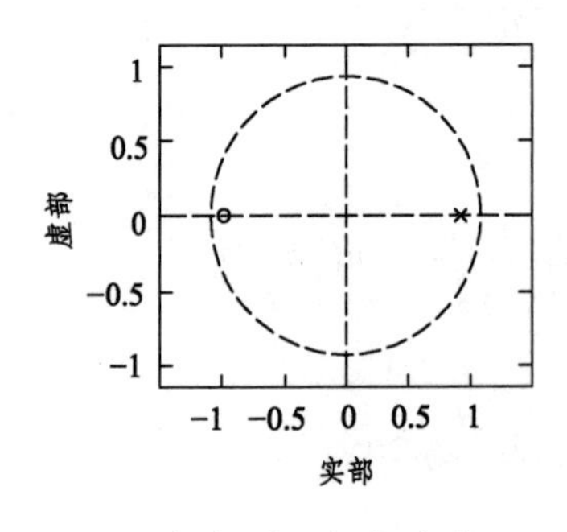

（a）零、极点分布

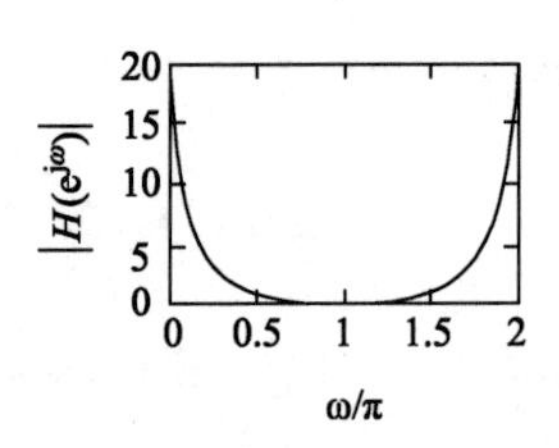

（b）幅度特性曲线

图 2.2.6　系统的零、极点分布与幅度特性曲线

（3）已知 $x(n)=\mathrm{e}^{\mathrm{j}\omega_0 n}$，那么

$$y(n)=\mathrm{e}^{\mathrm{j}\omega_0 n}H(\mathrm{e}^{\mathrm{j}\omega_0})=\mathrm{e}^{\mathrm{j}\omega_0 n}\frac{1+0.9\mathrm{e}^{-\mathrm{j}\omega_0}}{1-0.9\mathrm{e}^{-\mathrm{j}\omega_0}}$$

20. 已知一个因果的线性移不变系统用下列差分方程描述：

$$y(n)=y(n-1)+y(n-2)+x(n-1)$$

（1）求这个系统的系统函数 $H(z)$，画出 $H(z)$ 的极零点分布图，并指出其收敛域；

（2）求这个系统的单位取样响应 $h(n)$；

（3）读者将会发现它是一个不稳定系统。求满足上述差分方程的一个稳定但非因果的系统的单位取样响应 $h(n)$。

解：（1）求差分方程两边的 Z 变换：

$$Y(z)=z^{-1}Y(z)+z^{-2}Y(z)+z^{-1}X(z)$$

由上式得到系统函数：

$$H(z)=\frac{z^{-1}}{1-z^{-1}-z^{-2}}$$

求系统函数的零点和极点：

$$H(z)=\frac{z^{-1}}{1-z^{-1}-z^{-2}}=\frac{z}{z^2-z-1}=\frac{z}{(z-\beta_1)(z-\beta_2)}$$

由上式可知，零点为 0，极点为 $\beta_1=\frac{1}{2}(1+\sqrt{5})$ 和 $\beta_2=\frac{1}{2}(1-\sqrt{5})$。由此可画出极零点分布图，如图 2.2.5 所示。已知系统为因果系统，因此收敛域为 $|\beta_1|<|z|\leqslant\infty$。

（2）采用留数定理法。由 $H(z)=\frac{z}{(z-\beta_1)(z-\beta_2)}$（收敛域为 $|\beta_1|\leqslant|z|\leqslant\infty$）计算单位取样响应：

$$h(n)=\mathrm{Re}\,s[H(z)z^{n-1},\beta_1]+\mathrm{Re}\,s[H(z)z^{n-1},\beta_2]==\frac{z^n}{z-\beta_2}|_{z=\beta_1}+\frac{z^n}{z-\beta_1}|_{z=\beta_2}=\frac{\beta_1^n-\beta_2^n}{\beta_1-\beta_2}u(n)$$

（3）要使系统稳定，单位圆必须在收敛域内，即收敛域应为 $\beta_2<|z|\leqslant\beta_1$，这是一个双边序列。采用部分分式法将系统函数分解为

$$H(z)=\frac{z}{(z-\beta_1)(z-\beta_2)}=\frac{A_1}{z-\beta_1}+\frac{A_2}{z-\beta_2}=H_1(z)+H_2(z)$$

其中，$A_1=\left.\frac{z}{z-\beta_2}\right|_{z=\beta_1}=\frac{\beta_1}{\beta_1-\beta_2}$；$A_2=\left.\frac{z}{z-\beta_1}\right|_{z=\beta_2}=\frac{\beta_2}{\beta_2-\beta_1}$。

由 $H_1(z)=\frac{\beta_1}{\beta_1-\beta_2}\frac{1}{z-\beta_1}$ 计算单位取样响应 $h_1(n)$，因收敛域为 $|z|<\beta_1$，故 $h_1(n)$ 为左边序列，又因 $\lim\limits_{z\to 0}H_1(z)=0$ 为有限值，故 $h_1(n)$ 还是逆因果序列。采用留数定理法，被积函数 $H_1(z)z^{n-1}=\frac{\beta_1}{\beta_1-\beta_2}\frac{z^{n-1}}{z-\beta_1}$，当 $n<0$ 时，极点 $\beta_1=\frac{1}{2}(1+\sqrt{5})$ 在积分围线外，且被积函数的分母与分子多项式阶数之差为 $1-n+1\geqslant 2$（因 $n<0$），因此有

$$h_1(n)=-\mathrm{Re}\,s[H_1(z)z^{n-1},\beta_1]=\left.\frac{-\beta_1}{\beta_1-\beta_2}z^{n-1}\right|_{z=\beta_1}=\frac{1}{\beta_2-\beta_1}\beta_1^n,n<0$$

由 $H_2(z)=\frac{\beta_2}{\beta_2-\beta_1}\frac{1}{z-\beta_2}$ 计算单位取样响应 $h_2(n)$。因此收敛域为 $|z|<\beta_2$，故 $h_2(n)$ 为右边序列，又因 $\lim\limits_{z\to 0}H_2(z)=\frac{\beta_2}{\beta_2-\beta_1}$ 为有限值，故 $h_2(n)$ 还是因果序列。采用留数定理法，被积函数 $H_2(z)z^{n-1}=\frac{\beta_2}{\beta_2-\beta_1}\frac{z^{n-1}}{z-\beta_2}$，当 $n\geqslant 0$ 时，积分围线内有唯一的极点，$\beta_2=\frac{1}{2}(1-\sqrt{5})$，因此有

$$h_2(n)=\mathrm{Re}\,s[H_2(z)z^{n-1},\beta_2]=\left.\frac{\beta_2}{\beta_2-\beta_1}z^{n-1}\right|_{z=\beta_2}=\frac{1}{\beta_2-\beta_1}\beta_2^n,n\geqslant 0$$

最后得到满足题给差分方程的一个稳定但非因果的系统，它的单位取样响应为

$$h(n)=h_1(n)+h_2(n)=\frac{1}{\beta_2-\beta_1}[\beta_1^n u(-n-1)+\beta_2^n u(n)]$$

21. 在给定的区间上产生信号，使用stem()函数画图，其中（4）题要分别画出幅度、相位、实部和虚部，（3）题还要用plot()画图。

（1）$x(n)=2\delta(n+3)-\delta(n+2)+2\delta(n)+4\delta(n-1),-4\leqslant n\leqslant 3$；

（2）$x(n)=(0.8)^{n}[u(n)-u(n-10)],0\leqslant n\leqslant 12$；

（3）$x(n)=5\cos(0.04\pi n)+0.3w(n),0\leqslant n\leqslant 50$，其中 $w(n)$ 是均值为 0、方差为 1 的高斯序列；

（4）$x(n)=\mathrm{e}^{(-0.2+\mathrm{j}0.4)n},-10\leqslant n\leqslant 10$。

解： Matlab 程序如例 ex221.m。运行结果如图 2.2.7 所示。

```
%ex221.m
clear
close all                    %清除已经绘制的图形
n=-4:3;                      %定义序列的区间
x1=zeros(1,8);   %注意：Matlab 中数组下标从 1  开始
x1(2)=2;x1(3)=-1;x1(5)=2;x1(6)=4;
figure(1);stem(n,x1);                %绘制 x1(n)的图形
title('x1(n)序列');              %设置结果图形的标题
x2=zeros(1,13);        %注意：MATLAB 中数组下标从 1 开始
for n=0:8;                                %定义序列的区间
x2(n+1)=0.8.^n
end
figure(2)
stem(x2);                    %绘制 x2(n)的图形
title('x2(n)序列');              %设置结果图形的标题
  n=0:50;
x3=5*cos(0.04*pi*n)+0.3*normrnd(0,1);%
figure(3)
plot(x3);                    %绘制 x3(n)的图形
title('x3(n)序列');              %设置结果图形的标题
figure(4)
n = [-10:10];
alpha = -0.2 + 0.4j;
x4 = exp(alpha*n);
  subplot(2,2,1);
stem(n,real(x4),'filled');
title('x4real part');xlabel('n');
subplot(2,2,2);
stem(n,imag(x4),'filled');
title('x4imaginary part');xlabel('n');
  subplot(2,2,3);
```

```
stem(n,abs(x4),'filled');
title('x4magnitude part');xlabel('n');
subplot(2,2,4);
stem(n,(180/pi)*angle(x4),'filled');
title('x4phase part');xlabel('n');
```

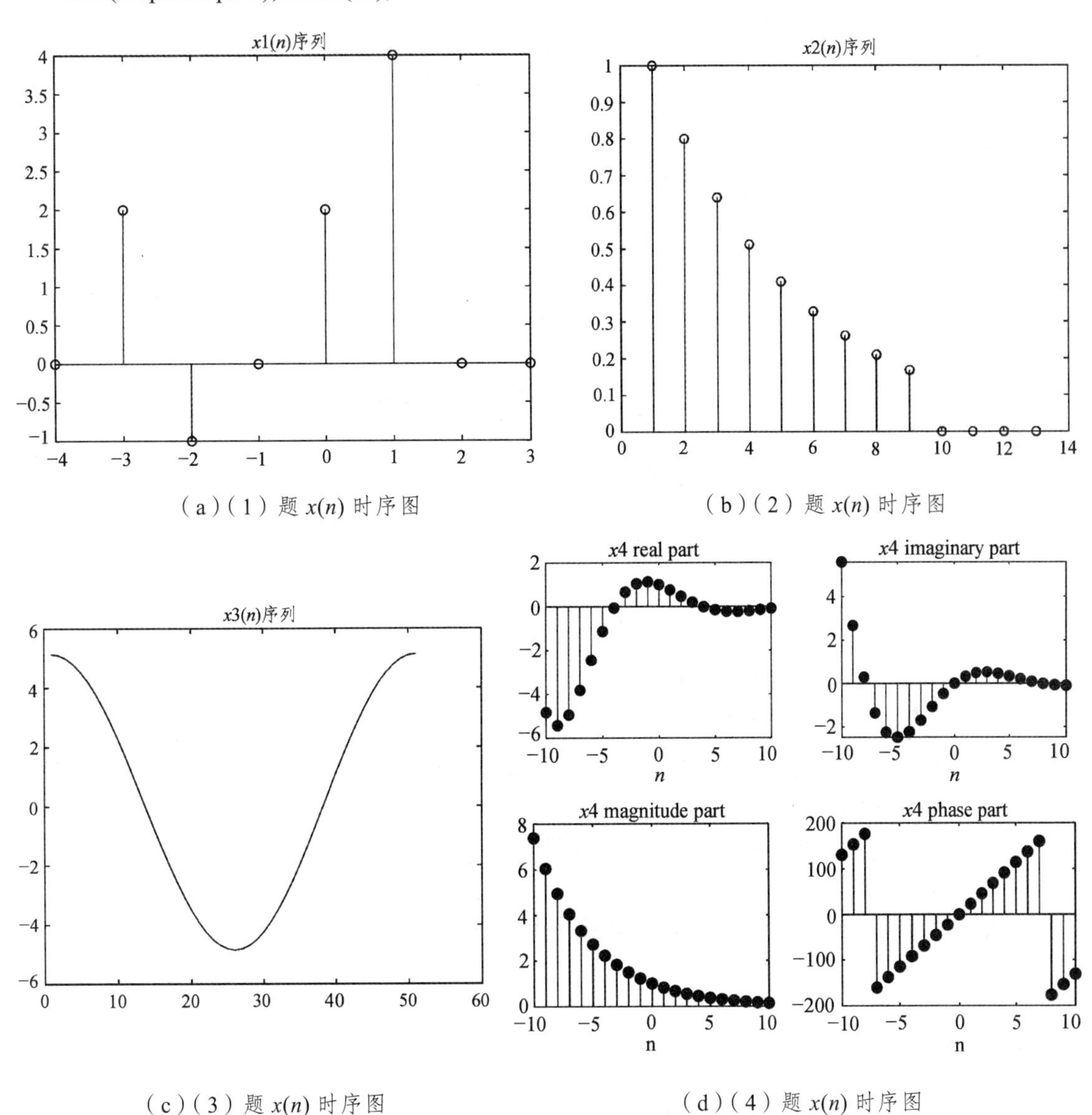

图 2.2.7　题 21 波形图

22. 计算下列序列的离散傅里叶变换（DTFT）$X(\mathrm{e}^{\mathrm{j}\omega})$，并画出其幅度和相位函数。

（1） $x(n)=\delta(n+1)+2\delta(n)-3\delta(n-1)+4\delta(n-2)+5\delta(n-3)$；

（2） $x(n)=\begin{cases}1, & 0\leqslant n\leqslant 10\\ 0, & 其他\end{cases}$；

（3） $x(n)=\mathrm{e}^{-\mathrm{j}0.3\pi n}, 0\leqslant n\leqslant 7$；

（4） $x(n)=5\cos(0.5\pi n), 0\leqslant n\leqslant 10$ 。

解： Matlab 程序如例 ex222.m。运行结果如图 2.2.8 所示。

```
%ex222.m
clear
close all
nx1=-1:3;                  %定义序列的区间
x1=zeros(1,5);  %注意：Matlab 中数组下标从 1 开始
x1(1)=1;x1(2)=2;x1(3)=-3;x1(4)=4; x1(5)=5;
K1=10;dw=2*pi/K1;
k1=floor((-K1/2+0.5):(K1/2-0.5));
X1=x1*exp(-j*dw*nx1'*k1);
figure(1)
magX1=abs(X1);                          %绘制 x1(n)的幅度谱
subplot(2,1,1);stem(magX1);title('x1(n)的幅度谱');
angX1=angle(X1);                           %绘制 x(n)的相位谱
subplot(2,1,2);stem(angX1) ; title ('x1(n)的相位谱');
 for nx2=0:10;                 %定义序列的区间
x2(nx2+1)=1;
end
nx2=0:10;
K2=20;dw=2*pi/K2;
k2=floor((-K2/2+0.5):(K2/2-0.5));
X2=x2*exp(-j*dw*nx2'*k2);
figure(2)
magX2=abs(X2);
subplot(2,1,1);stem(magX2);title('x2(n)的幅度谱');
angX2=angle(X2);
subplot(2,1,2);stem(angX2) ; title ('x2(n)的相位谱');
 nx3=0:7;
x3=exp(-j*0.3*pi*nx3);
K3=14;dw=2*pi/K3;
k3=floor((-K3/2+0.5):(K3/2-0.5));
X3=x3*exp(-j*dw*nx3'*k3);
figure(3)
magX3=abs(X3);
subplot(2,1,1);stem(magX3);title('x3(n)的幅度谱');
angX3=angle(X3);
angX3=angle(X3);
subplot(2,1,2);stem(angX3) ; title ('x3(n)的相位谱');
```

```
nx4=0:7;
x4=5*cos(0.5*pi*nx4);
K4=20;dw=2*pi/K4;
k4=floor((-K4/2+0.5):(K4/2-0.5));
X4=x3*exp(-j*dw*nx4'*k4);
figure(4)
magX4=abs(X4);
subplot(2,1,1);stem(magX4);title('x4(n)的幅度谱');
angX4=angle(X4);
subplot(2,1,2);stem(angX4) ; title ('x4(n)的相位谱');
subplot(2,1,2);stem(angX4) ; title ('x4(n)的相位谱');
```

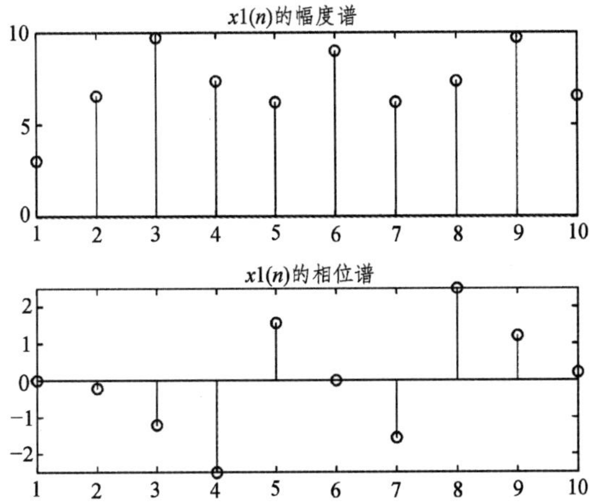

（a）（1）题目 $x(n)$ 波形图

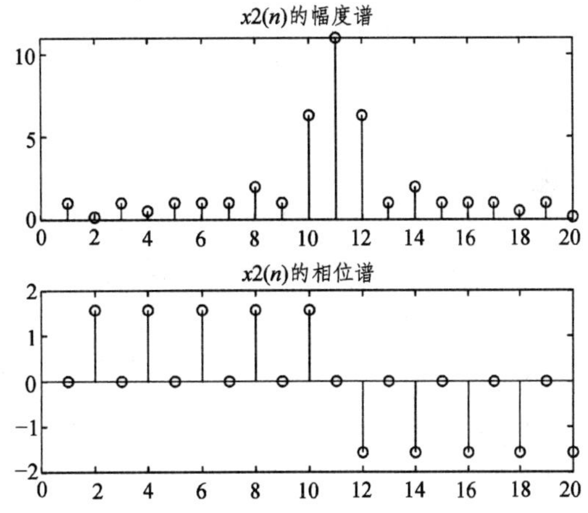

（b）（2）题 $x(n)$ 波形图

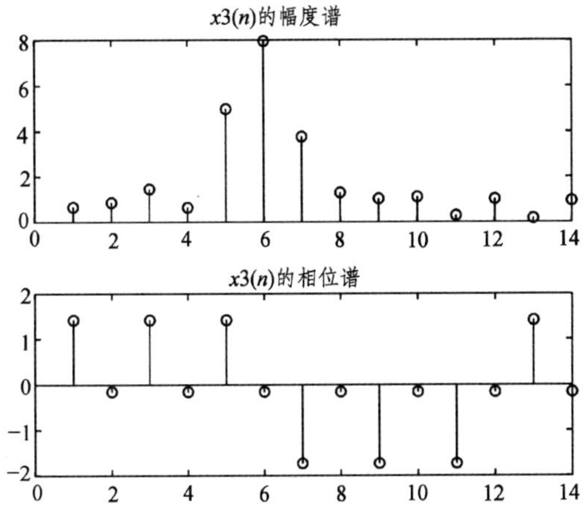

（c）（3）题 $x(n)$ 波形图

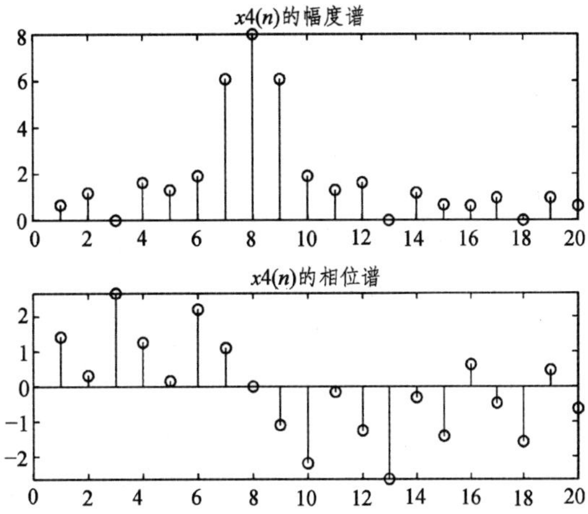

（d）（4）题 $x(n)$ 波形图

图 2.2.8　题 22 波形图

23. 用 Matlab 求下列 Z 变换的逆变换。

$$X(z)=\frac{1-z^{-2}}{1-0.81z^{-2}},|z|>0.9$$

解： Matlab 程序如例 ex223.m。

```
%ex223.m
clear
syms z
Fz=(z^2-1)/(z^2-0.81);
iztrans(Fz)
```

运行结果为：

ans =(100*kroneckerDelta(n, 0))/81 - (19*(9/10)^n)/162 - (19*(-9/10)^n)/162

24. 用 Matlab 语言,假设系统函数如下式：

$$H(z)=\frac{z^2+5z-50}{2z^4-2.98z^3+0.17z^2+2.3418z-1.5147}$$

（1）画出极、零点分布图，并判断系统是否稳定；

（2）求出输入单位阶跃序列 $u(n)$，检查系统是否稳定。

解：

Matlab 程序如例 ex224.m。运行结果如图 2.2.9 所示。

```
%ex224.m
clear
close all
b=[0,0,1,5,-50];
a=[2,-2.98,0.17,2.3418,-1.5147];%输入差分方程系数

figure(1)
zplane(b,a);
[p2 z2] = pzmap(b,a)
x = stepseq(0, 0, 50);
s = filter (b, a, x);
figure(2); stem ( s); title('阶跃响应');
xlabel('n'); ylabel('s(n)');
```

（1）由程序运行结果可知，有一个极点在单位圆上，系统不稳定。

（2）由系统的单位阶跃响应可知，系统不稳定。

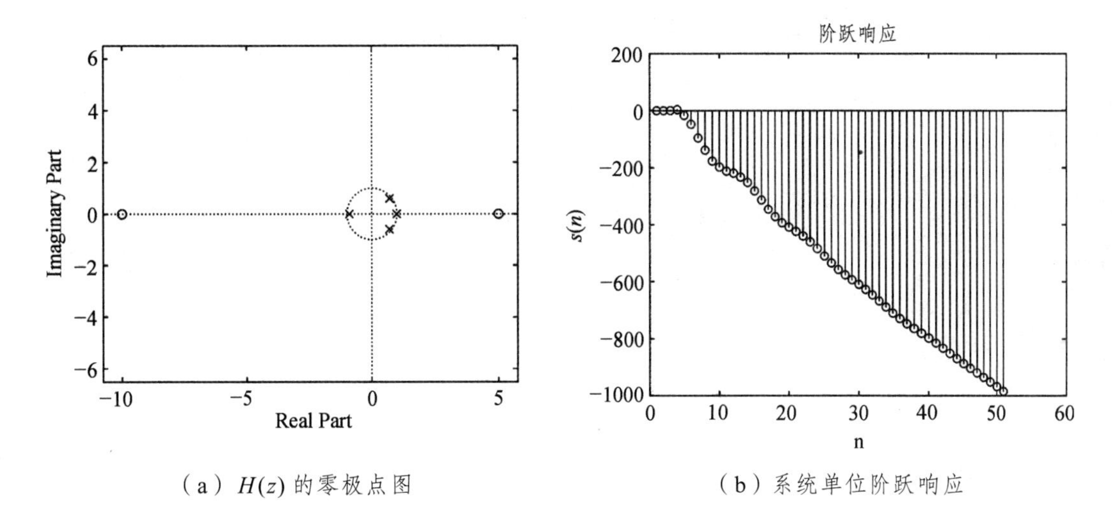

（a）$H(z)$ 的零极点图　　（b）系统单位阶跃响应

图 2.2.9　题 24 波形图

第3章 离散傅里叶变换

3.1 重点与难点

3.1.1 离散时间周期序列的傅里叶级数（DFS）

1. 离散傅里叶级数的定义

$$\tilde{X}(k)=\sum_{n=0}^{N-1}\tilde{x}(n)\mathrm{e}^{-\mathrm{j}\frac{2\pi}{N}kn}=\sum_{n=0}^{N-1}\tilde{x}(n)W_N^{kn}=DFS[\tilde{x}(n)]$$

$$\tilde{x}(n)=\frac{1}{N}\sum_{k=0}^{N-1}\tilde{X}(k)\mathrm{e}^{\mathrm{j}\frac{2\pi}{N}kn}=\frac{1}{N}\sum_{k=0}^{N-1}\tilde{X}(k)W_N^{-kn}=IDFS[(\tilde{X}(k)]$$

式中，$W_N=\mathrm{e}^{-\mathrm{j}\frac{2\pi}{N}}$；$\tilde{X}(k)$、$\tilde{x}(n)$ 均为周期为 N 的周期序列。

2. 离散傅里叶级数的性质

离散傅里叶级数的性质如表 3.1.1 所示。

表 3.1.1 离散傅里叶级数的性质

序号	名称	域时序列	DFS
1	线性	$a\tilde{x}_1(n)+b\tilde{x}_2(n)$	$a\tilde{X}_1(k)+b\tilde{X}_2(k)$
2	周期移序	$\tilde{x}(n+m)$	$W_N^{-km}\tilde{X}(k)$
		$W_N^{nl}\tilde{x}(n)$	$\tilde{X}(k+l)$
3	周期卷积定理	$\tilde{x}_1(n)*\tilde{x}_2(n)$	$\tilde{X}_3(k)=\tilde{X}_1(k)\tilde{X}_2(k)$
4	频域周期卷积定理	$\tilde{x}_1(n)\tilde{x}_2(n)$	$\frac{1}{N}\sum_{i=0}^{N-1}\tilde{X}_2(l)\tilde{X}_1(k-l)$
5	对称性	$\tilde{x}^*(n)$	$\tilde{X}^*(-k)$
		$\tilde{x}^*(-n)$	$\tilde{X}^*(k)$
		$\mathrm{Re}[\tilde{x}(n)]$	$\tilde{X}_e(k)$
		$\mathrm{jIm}[\tilde{x}(n)]$	$\tilde{X}_o(k)$
		$\tilde{x}_e(n)$	$\mathrm{Re}[\tilde{X}(k)]$
		$\tilde{x}_o(n)$	$\mathrm{jIm}[\tilde{X}(k)]$

3.1.2 离散傅里叶变换（DFT）

1. 离散傅里叶变换定义

$$X(k)=\begin{cases}\sum_{n=0}^{N-1}x(n)W_N^{kn}, & 0\leqslant k\leqslant N-1\\ 0, & 其他\end{cases}$$

$$x(n)=\begin{cases}\dfrac{1}{N}\sum_{k=0}^{N-1}X(k)W_N^{-kn}, & 0\leqslant n\leqslant N-1\\ 0, & 其他\end{cases}$$

2. DFT 与 ZT、DTFT 的关系

$$X(k)=X(z)\Big|_{z=W_N^{-k}=\mathrm{e}^{\mathrm{j}\frac{2\pi}{N}k}}$$

$$X(k)=X(\mathrm{e}^{\mathrm{j}\omega})\Big|_{\omega=\frac{2\pi}{N}k}$$

3. 离散傅里叶变换的性质

DFT 的性质如表 3.1.2 所示。

表 3.1.2　DFT 性质

序号	名称	时域序列	DFT
1	线性	$ax_1(n)+bx_2(n)$	$aX_1(k)+bX_2(k)$
2	循环位移性	$x((n+m))_N R_N(n)$	$W_N^{-mk}X(k)$
		$y(n)=W_N^{nl}x(n)$	$Y(k)=X((k+l))_N R_N(k)$
3	循环卷积定理	$x_1(n)\ \textcircled{N}\ x_2(n)$	$X_1(k)X_2(k)$
4	复循环卷积定理	$x_1(n)x_2(n)$	$\frac{1}{N}\left[\sum_{l=0}^{N-1}X_2(l)X_1((k-l))_N\right]R_N(k)$
5	共轭序列	$x^*(n)$	$X^*(N-k)$
		$x^*(N-n)$	$X^*(k)$
6	帕斯维尔定理	$\sum_{n=0}^{N-1}\lvert x(n)\rvert^2=\frac{1}{N}\sum_{k=0}^{N-1}\lvert X(k)\rvert^2$	
7	圆周共轭对称性	$x_{\mathrm{ep}}(n)$	$\mathrm{Re}[X(k)]$
		$x_{\mathrm{op}}(n)$	$\mathrm{jIm}[X(k)]$
		$\mathrm{Re}[x(n)]$	$X_{\mathrm{ep}}(k)$
		$\mathrm{jIm}[x(n)]$	$X_{\mathrm{op}}(k)$
8	实序列对称性	$\mathrm{Re}[x(n)]$	$X_{\mathrm{ep}}(k)$
9	纯虚序列	$\mathrm{jIm}[x(n)]$	$X_{\mathrm{op}}(k)$

3.1.3　利用循环卷积计算线性卷积

$$y_c(n)=\left[\sum_{r=-\infty}^{\infty}y_1(n+rN)\right]R_N(n)$$

由线性卷积求圆周卷积：两序列的线性卷积 $y_1(n)$ 是以 N 为周期的周期延拓后混叠相加序列的主值序列，即为此两序列的 N 点圆周卷积。

3.1.4　频率取样

1. 频域采样

在单位圆上对 $X(z)$ 做 N 点等间隔采样，得到

$$\tilde{X}(k)=X(z)\big|_{z=W_N^{-k}}=\sum_{n=-\infty}^{\infty}x(n)W_N^{kn}$$

对时宽为 N_1 的有限长序列 $x(n)$，频域采样不失真的条件是 $N_1\leqslant N$。

2. 频域采样定理

如果序列的长度为 M，若对 $X(\mathrm{e}^{\mathrm{j}\omega})$ 在 $0\leqslant\omega\leqslant2\pi$ 上做 N 点等间隔抽样，得到 $\tilde{X}(k)$，只有当抽样点数 N 满足 $N\geqslant M$ 时，才能由 $\tilde{X}(k)$ 恢复出 $x(n)$，否则将产生时域混叠失真，不能由 $\tilde{X}(k)$ 无失真恢复原序列。其中

$$\tilde{x}_N(n)=\left[\sum_{r=-\infty}^{\infty}x(n+rN)\right]$$

3.1.5　DFT 的应用

1. 利用 DFT 计算线性卷积

1）用循环卷积计算线性卷积的条件

设有两个有限长序列 $x_1(n)$、$x_2(n)$，其中

$$x_1(n)=\begin{cases}x_1(n), & 0\leqslant n\leqslant N_1-1\\0, & \text{其他}\end{cases},\quad x_2(n)=\begin{cases}x_2(n), & 0\leqslant n\leqslant N_2-1\\0, & \text{其他}\end{cases}$$

用循环卷积计算线性卷积不失真的条件是 $N\geqslant N_1+N_2-1$，此时

$$\begin{aligned}x_3(n)&=x_1(n)\circledN x_2(n)=\tilde{x}_{3N}(n)R_N(n)\\&=\left[\sum_{r=-\infty}^{\infty}x_3(n+rN)\right]R_N(n)\end{aligned}$$

2）用循环卷积计算线性卷积的方法

用循环卷积计算线性卷积的流程如图 3.1.1 所示。

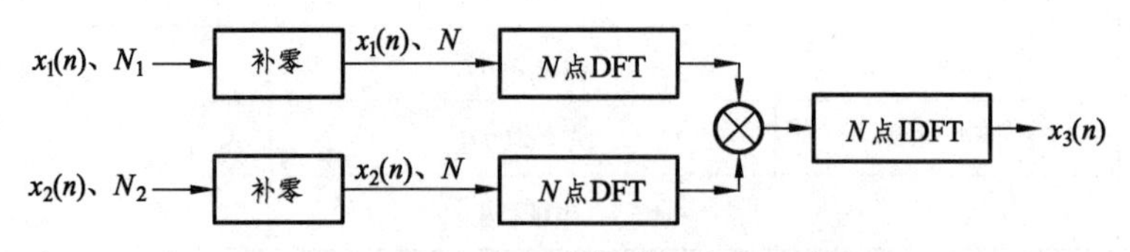

图 3.1.1　用循环卷积计算线性卷积的流程图

3）重叠相加法

（1）将 $x(n)$ 分段为 $x_k(n)=\begin{cases}x(n), & kL\leqslant n\leqslant (k+1)L-1\\ 0, & \text{其他}\end{cases}$

（2） $y(n)=x(n)*h(n)=\left[\sum\limits_{k=0}^{\infty}x_k(n)\right]*h(n)=\sum\limits_{k=0}^{\infty}[x_k(n)*h(n)]=\sum\limits_{k=0}^{\infty}y_k(n)$

式中， $y_k(n)=x_k(n)*h(n)$

（3） $y(n)=\sum\limits_{k=0}^{\infty}y'_k(n)$ 。

式中， $y'_k(n)=[y^*_{k-1}(n)+y^*_k(n)][u(n-kL)-u(n-(k+1)L)]$
$=[y^*_{k-1}(n)+y^*_k(n)]R_L(n-kL)$

4）重叠保留法

（1） $x(n)$ 分段：

$$x_k(n)=\begin{cases}x[n+kL-(M-1)], & 0\leqslant n\leqslant N-1\\ 0, & \text{其他}\end{cases}$$

（2）做 $x_k(n)$ 与 $h(n)$ 的 N 点循环卷积： $y'_k(n)=x_k(n)\ \circledN\ h(n)$ ，N 点

（3）每段的输出 $y_k(n)$ 实际是将 $y'_k(n)$ 左移 $M-1$ ，再取出 $0\leqslant n\leqslant L-1$ 点作为 $y_k(n)$ ，即

$$y_k(n)=\begin{cases}y'_k(n+M-1), & 0\leqslant n\leqslant L-1\\ 0, & \text{其他}\end{cases}$$

（4）最后将每段的输出拼接组合起来，得到

$$y(n)=\sum_{k=0}^{\infty}y_k(n-kL)$$

2. 基于 DFT 的信号频谱分析

对连续信号频谱进行数字处理时，既会遇到时域采样，也要处理频域采样，如图 3.1.2 所示。

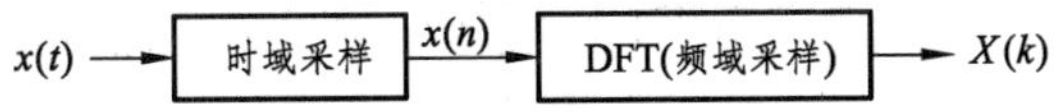

$x(t)$ → 时域采样 → $x(n)$ → DFT(频域采样) → $X(k)$

图 3.1.2　用 DFT 作频谱分析

与时域采样和频域采样有关的几个参数有：时域采样频率 f_s、时域采样间隔 T、频域采样点数 N、频域采样间隔 F 及数据长度 T_p。它们的关系为

$$F=f_s/N=1/NT=1/T_p$$

式中，采样频率 f_s 决定频谱分析范围； $F=f_s/N$ 称为频谱的“计算分辨率”；数据长度 $1/T_p$ 称为“物理分辨率”。

DFT 参数选择的一般原则是：确定信号的最高频率 f_m 后，取样频率 $f_s\geqslant(3\sim6)f_m$ ；根据频谱的“计算分辨率”需要确定频域采样间隔 F，再由 F 确定频域采样点数 $N=f_s/F$ 。为了使用基 2FFT，一般取 $N=2^m$ ，数据长度 $T_p=NT=1/F$ 。

3.2 习题解答

1. 设 $x(n)=\begin{cases}n+1, & 0\leqslant n\leqslant 4\\ 0, & 其他n\end{cases}$，$h(n)=R_4(n-1)$，令 $\tilde{x}(n)=x((n))_6$，$\tilde{h}(n)=h((n))_6$，试求 $\tilde{x}(n)$ 与 $\tilde{h}(n)$ 的周期卷积并作图。

解：在一个周期内的计算值为

$$\tilde{y}(n)=\tilde{x}(n)*\tilde{h}(n)=\sum_m \tilde{x}(m)\tilde{h}(n-m)$$

$\tilde{y}(n)$ 如图 3.2.1 所示。

表 3.2.1　习题 1 中 N=6 周期卷积的计算过程

n/m	…-4 -3 -2 -1	0 1 2 3 4 5	6…	
$\tilde{x}(n/m)$	…3 4 5 0	1 2 3 4 5 0	1…	
$\tilde{h}(n/m)$	…1 1 1 0	0 1 1 1 1 0	0…	$\tilde{y}(n)$
$\tilde{h}(-m)$	…1 1 1 1	0 0 1 1 1 1	0…	12
$\tilde{h}(1-m)$	…0 1 1 1	1 0 0 1 1 1	1…	10
$\tilde{h}(2-m)$	…0 0 1 1	1 1 0 0 1 1	1…	8
$\tilde{h}(3-m)$	…1 0 0 1	1 1 1 0 0 1	1…	6
$\tilde{h}(4-m)$	…1 1 0 0	1 1 1 1 0 0	1…	10
$\tilde{h}(5-m)$	…1 1 1 0	0 1 1 1 1 0	0…	14

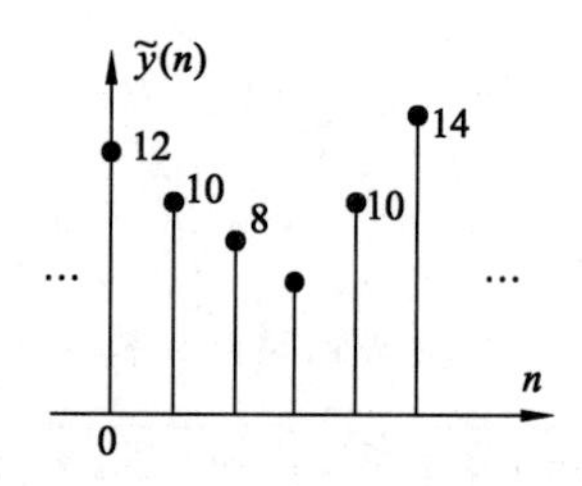

图 3.2.1　习题 1 结果图

2.（1）设 $\tilde{x}(n)$ 为实周期序列，证明 $\tilde{x}(n)$ 的傅里叶级数 $\tilde{X}(k)$ 是共轭对称的，即 $\tilde{X}(k)=\tilde{X}^*(-k)$。

（2）证明当 $\tilde{x}(n)$ 为实偶函数时，$\tilde{X}(k)$ 也是实偶函数。

解：（1）$\tilde{X}(-k)=\sum_{n=0}^{N-1}\tilde{x}(n)W_N^{-nk}$

$$\tilde{X}^*(-k)=\left[\sum_{n=0}^{N-1}\tilde{x}(n)W_N^{-nk}\right]^*=\sum_{n=0}^{N-1}\tilde{x}(n)W_N^{nk}=\tilde{X}(k)$$

（2）因 $\tilde{x}(n)$ 为实函数，故由（1）有

$$\tilde{X}(k)=\tilde{X}^*(-k) 或 \tilde{X}(-k)=\tilde{X}^*(k)$$

又因 $\tilde{x}(n)$ 为偶函数，即 $\tilde{x}(n)=\tilde{x}(-n)$，所以有

$$\tilde{X}(k)=\sum_{n=0}^{N-1}\tilde{x}(n)W_N^{nk}=\sum_{n=0}^{N-1}\tilde{x}(-n)W_N^{nk}=\sum_{n=0}^{-(N-1)}\tilde{x}(n)W_N^{-nk}=\tilde{X}(-k)=\tilde{X}^*(k)$$

3. 计算以下序列的 N 点 DFT，在变换区间 $0\leqslant n\leqslant N-1$ 内，序列定义为：

（1）$x(n)=1$；（2）$x(n)=\delta(n)$；（3）$x(n)=\delta(n-n_0),\ 0<n_0<N$；

（4）$x(n)=R_m(n),\ 0\leqslant m<N$；（5）$x(n)=\mathrm{e}^{\mathrm{j}\frac{2\pi}{N}mn},\quad 0<m<N$；

（6）$x(n)=\cos\left(\frac{2\pi}{N}mn\right),\ 0<m<N$；（7）$x_7(n)=\mathrm{e}^{\mathrm{j}\omega_0 n}R_N(n)$；

（8）$x_8(n)=\sin(\omega_0 n)\cdot R_N(n)$；（9）$x_9(n)=\cos(\omega_0 n)\cdot R_N(n)$；

（10）$x(n)=nR_N(n)$。

解：（1）$X(k)=\sum_{n=0}^{N-1}1\cdot W_N^{kn}=\sum_{n=0}^{N-1}\mathrm{e}^{-\mathrm{j}\frac{2\pi}{N}kn}=\dfrac{1-\mathrm{e}^{-\mathrm{j}\frac{2\pi}{N}kV}}{1-\mathrm{e}^{-\mathrm{j}\frac{2\pi}{N}kN}}=\begin{cases}N, & k=0\\ 0, & k=1,2,\cdots,N-1\end{cases}$。

（2）$X(k)=\sum_{n=0}^{N-1}\delta(n)W_N^{kn}=\sum_{n=0}^{N-1}\delta(n)=1,\quad k=0,1,\cdots,N-1$。

（3）$X(k)=\sum_{n=0}^{N-1}\delta(n-n_0)W_N^{kn}=W_N^{kn_0}\sum_{n=0}^{N-1}\delta(n-n_0)=W_N^{kn_0},\quad k=0,1,\cdots,N-1$。

（4）$X(k)=\sum_{n=0}^{m-1}W_N^{kn}=\dfrac{1-W_N^{km}}{1-W_N^{k}}=\mathrm{e}^{-\mathrm{j}\frac{\pi}{N}(m-1)k}\dfrac{\sin\left(\frac{\pi}{N}mk\right)}{\sin\left(\frac{\pi}{N}k\right)}R_N(k)$。

（5）$X(k)=\sum_{n=0}^{N-1}\mathrm{e}^{\mathrm{j}\frac{2\pi}{N}mn}\cdot W_N^{kn}=\sum_{n=0}^{N-1}\mathrm{e}^{\mathrm{j}\frac{2\pi}{N}(m-k)n}=\dfrac{1-\mathrm{e}^{-\mathrm{j}\frac{2\pi}{N}(m-k)N}}{1-\mathrm{e}^{-\mathrm{j}\frac{2\pi}{N}(m-k)}}=\begin{cases}N, & k=m\\ 0, & k\neq m\end{cases},\quad 0\leqslant k\leqslant N-1$。

（6）$X(k)=\sum_{n=0}^{N-1}\cos\left(\frac{2\pi}{N}mn\right)\cdot W_N^{kn}=\sum_{n=0}^{N-1}\frac{1}{2}\left(\mathrm{e}^{\mathrm{j}\frac{2\pi}{N}mn}+\mathrm{e}^{-\mathrm{j}\frac{2\pi}{N}mn}\right)\mathrm{e}^{-\mathrm{j}\frac{2\pi}{N}kn}$

$$=\frac{1}{2}\sum_{n=0}^{N-1}\mathrm{e}^{\mathrm{j}\frac{2\pi}{N}(m-k)n}+\frac{1}{2}\sum_{n=0}^{N-1}\mathrm{e}^{-\mathrm{j}\frac{2\pi}{N}(m+k)n}=\frac{1}{2}\left[\frac{1-\mathrm{e}^{\mathrm{j}\frac{2\pi}{N}(m-k)N}}{1-\mathrm{e}^{\mathrm{j}\frac{2\pi}{N}(m-k)}}+\frac{1-\mathrm{e}^{-\mathrm{j}\frac{2\pi}{N}(m+k)N}}{1-\mathrm{e}^{-\mathrm{j}\frac{2\pi}{N}(m+k)}}\right]$$

$$=\begin{cases}\dfrac{N}{2}, & k=m,k=N-m\\ 0, & k\neq m,k\neq N-m\end{cases},\quad 0\leqslant k\leqslant N-1。$$

（7）$X_7(k)=\sum_{n=0}^{N-1}\mathrm{e}^{\mathrm{j}\omega_0 n}W_N^{kn}=\sum_{n=0}^{N-1}\mathrm{e}^{\mathrm{j}\left(\omega_0-\frac{2\pi}{N}k\right)n}=\dfrac{1-\mathrm{e}^{\mathrm{j}\left(\omega_0-\frac{2\pi}{N}k\right)N}}{1-\mathrm{e}^{\mathrm{j}\left(\omega_0-\frac{2\pi}{N}k\right)}}$

$$=\mathrm{e}^{\mathrm{j}\left(\omega_0-\frac{2\pi}{N}k\right)\left(\frac{N-1}{2}\right)}\frac{\sin\left[\left(\omega_0-\frac{2\pi}{N}k\right)\frac{N}{2}\right]}{\sin\left[\left(\omega_0-\frac{2\pi}{N}k\right)/2\right]},\quad k=0,1,\cdots,N-1$$

或 $$X_7(k)=\frac{1-\mathrm{e}^{\mathrm{j}\omega_0 N}}{1-\mathrm{e}^{\mathrm{j}\left(\omega_0-\frac{2\pi}{N}k\right)}},\ k=0,1,\cdots,N-1\text{。}$$

（8）方法一：直接计算。

$$x_8(n)=\sin(\omega_0 n)\cdot R_N(n)=\frac{1}{2\mathrm{j}}\left[\mathrm{e}^{\mathrm{j}\omega_0 n}-\mathrm{e}^{-\mathrm{j}\omega_0 n}\right]R_N(n)$$

$$X_8(k)=\sum_{n=0}^{N-1}x(n)W_N^{kn}=\frac{1}{2\mathrm{j}}\sum_{n=0}^{N-1}\left[\mathrm{e}^{\mathrm{j}\omega_0 n}-\mathrm{e}^{-\mathrm{j}\omega_0 n}\right]\mathrm{e}^{-\mathrm{j}\frac{2\pi}{N}kn}$$

$$=\frac{1}{2\mathrm{j}}\left[\sum_{n=0}^{N-1}\mathrm{e}^{\mathrm{j}\left(\omega_0-\frac{2\pi}{N}k\right)n}-\sum_{n=0}^{N-1}\mathrm{e}^{-\mathrm{j}\left(\omega_0+\frac{2\pi}{N}k\right)n}\right]$$

$$=\frac{1}{2\mathrm{j}}\left[\frac{1-\mathrm{e}^{\mathrm{j}\omega_0 N}}{1-\mathrm{e}^{\mathrm{j}\left(\omega_0-\frac{2\pi}{\mathrm{N}}\mathrm{k}\right)}}-\frac{1-\mathrm{e}^{-\mathrm{j}\omega_0 N}}{1-\mathrm{e}^{-\mathrm{j}\left(\omega_0+\frac{2\pi}{N}k\right)}}\right]$$

方法二：由 DFT 的共轭对称性求解。

因为

$$x_7(n)=\mathrm{e}^{\mathrm{j}\omega_0 n}R_N(n)=[\cos(\omega_0 n)+\mathrm{j}\sin(\omega_0 n)]R_N(n)$$

所以

$$x_8(n)=\sin(\omega_0 n)R_N(n)=\mathrm{Im}[x_7(n)]$$

所以

$$DFT[\mathrm{j}x_8(n)]=DFT[\mathrm{j}\,\mathrm{Im}[x_7(n)]]=X_{7\mathrm{o}}(k)$$

即 $$X_8(k)=-\mathrm{j}X_{7\mathrm{o}}(k)=-\mathrm{j}\frac{1}{2}[X_7(k)-X_7^*(N-k)]$$

结果与方法一所得结果相同。此题验证了共轭对称性。

（9）方法一：直接计算。

$$x_9(n)=\cos(\omega_0 n)R_N(n)=\frac{1}{2}[\mathrm{e}^{\mathrm{j}\omega_0 n}+\mathrm{e}^{-\mathrm{j}\omega_0 n}]$$

$$X_9(k)=\sum_{n=0}^{N-1}x_9(n)W_N^{kn}=\frac{1}{2}\sum_{n=0}^{N-1}[\mathrm{e}^{\mathrm{j}\omega_0 n}+\mathrm{e}^{-\mathrm{j}\omega_0 n}]\,\mathrm{e}^{-\mathrm{j}\frac{2\pi}{N}kn}$$

$$=\frac{1}{2}\left[\frac{1-\mathrm{e}^{\mathrm{j}\omega_0 N}}{1-\mathrm{e}^{\mathrm{j}\left(\omega_0-\frac{2\pi}{N}k\right)}}+\frac{1-\mathrm{e}^{-\mathrm{j}\omega_0 N}}{1-\mathrm{e}^{-\mathrm{j}\left(\omega_0+\frac{2\pi}{N}k\right)}}\right],\ k=0,1,\cdots,N-1$$

方法二：由 DFT 共轭对称性可得同样结果。

因为

$$x_9(n)=\cos(\omega_0 n)R_N(n)=\mathrm{Re}[x_7(n)]$$

所以

$$X_9(k)=X_7\text{e}(k)=\frac{1}{2}[X_7(k)+X_7^*(N-k)]$$

$$=\frac{1}{2}\left[\frac{1-\text{e}^{\text{j}\omega_0 N}}{1-\text{e}^{\text{j}\left(\omega_0-\frac{2\pi}{N}k\right)}}+\frac{1-\text{e}^{-\text{j}\omega_0 N}}{1-\text{e}^{-\text{j}\left(\omega_0+\frac{2\pi}{N}\right)k}}\right],\ k=0,1,\cdots,N-1$$

（10）方法一：

$$X(k)=\sum_{n=0}^{N-1}nW_N^{kn},\ \ k=0,1,\cdots,N-1$$

上式直接计算较难，可根据循环移位性质来求解 $X(k)$。因为 $x(n)=nR_N(n)$，所以

$$x(n)-x((n-1))_N R_N(n)+N\delta(n)=R_N(n)$$

等式两边进行 DFT，得到

$$X(k)-X(k)W_N^k+N=N\delta(k)$$

故

$$X(k)=\frac{N[\delta(k)-1]}{1-W_N^k},\quad k=1,2,\cdots,N-1$$

当 $k=0$ 时，可直接计算得出 $X(0)$ 为

$$X(0)=\sum_{n=0}^{N-1}nW_N^0=\sum_{n=0}^{N-1}n=\frac{N(N-1)}{2}$$

这样，$X(k)$ 可写成如下形式：

$$X(k)=\begin{cases}\dfrac{N(N-1)}{2}, & k=0\\[2mm] \dfrac{-N}{1-W_N^k}, & k=1,2,\cdots,N-1\end{cases}$$

方法二：$k=0$ 时，

$$X(k)=\sum_{n=0}^{N-1}n=\frac{N(N-1)}{2}$$

$k\neq 0$ 时，

$$X(k)=0+W_N^k+2W_N^{2k}+3W_N^{3k}+\cdots+(N-1)W_N^{(N-1)k}$$

$$W_N^kX(k)=0+W_N^{2k}+2W_N^{3k}+3W_N^{4k}+\cdots+(N-2)W_N^{(N-1)k}+(N-1)$$

$$X(k)-W_N^kX(k)=\sum_{m=1}^{N-1}W_N^{km}-(N-1)$$

$$=\sum_{n=0}^{N-1}W_N^{kn}-1-(N-1)=-N$$

所以，$X(k)=\dfrac{-N}{1-W_N^k},k\neq 0$，即

$$X(k)=\begin{cases}\dfrac{N(N-1)}{2}, & k=0\\ \dfrac{-N}{1-W_N^k}, & k=1,2,\cdots,N-1\end{cases}$$

4. 图 3.2.2 表示的是一个有限长序列 $x(n)$，画出 $x_1(n)$ 和 $x_2(n)$ 的图形。

（1） $x_1(n)=x((n-2))_4 R_4(n)$；

（2） $x_2(n)=x((2-n))_4 R_4(n)$。

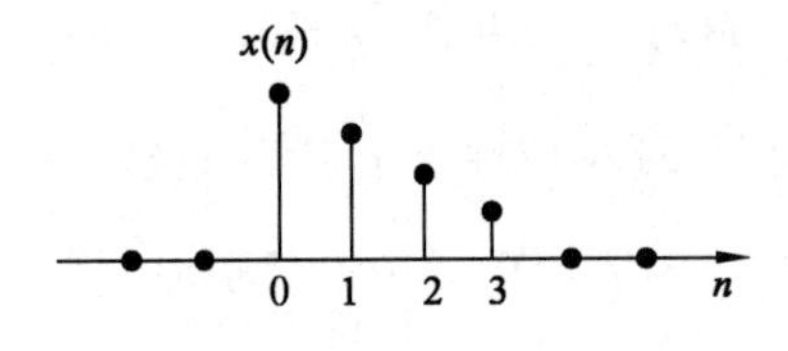

图 3.2.2　题 4 图

解：

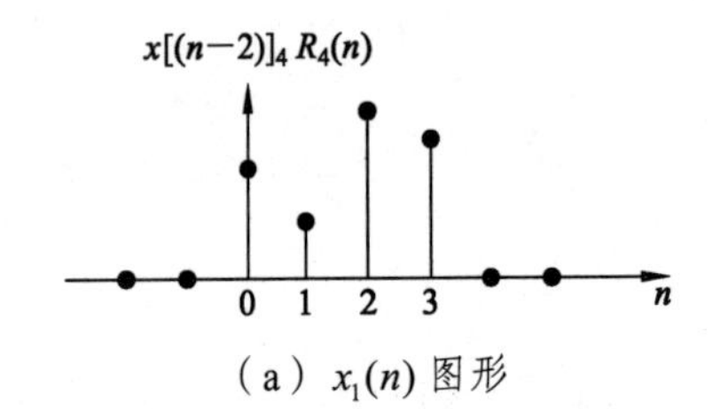

（a） $x_1(n)$ 图形

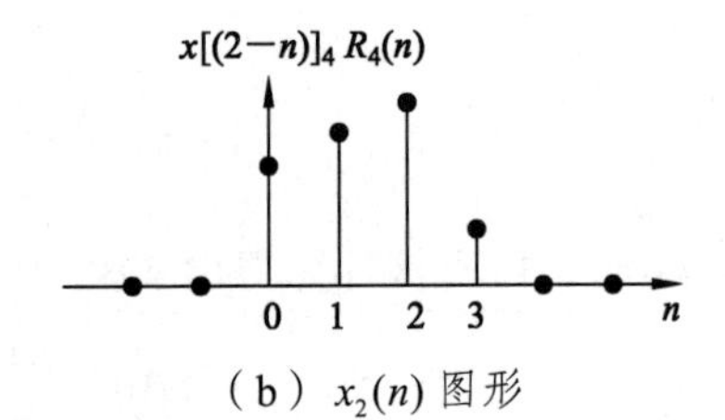

（b） $x_2(n)$ 图形

图 3.2.3　习题 4 结果图

5. 图 3.2.4 表示一个 5 点序列 $x(n)$：

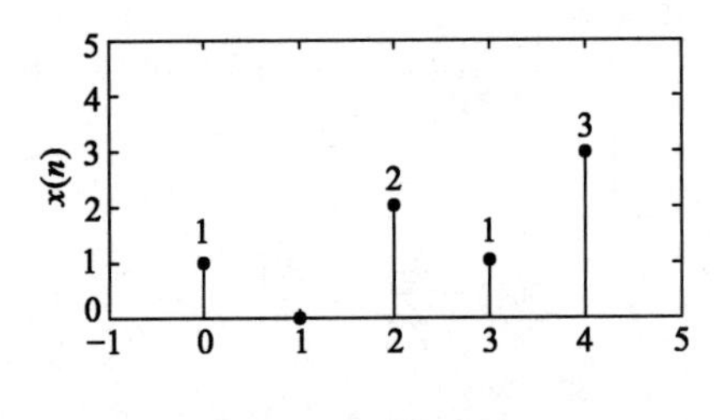

图 3.2.4　题 5 图

（1）绘出 $x(n)$ 与 $x(n)$ 线性卷积结果的图形。

（2）绘出 $x(n)$ 与 $x(n)$ 的 5 点循环卷积结果的图形。

（3）绘出 $x(n)$ 与 $x(n)$ 的 9 点循环卷积结果的图形，并将结果与（1）比较，说明线性卷积与循环卷积之间的关系。

解：（1） $x(n)*x(n)=x(n)*[\delta(n)+2\delta(n-2)+\delta(n-3)+3\delta(n-4)]$

$$=x(n)+2x(n-2)+x(n-3)+3x(n-4)=[\underline{1},0,4,2,10,4,13,6,9]$$

$x(n)$ 与 $x(n)$ 的线性卷积结果如图 3.2.5（a）所示。

（2）$\begin{bmatrix} y(0) \\ y(1) \\ y(2) \\ y(3) \\ y(4) \end{bmatrix} = \begin{bmatrix} 1 & 3 & 1 & 2 & 0 \\ 0 & 1 & 3 & 1 & 2 \\ 2 & 0 & 1 & 3 & 1 \\ 1 & 2 & 0 & 1 & 3 \\ 3 & 1 & 2 & 0 & 1 \end{bmatrix} \begin{bmatrix} 1 \\ 0 \\ 2 \\ 1 \\ 3 \end{bmatrix} = \begin{bmatrix} 5 \\ 13 \\ 10 \\ 11 \\ 10 \end{bmatrix}$

$x(n)$ 与 $x(n)$ 的 5 点循环卷积结果如图 3.2.5（b）所示。

（3）$\begin{bmatrix} y(0) \\ y(1) \\ y(2) \\ y(3) \\ y(4) \\ y(5) \\ y(6) \\ y(7) \\ y(8) \end{bmatrix} = \begin{bmatrix} 1 & 0 & 0 & 0 & 0 & 3 & 1 & 2 & 0 \\ 0 & 1 & 0 & 0 & 0 & 0 & 3 & 1 & 2 \\ 2 & 0 & 1 & 0 & 0 & 0 & 0 & 3 & 1 \\ 1 & 2 & 0 & 1 & 0 & 0 & 0 & 0 & 3 \\ 3 & 1 & 2 & 0 & 1 & 0 & 0 & 0 & 0 \\ 0 & 3 & 1 & 2 & 0 & 1 & 0 & 0 & 0 \\ 0 & 0 & 3 & 1 & 2 & 0 & 1 & 0 & 0 \\ 0 & 0 & 0 & 3 & 1 & 2 & 0 & 1 & 0 \\ 0 & 0 & 0 & 0 & 3 & 1 & 2 & 0 & 1 \end{bmatrix} \begin{bmatrix} 1 \\ 0 \\ 2 \\ 1 \\ 3 \\ 0 \\ 0 \\ 0 \\ 0 \end{bmatrix} = \begin{bmatrix} 1 \\ 0 \\ 4 \\ 2 \\ 10 \\ 4 \\ 13 \\ 6 \\ 9 \end{bmatrix}$

$x(n)$ 与 $x(n)$ 的 9 点循环卷积结果如图 3.2.5（c）所示。

可以看出，$x(n)$ 与 $x(n)$ 的 9 点循卷积结果的图形与（1）中 $x(n)$ 与 $x(n)$ 的线性卷积结果的图形相同。

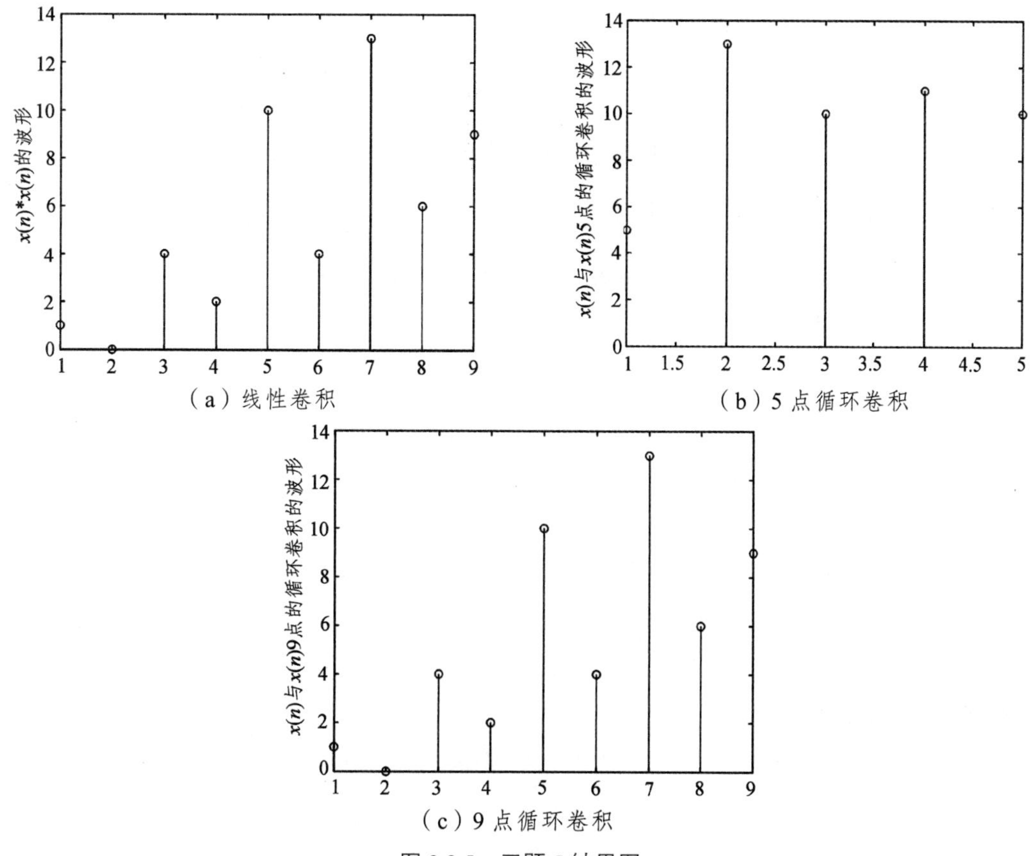

（a）线性卷积

（b）5 点循环卷积

（c）9 点循环卷积

图 3.2.5　习题 5 结果图

6. 证明 DFT 的对称定理，即假设 $X(k)=DFT[X(n)]$，证明

$$DFT[X(n)]=Nx(N-k)$$

证：因为 $$X(k)=\sum_{n=0}^{N-1}x(n)W_N^{kn}$$

所以 $$DFT[X(n)]=\sum_{n=0}^{N-1}X(n)W_N^{kn}=\sum_{n=0}^{N-1}\left[\sum_{m=0}^{N-1}x(m)W_N^{mn}\right]W_N^{kn}=\sum_{m=0}^{N-1}x(m)\sum_{n=0}^{N-1}W_N^{n(m+k)}$$

由于

$$\sum_{n=0}^{N-1}W_N^{n(m+k)}=\begin{cases}N, & m=N-k\\ 0, & m\neq N-k,\ 0\leqslant m\leqslant N-1\end{cases}$$

所以

$$\mathrm{DFT}[X(n)]=Nx(N-k)\quad k=0,1,\cdots,N-1$$

7. 如果 $X(k)=DFT[x(n)]$，证明 DFT 的初值定理

$$x(0)=\frac{1}{N}\sum_{k=0}^{N-1}X(k)$$

证：由 IDFT 定义式 $$x(n)=\frac{1}{N}\sum_{k=0}^{N-1}X(k)W_N^{-kn},\quad n=0,1,\cdots,N-1$$

可知 $$x(0)=\frac{1}{N}\sum_{k=0}^{N-1}X(k)$$

8. 证明频域循环移位性质：设 $X(k)=DFT[x(n)]$，$Y(k)=DFT[y(n)]$，如果 $Y(k)=X((k+l))_N R_N(k)$，则

$$y(n)=IDFT[Y(k)]=W_N^{ln}x(n)$$

证：

$$\begin{aligned}y(n)=IDFT[Y(k)]&=\frac{1}{N}\sum_{k=0}^{N-1}Y(k)W_N^{-kn}\\&=\frac{1}{N}\sum_{k=0}^{N-1}X((k+l))_N W_N^{-kn}\\&=W_N^{ln}\frac{1}{N}\sum_{k=0}^{N-1}X((k+l))_N W_N^{-(k+l)n}\end{aligned}$$

令 $m=k+l$，则

$$\begin{aligned}y(n)&=W_N^{ln}\frac{1}{N}\sum_{m=1}^{N-1}X((m))_N W_N^{mn}\\&=W_N^{ln}\frac{1}{N}\sum_{m=0}^{N-1}X(m)W_N^{-mn}=W_N^{ln}x(n)\end{aligned}$$

9. 已知 $x(n)$ 长度为 N，

$$X(k)=DFT[x(n)]$$

$$y(n)=\begin{cases}x(n), & 0\leqslant n\leqslant N-1\\ 0, & N\leqslant n\leqslant mN-1, m\text{为自然数}\end{cases}$$

$$Y(k)=DFT[y(n)]_{mN},\quad 0\leqslant k\leqslant mN-1$$

求 $Y(k)$ 与 $X(k)$ 的关系式。

解：

$$Y(k)=\sum_{n=0}^{mN-1}y(n)W_{mN}^{kn}=\sum_{n=0}^{N-1}x(n)W_{mN}^{kn}$$

$$=\sum_{n=0}^{N-1}x(n)W_N^{\frac{k}{m}n}=X\left(\frac{k}{m}\right),\quad \frac{k}{m}=\text{整数}$$

10. 证明离散帕塞瓦尔定理。若 $X(k)=DFT[x(n)]$，则

$$\sum_{n=0}^{N-1}|x(n)|^2=\frac{1}{N}\sum_{k=0}^{N-1}|X(k)|^2$$

证： $\frac{1}{N}\sum_{k=0}^{N-1}|X(k)|^2=\frac{1}{N}\sum_{k=0}^{N-1}X(k)X^*(k)=\frac{1}{N}\sum_{k=0}^{N-1}X(k)\left(\sum_{k=0}^{N-1}x(n)W_N^{nk}\right)^*$

$$=\sum_{n=0}^{N-1}x^*(n)\frac{1}{N}\sum_{k=0}^{N-1}X(k)W_N^{-nk}$$

$$=\sum_{n=0}^{N-1}x^*(n)x(n)=\sum_{n=0}^{N-1}|x(n)|^2$$

11. 两个有限长序列 $x(n)$ 和 $y(n)$ 的零值区间为

$$x(n)=0,\ n<0,n\geqslant 8;\ y(n)=0,\ n<0,n\geqslant 20$$

对每个序列做 20 点 DFT，即

$$X(k)=DFT[x(n)],\ k=0,1,\cdots,19$$
$$Y(k)=DFT[y(n)],\ k=0,1,\cdots,19$$

如果

$$F(k)=X(k)\cdot Y(k),\quad k=0,1,\cdots,19$$
$$f(n)=IDFT[F(k)],\quad k=0,1,\cdots,19$$

试问在哪些点上 $f(n)$ 与 $x(n)*y(n)$ 值相等，为什么？

解： 如前所述，记 $f_l(n)=x(n)*y(n)$，而 $f(n)=IDFT[F(k)]=x(n)\ ⑳\ y(n)$。$f_l(n)$ 长度为 27，$f(n)$ 长度为 20，又因为 $f(n)$ 与 $f_l(n)$ 的关系为

$$f(n)=\sum_{m=-\infty}^{\infty}f_l(n+20m)R_{20}(n)$$

只有在如上周期延拓序列中无混叠的点上，才满足 $f(n)=f_l(n)$，所以

$$f(n)=f_l(n)=x(n)*y(n),\quad 7\leqslant n\leqslant 19$$

12. 已知实序列 $x(n)$ 的 8 点 DFT 的前 5 个值为 0.25，0.125−j0.3018，0，0.125−j0.0518，0：

（1）求 $X(k)$ 的其余 3 点的值；

（2）已知 $x_1(n)=\sum_{m=-\infty}^{+\infty}x(n+5+8m)R_8(n)$，求 $X_1(k)=DFT[x_1(n)]_8$；

（3）已知 $x_2(n)=x(n)e^{j\pi n/4}$，求 $X_2(k)=DFT[x_2(n)]_8$。

解：（1）因为 $x(n)$ 是实序列，$DFT[x(n)] = DFT[x^*(n)] = \sum_{n=0}^{N-1} x^*(n) W_N^{kn} = \left[\sum_{n=0}^{N-1} x(n) \cdot W_N^{-kn} \cdot W_N^{Nn}\right]^* = \left[\sum_{n=0}^{N-1} x(n) W_N^{(N-k)n}\right]^* = X^*(N-k)$，有 $X(k) = X^*(N-k)$，即 $X(N-k) = X^*(k)$，所以，$X(k)$ 的其余 3 点值为

$$\{X(5), X(6), X(7)\} = \{0.125 + \mathrm{j}0.0518,\ 0, 0.125 + \mathrm{j}0.3018\}$$

（2）根据 DFT 的时域循环移位性质，

$$X_1(k) = DFT[x_1(n)]_8 = W_8^{-5k} X(k)$$

（3）

$$X_2(k) = DFT[x_2(n)]_8 = \sum_{n=0}^{N-1} x_2(n) W_8^{kn} = \sum_{n=0}^{N-1} x(n) \mathrm{e}^{\mathrm{j}\pi n/4} \mathrm{e}^{-\mathrm{j}\pi nk/4}$$
$$= \sum_{n=0}^{N-1} x(n) W_8^{(k-1)n} = \sum_{n=0}^{N-1} \tilde{x}(n) W_8^{((k-1))_8 n} = X((k-1))_8 R_8(k)$$

13. 已知序列 $x(n) = a^n u(n), 0 < a < 1$，对 $x(n)$ 的 Z 变换 $X(z)$ 在单位圆上等间隔采样 N 点，采样序列为

$$X(k) = x(z)\big|_{z=W_N^{-k}} \quad k = 0, 1, \cdots, N-1$$

求有限长序列 $IDFT[X(k)]_N$。

解：在 Z 平面的单位圆上的 N 个等角点上，对 Z 变换进行取样，将导致相应时间序列的周期延拓，延拓周期为 N，即所求有限长序列的 IDFT 为

$$x_{\mathrm{p}}(n) = \sum_{r=-\infty}^{\infty} x(n+rN) = \sum_{r=-\infty}^{\infty} a^{n+rN} u(n+rN) = \frac{a^n}{1-a^N}, n = 0, 1, \cdots, N-1$$

14. 有限长序列的离散傅里叶变换相当于其 Z 变换在单位圆上的取样。例如，10 点序列 $x(n)$ 的离散傅里叶变换相当于 $X(z)$ 在单位圆 10 个等分点上的取样，如图 3.2.6（a）所示。为求出图 3.2.6（b）所示圆周上 $X(z)$ 的等间隔取样，即 $X(z)$ 在 $z = 0.5\mathrm{e}^{\mathrm{j}[(2\pi k/10)+(\pi/10)]}$ 各点上的取样，试指出如何修改 $x(n)$，才能得到序列 $x_1(n)$，使其傅里叶变换相当于上述 Z 变换的取样。

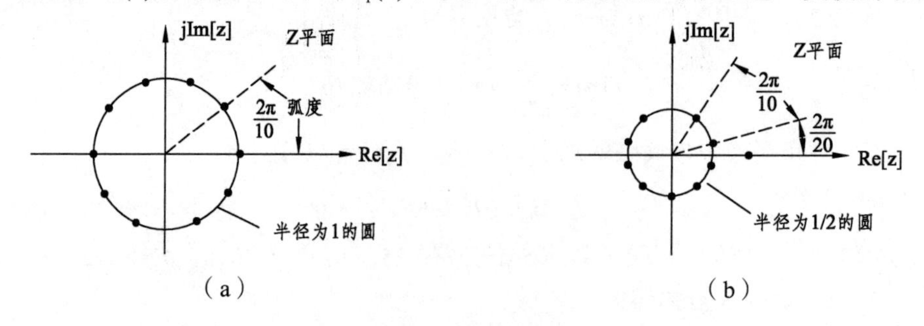

图 3.2.6　题 14 图

解：$X_1(k) = \sum_{n=0}^{9} x_1(n) \mathrm{e}^{-\mathrm{j}\frac{2\pi}{10}nk} = X(z)\big|_{z=0.5\exp\left[\mathrm{j}\left(\frac{2\pi}{10}k+\frac{\pi}{10}\right)\right]} = \sum_{n=0}^{9} x(n)(0.5)^{-n} \mathrm{e}^{-\mathrm{j}\frac{\pi}{10}n} \mathrm{e}^{-\mathrm{j}\frac{2\pi}{10}nk}$

由上式得到 $$x_1(n)=(0.5)^{-n}\mathrm{e}^{-\mathrm{j}\frac{\pi}{10}n}x(n)$$

15. 利用 Matlab 求解，设 $x(n)$ 为

$$x(n)=\begin{cases}1, & 0\leqslant n\leqslant 3\\ 0, & 其他\end{cases}$$

（1）计算离散时间变换（DTFT）$X(\mathrm{e}^{\mathrm{j}\omega})$，并画出它的幅度和相位；

（2）计算 $x(n)$ 的 4 点 DFT。

解：（1）本题的求解程序为 ex315.m。程序运行结果如图 3.2.7 所示。

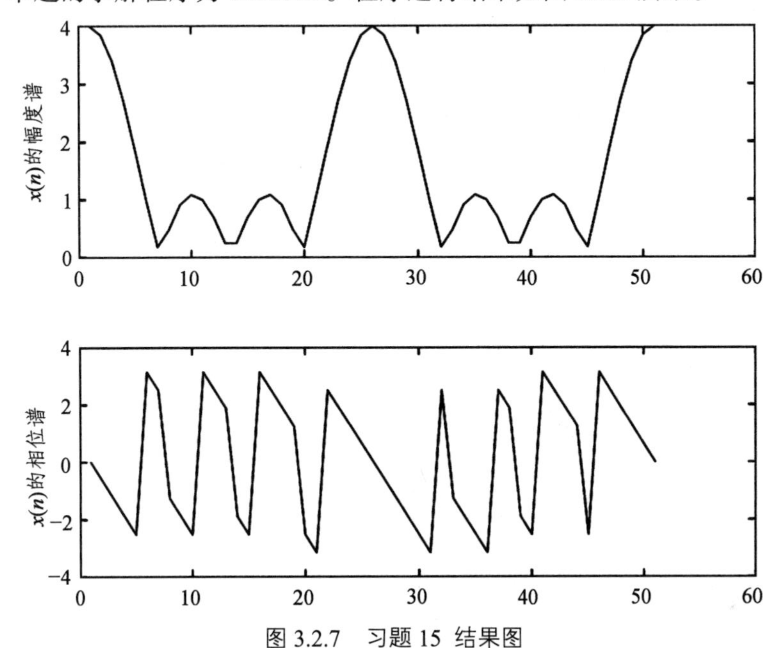

图 3.2.7　习题 15 结果图

```
%程序 ex315.m
close all
clear
N1a=50;
x1=zeros(1,N1a);
for i=0:3                %设置信号前 4 个点的数值
x1(i+1)=1;               %注意：Matlab 中数组下标从 1 开始
end
n=1:50;k=-25:25;
X=x1*(exp(-j*pi/12.5)).^(n'*k);
figure(1)
magX=abs(X);
subplot(2,1,1);plot(magX);ylabel('x(n)的幅度谱');
angX=angle(X);
subplot(2,1,2);
```

```
plot(angX) ;ylabel('x(n)的相位谱');
 for i=0:3                    %设置信号前 4 个点的数值
x2(i+1)=1;                    %注意：MATLAB 中数组下标从 1 开始
end
X2=fft(x2,4)
```

（2）$x(n)$的 4 点 DFT 运行结果为：

```
x2 = 4      0      0      0
```

16. 设 $x(n)=(0.6)^n, 0 \leqslant n \leqslant 9$：

（1）画出 $x(n)$ 和 $y(n)=x((n+4))_{10} \cdot R_{10}(n)$ 的图形；

（2）画出 $x(n)$ 和 $y(n)=x((n-3))_{10} \cdot R_{10}(n)$ 的图形。

解：本题的求解程序为 ex316.m。程序运行结果如图 3.2.8 所示。

```
%程序 ex316.m
close all
clear
n=0:9;
x=(0.6).^n;%产生信号
 figure(1)
subplot(2,1,1);stem(x);ylabel('x(n)的波形');
 y1=circshift(x,-4);
subplot(2,1,2);stem(y1);ylabel('y(n)=x((n+4))N 的波形');
figure(2)
subplot(2,1,1);stem(x);ylabel('x(n)的波形');
 y2=circshift(x,3);
subplot(2,1,2);stem(y2);ylabel('y(n)=x((n-3))N 的波形');
```

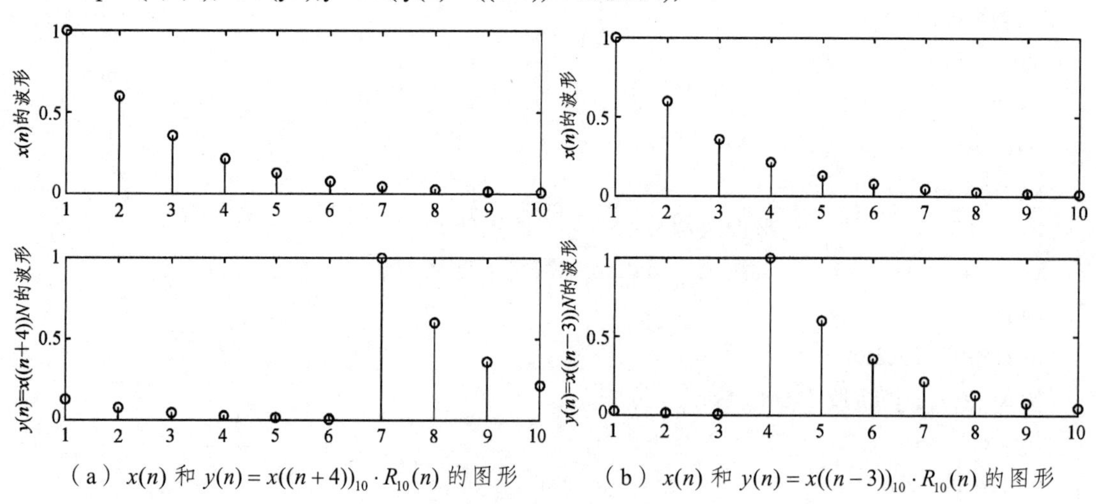

（a）$x(n)$ 和 $y(n)=x((n+4))_{10} \cdot R_{10}(n)$ 的图形　　（b）$x(n)$ 和 $y(n)=x((n-3))_{10} \cdot R_{10}(n)$ 的图形

图 3.2.8　习题 16 结果图

17. 设序列 $x_1(n)=\{1,2,2\}$， $x_2(n)=\{1,2,3,4\}$：

（1）计算 $y_1(n)=x_1(n)\,\textcircled{5}\,x_2(n)$，并画出 $x_1(n)$， $x_2(n)$ 和 $y_1(n)$ 的图形；

（2）计算 $y_2(n)=x_1(n)\,\textcircled{8}\,x_2(n)$，并画出 $x_1(n)$， $x_2(n)$ 和 $y_2(n)$ 的图形。

解：本题的求解程序为 ex317，程序运行结果如图 3.2.9 所示。

```
%程序 ex317.m
close all
clear
N=9;
x1=zeros(1,9);x2=zeros(1,9);
x1(1)=1;x1(2)=2;x1(3)=2;%设置信号数值
    for   i=1:4;
          x2(i)=i;
    end
figure(1)
subplot(3,1,1),stem(x1);ylabel('x1(n)的波形');
subplot(3,1,2),stem(x2);ylabel('x2(n)的波形');
subplot(3,1,3),y1=cconv(x1,x2,5);stem(y1);ylabel('5 点的循环卷积');
 figure(2)
subplot(3,1,1),stem(x1);ylabel('x1(n)的波形');
subplot(3,1,2),stem(x2);ylabel('x2(n)的波形');
subplot(3,1,3),y1=cconv(x1,x2,8);stem(y1);ylabel('8 点的循环卷积');
```

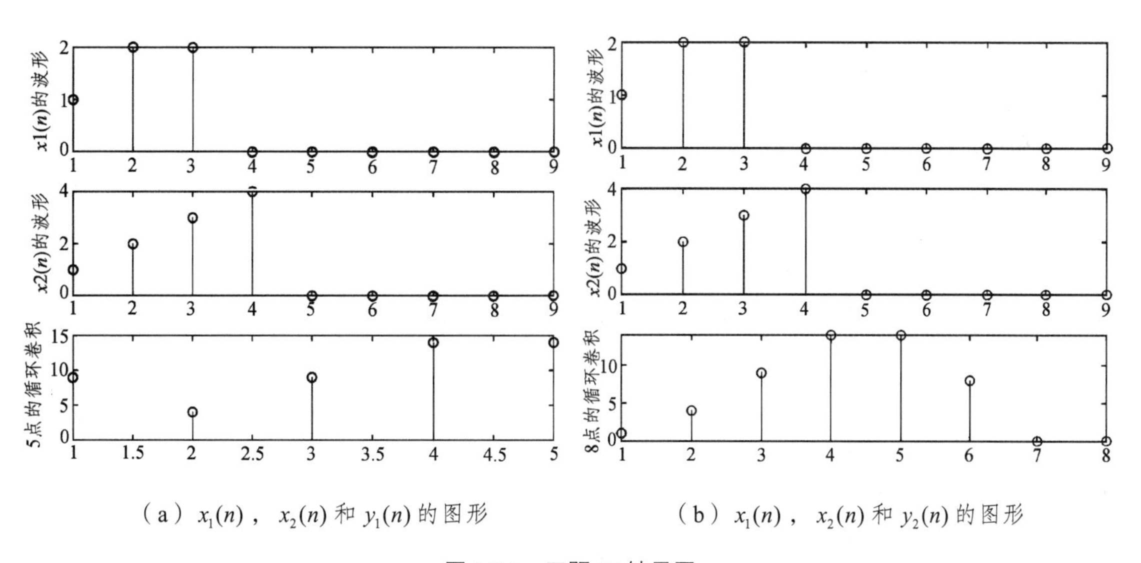

（a） $x_1(n)$， $x_2(n)$ 和 $y_1(n)$ 的图形　　　　（b） $x_1(n)$， $x_2(n)$ 和 $y_2(n)$ 的图形

图 3.2.9　习题 17 结果图

18. 已知序列 $h(n)=R_6(n)$， $x(n)=nR_8(n)$。

（1）计算 $y_c(n)=h(n)\ \textcircled{8}\ x(n)$；

（2）计算 $y_c(n)=h(n)\ \textcircled{16}\ x(n)$ 和 $y(n)=h(n)*x(n)$。

（3）画出 $h(n)$、$x(n)$、$y_c(n)$ 和 $y(n)$ 的波形图，观察总结循环卷积与线性卷积的关系。

解：本题的求解程序为 ex318.m。程序运行结果如图 3.2.10 所示。

程序 ex318.m 如下：

```
%程序 ex318.m
close all
clear
hn=[1 1 1 1 1 1];xn=[0 1 2 3 4 5 6 7];
%用 DFT 计算 8 点循环卷积 yc8n:
H8k=fft(hn, 8);%计算 h(n)的 8 点 DFT
X8k=fft(xn, 8);%计算 x(n)的 8 点 DFT
Yc8k=H8k.*X8k;yc8n=ifft(Yc8k,8);
%用 DFT 计算 16 点循环卷积 yc16n:
H16k=fft(hn, 16);%计算 h(n)的 16 点 DFT
X16k=fft(xn, 16);%计算 x(n)的 16 点 DFT
Yc16k=H16k.*X16k;yc16n=ifft(Yc16k,16);
Yn=conv(hn,xn);%时域计算线性卷积 yn:
figure(1)
stem(yc8n);ylabel('yc8(n)');
figure(2)
stem(yc16n);ylabel('yc16(n)');
figure(3)
stem(Yn);ylabel('y(n)');
figure(4)
stem(hn);ylabel('h(n)');
figure(5)
stem(xn);ylabel('x(n)');
```

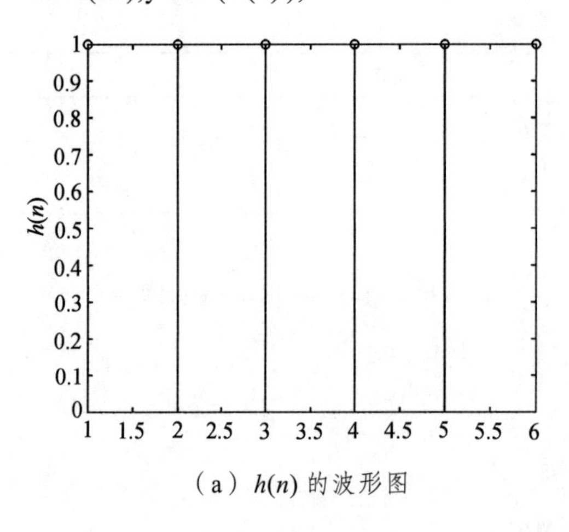

（a）$h(n)$ 的波形图

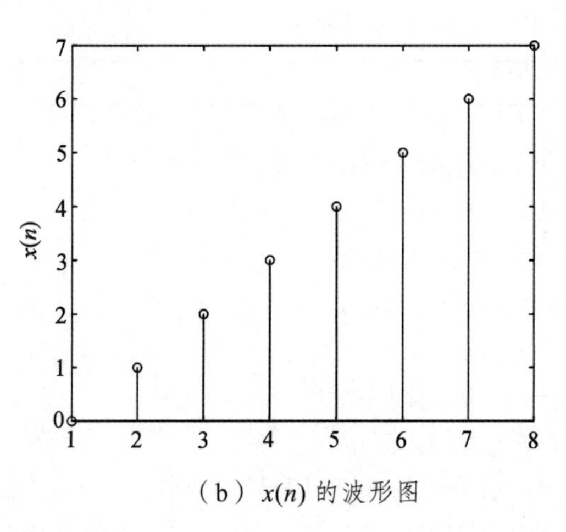

（b）$x(n)$ 的波形图

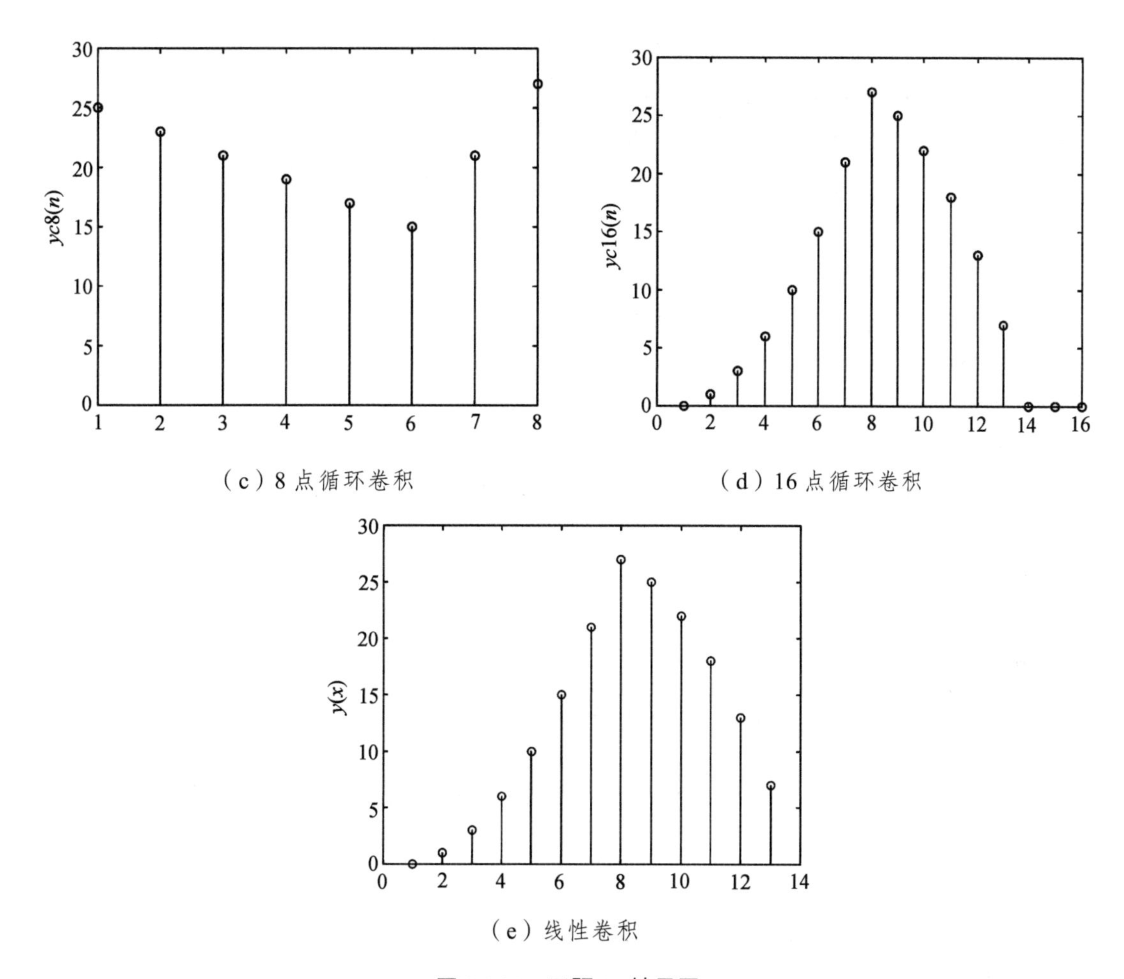

（c）8 点循环卷积　　（d）16 点循环卷积

（e）线性卷积

图 3.2.10　习题 18 结果图

由图可见，循环卷积为线性卷积的周期延拓序列的主值序列。当循环卷积区间长度大于等于线性卷积序列长度时，二者相等，如图 3.2.10（c）和（d）所示。

19. 选择合适的变换区间长度 N，用 DFT 对下列信号进行谱分析，画出幅频特性和相频特性曲线。

（1）$x_1(n)=2\cos(0.2\pi n)$；

（2）$x_2(n)=\sin(0.45\pi n)\sin(0.55\pi n)$；

（3）$x_3(n)=2^{-|n|}R_{21}(n+10)$。

解：求解本题的程序为 ex319.m，程序运行结果如图 3.2.11 所示。本题选择变换区间长度 N 的方法如下：

对 $x_1(n)$，其周期为 10，所以取 $N_1=10$；因为 $x_2(n)=\sin(0.45\pi n)\sin(0.55\pi n)=0.5[\cos(0.1\pi n)-\cos(\pi n)]$，其周期为 20，所以取 $N_2=20$；$x_3(n)$ 不是因果序列，所以先构造其周期延拓序列（延拓周期为 N_3），再对其主值序列进行 N_3 点 DFT。

$x_1(n)$ 和 $x_2(n)$ 是周期序列，所以截取 1 个周期，用 DFT 进行谱分析，得出精确的离散谱。$x_3(n)$ 是非因果、非周期序列，通过实验选取合适的 DFT 变换区间长度 N_3 进行谱分析。

$x_1(n)$ 的频谱如图 3.2.11（d）所示，$x_2(n)$ 的频谱如图 3.2.11（e）所示。用 32 点 DFT 对 $x_3(n)$

的谱分析结果如图 3.2.11（f）所示，用 64 点 DFT 对 $x_3(n)$ 的谱分析结果如图 3.2.11（g）所示。比较可知，仅用 32 点分析结果就可以了。

请注意，$x_3(n)$ 的相频特性曲线的幅度很小，这是计算误差引起的。实质上，$x_3(n)$ 是一个实偶对称序列，所以其理论频谱应当是一个实偶函数，其相位应当是零。

```
%程序 ex319.m
%用 DFT 对序列分析
close all
clear
n1=0:9;n2=0:50;n3=-10:10;
N1=10;N2=20;N3a=32;N3b=64;
x1n=2*cos(0.2*pi*n1);                      %计算序列 x1n
x2n=sin(0.45*pi*n2).*sin(0.55*pi*n2);      %计算序列 x2n
x3n=0.5.^abs(n3);                          %计算序列 x3n
x3anp=zeros(1,N3a);                        %构造 x3n 的周期延拓序列，周期为 N3a
for m=1:10
x3anp(m)=x3n(m+10);x3anp(N3a+1-m)=x3n(11-m);
end
x3bnp=zeros(1,N3b);                        %构造 x3n 的周期延拓序列，周期为 N3b
for m=1:10
x3bnp(m)=x3n(m+10);x3bnp(N3b+1-m)=x3n(11-m);
end
X1k=fft(x1n,N1);                           %计算序列 x1n 的 N1 点 DFT
X2k=fft(x2n,N2);                           %计算序列 x2n 的 N2 点 DFT
X3ak=fft(x3anp,N3a);                       %计算序列 x3n 的 N3a 点 DFT
X3bk=fft(x3bnp,N3b);                       %计算序列 x3n 的 N3b 点 DFT
%以下为绘图部分（省略）
```

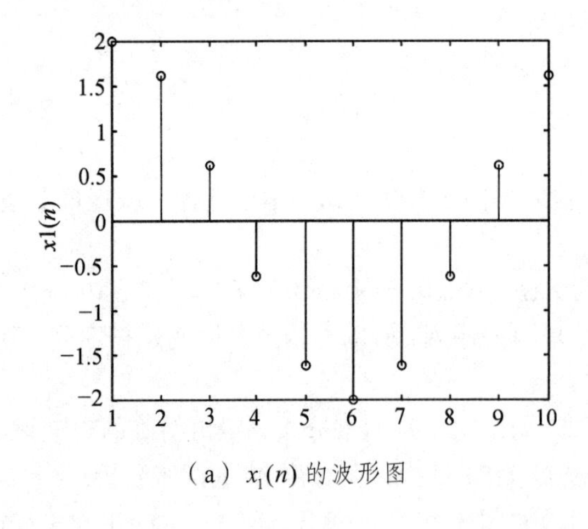

（a）$x_1(n)$ 的波形图

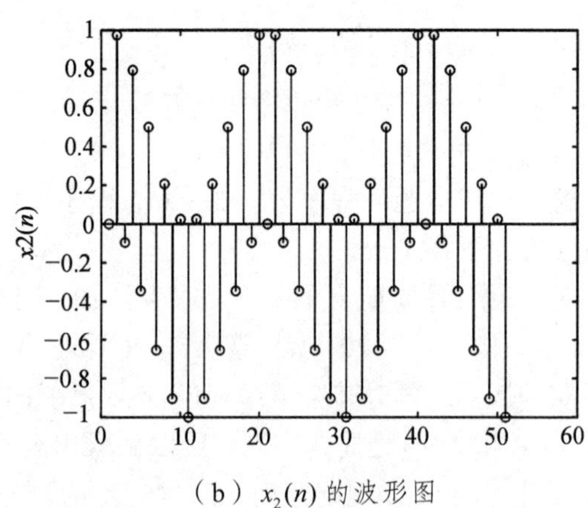

（b）$x_2(n)$ 的波形图

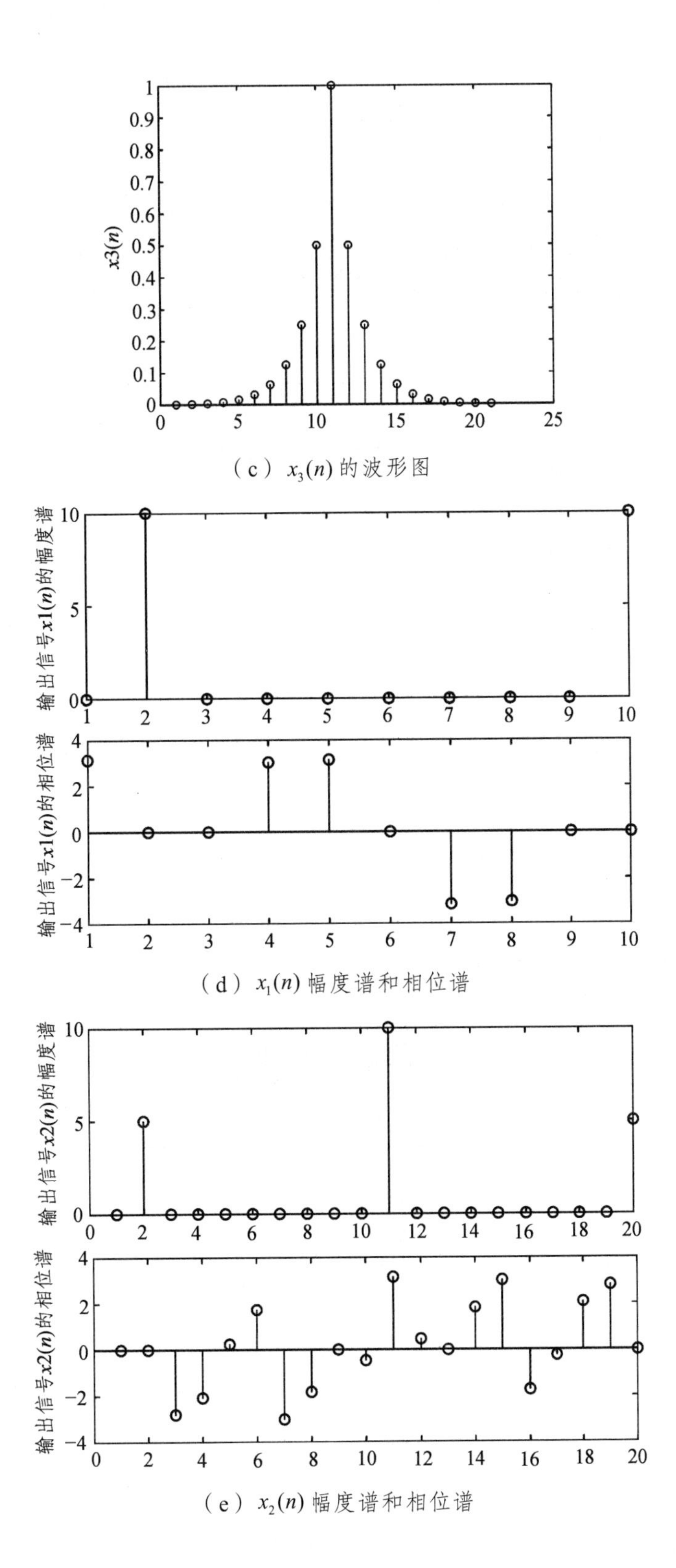

（c） $x_3(n)$ 的波形图

（d） $x_1(n)$ 幅度谱和相位谱

（e） $x_2(n)$ 幅度谱和相位谱

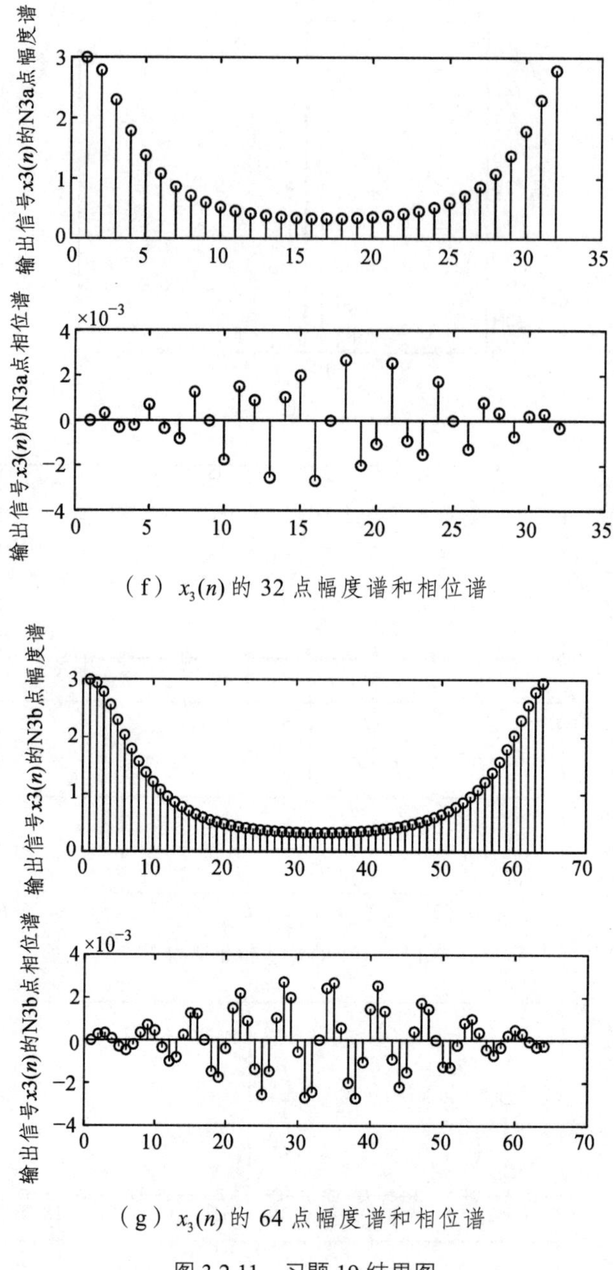

（f） $x_3(n)$ 的 32 点幅度谱和相位谱

（g） $x_3(n)$ 的 64 点幅度谱和相位谱

图 3.2.11　习题 19 结果图

第4章 快速傅里叶变换

4.1 重点与难点

4.1.1 直接计算 DFT 的运算量及减小运算量的基本途径

1. 直接计算 DFT 的运算量

$$X(k)=\sum_{n=0}^{N-1}x(n)W_N^{kn},\ 0\leqslant k\leqslant N-1$$

直接计算 N 点 DFT 的运算量如表 4.1.1 所示。

表 4.1.1 直接计算 N 点 DFT 的运算量

	运算点数	复数乘法次数	复数加法次数
$X(k)=\sum_{n=0}^{N-1}x(n)W_N^{kn}$	1 个 $X(k)$	N	$N-1$
	N 个 $X(k)$（N 点 DFT）	N^2	$N(N-1)$

2. 减少运算量的基本途径

FFT 减少运算量的主要途径是利用了 DFT 公式中的旋转因子 W_N^k 的 3 种性质：

对称性：$W_N^{\left(k+\frac{N}{2}\right)}=-W_N^k$

周期性：$W_N^{N+k}=W_N^k$

可约性：$W_N^{nk}=W_{mN}^{mnk},W_N^{nk}=W_{N/m}^{nk/m},m,\dfrac{N}{m}$ 均为整数

4.1.2 基 2 时间抽取算法

$$N=2^M$$

1. 基 2 时选 FFT 运算

基本蝶形流图如图 4.1.1 所示。

基本蝶形的运算关系为：

前半部分：$X(k)=X_1(k)+W_N^kX_2(k),k=0,1,\cdots,\dfrac{N}{2}-1$

后半部分：$X\left(k+\dfrac{N}{2}\right)=X_1(k)-W_N^k X_2(k), k=0,1,\cdots,\dfrac{N}{2}-1$

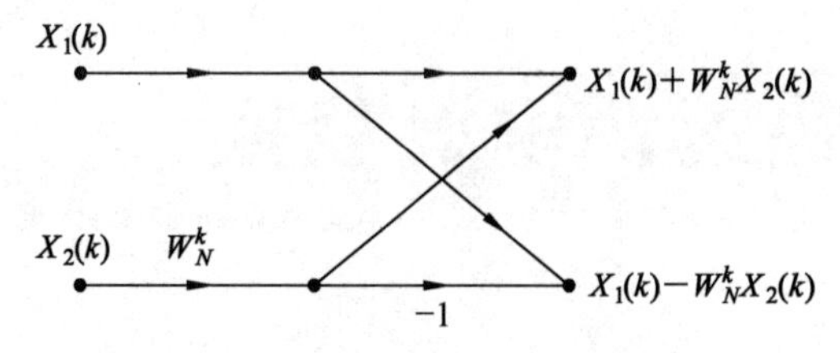

图 4.1.1　时间抽选法蝶形运算流图符号

2. DIT-FFT 算法与直接计算 DFT 运算量的比较

FFT 法复数乘法：　　$m_F=1\times\dfrac{N}{2}\times M=\dfrac{N}{2}\log_2 N$

FFT 法复数加法：　　$a_F=2\times\dfrac{N}{2}\times M=N\log_2 N$

直接 DFT 法复乘数：　　$m_F=N^2$

直接 DFT 法复加数：　　$a_F\approx N(N-1)\approx N^2$

二者复数乘法运算量的比值：　　$\dfrac{m_F(\mathrm{DFT})}{m_F(\mathrm{FFT})}=\dfrac{N^2}{\dfrac{N}{2}\log_2 N}=\dfrac{2N}{\log_2 N}$

3. DIT-FFT 的运算规律及编程思想

数据相距 B 个点，应用原位计算，则蝶形运算可表示成如下形式：

$$A_L(J)\Leftarrow A_{L-1}(J)+A_{L-1}(J+B)W_N^p$$

$$A_L(J+B)\Leftarrow A_{L-1}(J)-A_{L-1}(J+B)W_N^p$$

式中，$p=J\times 2^{M-L}$，$J=0,1,2,\cdots,2^{L-1}-1$，$L=1,2,\cdots,M$。

DIT-FFT 运算程序框图如图 4.1.2 所示。

4.1.3　基 2 频域抽取算法（DIF-FFT）

1. 基 2 频选 FFT

基本蝶形流图如图 4.1.3 所示。

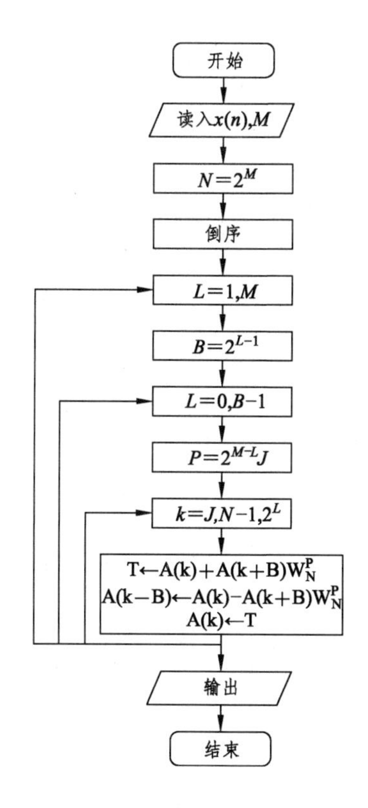

图 4.1.2　DIT-FFT 运算程序框图

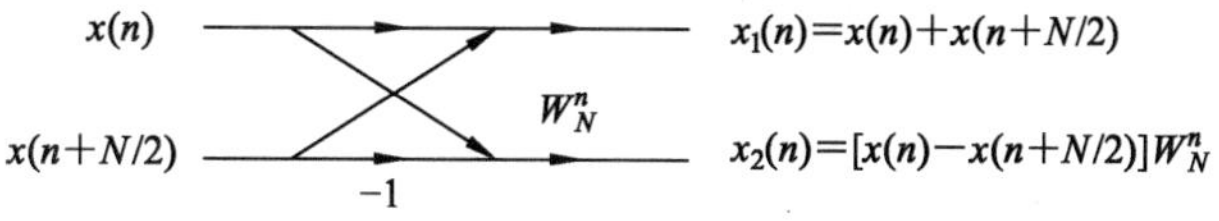

$x(n)$　　$x_1(n)=x(n)+x(n+N/2)$

W_N^n

$x(n+N/2)$　　-1　　$x_2(n)=[x(n)-x(n+N/2)]W_N^n$

图 4.1.3　按频率抽取蝶形运算流

基本蝶形的运算关系为

$$\begin{cases} X(2r)=\sum_{n=0}^{N/2-1}\left[x(n)+x\left(n+\frac{N}{2}\right)\right]W_{N/2}^{r\cdot n} \\ X(2r+1)=\sum_{n=0}^{N/2-1}\left[x(n)-x\left(n+\frac{N}{2}\right)\right]W_N^n\cdot W_{N/2}^{nr} \end{cases},\quad r=0,1,2,\cdots,\frac{N}{2}-1$$

4.1.4　IDFT 的高效算法

1. DIT-IFFT

$$X(k)=DFT[x(n)]=\sum_{n=0}^{N-1}x(n)W_N^{kn}$$

$$x(n)=IDFT\left[x(n)\right]=\frac{1}{N}\sum_{k=0}^{N-1}X(k)W_N^{-kn}$$

只要将 DFT 运算式中的系数 W_N^{kn} 改变成 W_N^{-kn}，最后乘以 $\frac{1}{N}$，就是 IDFT 运算公式。所以，只要将上述的 DIT-FFT 与 DIF-FFT 算法中的旋转因子 W_N^{kn} 改为 W_N^{-kn}，再将最后的输出再乘以

$\frac{1}{N}$就可以用来计算 IDFT。只是现在流图输入是 $X(k)$，输出是 $x(n)$。

2. 直接调用 FFT 子程序来计算 IFFT

$$x(n)=\frac{1}{N}\{DFT[X^*(k)]\}^*$$

4.1.5 实序列的 DFT 算法

设 $x_1(n)$ 和 $x_2(n)$ 是长度为 N 的实值序列，则复序列 $x(n)$ 可被定义为

$$x(n)=x_1(n)+\mathrm{j}x_2(n),\quad 0\leqslant n\leqslant N-1$$

有

$$X_1(k)=\frac{1}{2}\{X(k)+X^*(N-k)\}$$
$$X_2(k)=\frac{1}{2\mathrm{j}}\{X(k)-X^*(N-k)\}$$

4.1.6 快速傅里叶变换的应用

1. 用 FFT 对信号进行谱分析

1）用 DFT 对非周期序列进行谱分析

$$X(\mathrm{e}^{\mathrm{j}\omega})=X(z)\Big|_{z=\mathrm{e}^{\mathrm{j}\omega}}$$

其中，$X(\mathrm{e}^{\mathrm{j}\omega})$ 是 ω 的连续周期函数。对序列 $x(n)$ 进行 N 点 DFT 得到 $X(k)$，则 $X(k)$ 是在区间 $[0,2\pi]$ 上对 $X(\mathrm{e}^{\mathrm{j}\omega})$ 的 N 点等间隔采样，频谱分辨率就是采样间隔 $\frac{2\pi}{N}$。因此，序列的傅里叶变换可利用 DFT（即 FFT）来计算。

2）用 DFT 对周期序列进行谱分析

DTFS：$a_k=\frac{1}{N}\cdot FFT(x(n))$

IDTFS：$x(n)=N\cdot IFFT(a_k)$

周期信号的频谱是离散谱，只有用整数倍周期的长度做 FFT，得到的离散谱才能代表周期信号的频谱。

3）用 DFT 对模拟周期信号进行谱分析

对模拟信号进行谱分析时，首先要按照采样定理将其变成时域离散信号。对于模拟周期信号，也应该选取整数倍周期的长度，经采样后形成周期序列，再按照周期序列的谱分析进行。如果不知道信号的周期，可以尽量将信号的观察时间延长一些。

2. 利用 FFT 计算线性卷积

$$y(n) = x(n) * h(n) = \sum_{m=-\infty}^{\infty} x(m)h(n-m)$$

$y(n)$ 的计算分以下 5 个步骤来完成：

（1）将 $x(n)$ 与 $h(n)$ 都延长到 N 点， $N = N_1 + N_2 - 1$；

（2）计算 $x(n)$ 的 N 点 FFT，即 $X(k) = FFT[x(n)]$；

（3）计算 $h(n)$ 的 N 点 FFT，即 $H(k) = FFT[h(n)]$；

（4）计算 $Y(k) = X(k) \cdot H(k)$；

（5）计算 $Y(k)$ 的反变换，即 $y(n) = IFFT[X(k) \cdot H(k)]$。

4.2　习题解答

1. 如果一台通用计算机的速度为平均每次复乘需 5 μs，每次复加需 0.5 μs，用它来计算 512 点的 $DFT[x(n)]$，问直接计算需要多少时间，用 FFT 运算需要多少时间？

解：（1）直接计算。

复乘所需时间：$T_1 = 5 \times 10^{-6} \times N^2 = 5 \times 10^{-6} \times 512^2 = 1.310\,72\ \text{s}$

复加所需时间：$T_2 = 0.5 \times 10^{-6} \times N \times (N-1) = 5 \times 10^{-7} \times 512 \times 511 = 0.130\,816\ \text{s}$

所以　　$T = T_1 + T_2 = 1.441\,536\ \text{s}$

（2）用 FFT 计算。

复乘所需时间：$T_1 = 5 \times 10^{-6} \times \dfrac{N}{2} \log_2 N = 40 \times 10^{-9} \times \dfrac{512}{2} \log_2 512 = 0.011\,52\ \text{s}$

复加所需时间：$T_2 = 5 \times 10^{-7} \times N \log_2 N = 5 \times 10^{-7} \times 512 \log_2 512 = 0.002\,304\ \text{s}$

所以　　$T = T_1 + T_2 = 0.013\,824\ \text{s}$

2. $N = 16$ 时，画出基 2 按时间抽选法及按频率抽选法的 FFT 流图（按时间抽选采用输入倒位序，输出自然顺序，按频率抽选采用输入自然顺序，输出倒位序）。

解：基 2 按时间抽选法及按频率抽选法的 FFT 流图如图 4.2.1（a)、(b)所示。

3. 用微处理机对实数序列做谱分析，要求谱分辨率 $F \leqslant 50\ \text{Hz}$，信号最高频率为 1 kHz，试确定以下各参数：

（1）最小记录时间 $T_{\text{p min}}$；

（2）最大取样间隔 $T_{\max}$；

（3）最少采样点数 $N_{\min}$；

（4）在频带宽度不变的情况下，使频率分辨率提高 1 倍（即 F 缩小一半）的 N 值。

解：（1）已知 $F = 50\ \text{Hz}$，因而 $T_{\text{p min}} = \dfrac{1}{F} = \dfrac{1}{50} = 0.02\ \text{s}$。

（2）$T_{\max} = \dfrac{1}{f_{\text{smin}}} = \dfrac{1}{2 f_{\max}} = \dfrac{1}{2 \times 10^3} = 0.5\ \text{ms}$。

（3）$N_{\min} = \dfrac{T_{\text{pmin}}}{T_{\max}} = \dfrac{0.02}{0.5 \times 10^{-3}} = 40$。

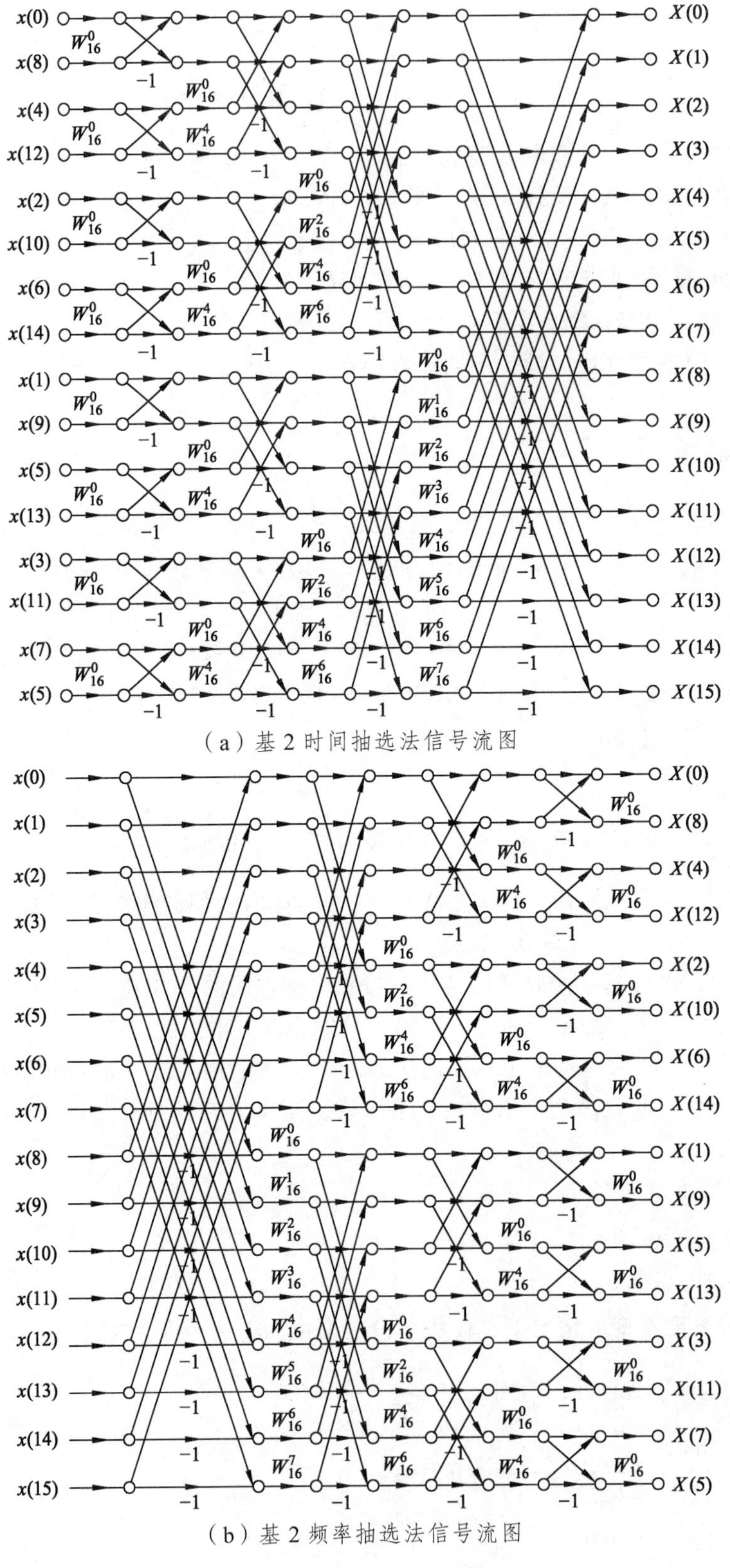

（a）基 2 时间抽选法信号流图

（b）基 2 频率抽选法信号流图

图 4.2.1　习题 2 波形图

（4）频带宽度不变就意味着采样间隔 T 不变，应该使记录时间扩大 1 倍，即为 0.04 s，实现频率分辨率提高 1 倍（F 变为原来的 1/2）。

$$N_{\min}=\frac{0.04\ \text{s}}{0.5\ \text{ms}}=80$$

4. 已知调幅信号的载波频率 $f_{\text{c}}=1\ \text{kHz}$，调制信号频率 $f_{\text{m}}=100\ \text{Hz}$，用 FFT 对其进行谱分析，试求：

（1）最小记录时间 T_{pmin}；

（2）最低采样频率 f_{smin}；

（3）最少采样点数 $N_{\min}$。

解： 调制信号为单一频率正弦波时，已调 AM 信号为

$$x(t)=\cos(2\pi f_{\text{c}}t+\varphi_{\text{c}})[1+\cos(2\pi f_{\text{m}}t+\varphi_{\text{m}})]$$

所以，已调 AM 信号 $x(t)$ 只有 3 个频率：f_{c}、$f_{\text{c}}+f_{\text{m}}$、$f_{\text{c}}-f_{\text{m}}$。$x(t)$ 的最高频率 $f_{\max}=1.1\ \text{kHz}$，频率分辨率 $F\leqslant 100\ \text{Hz}$（对本题所给单频 AM 调制信号应满足 $100/F$ 为整数，以便能采样到这 3 个频率成分）。故

（1）$T_{\text{pmin}}=\dfrac{1}{F}=\dfrac{1}{100}=0.01\ \text{s}=10\ \text{ms}$。

（2）$F_{\text{smin}}=2f_{\max}=2.2\ \text{kHz}$。

（3）$N_{\min}=\dfrac{T_{\text{p}}}{T_{\max}}=T_{\text{p}}f_{\text{smin}}=10\times10^{-3}\times2.2\times10^{3}=22$。

注意：对窄带已调信号可以采用亚奈奎斯特采样速率采样，压缩码率。而在本题的解答中，我们仅按基带信号的采样定理来求解。

5. 已知 $X(k)$ 和 $Y(k)$ 是两个 N 点实序列 $x(n)$ 和 $y(n)$ 的 DFT，希望从 $X(k)$ 和 $Y(k)$ 求出 $x(n)$ 和 $y(n)$。为提高运算效率，试设计用一次 N 点 IFFT 来完成的算法。

解： $F(k)=X(k)+\text{j}Y(k)=F_{\text{ep}}(k)+F_{\text{op}}(k)$，有

$$f(n)=IFFT[\text{F}(k)]=\text{Re}[f(n)]+\text{jIm}[f(n)]$$

则

$$x(n)=\frac{1}{2}[f(n)+f^{*}(n)],\ \ y(n)=\frac{1}{2\text{j}}[f(n)-f^{*}(n)]$$

6. 设 $x(n)$ 是长度为 $2N$ 的有限长实序列，$X(k)$ 为 $x(n)$ 的 $2N$ 点 DFT：

（1）试设计用一次 N 点 FFT 完成计算 $X(k)$ 的高效算法；

（2）若已知 $X(k)$，试设计用一次 N 点 IFFT 实现求 $X(k)$ 的 $2N$ 点 IDFT 运算。

解：（1）设 $x_1(r)=x(2r),\ \ x_2(r)=x(2r+1), r=0,1,\cdots,N-1$，

构造

$$f(r)=x_1(r)+\text{j}x_2(r), r=0,1,\cdots,N-1$$

做 N 点 DFT：

$$F(k)=DFT[f(n)]_N=F_{\text{ep}}(k)+F_{\text{op}}(k)$$

$$X_1(k)=DFT[x_1(n)]_N=F_{\text{ep}}(k)=\frac{1}{2}[F(k)+F^{*}(N-k)]$$

$$X_2(k)=\text{DFT}[x_2(n)]_N=-\text{j}F_{\text{op}}(k)=\ \frac{1}{2\text{j}}[F(k)-F^{*}(N-k)]$$

得
$$X(k)=X_1(k)+W_{2N}^k X_2(k)$$
$$X(k+N)=X_1(k)-W_{2N}^k X_2(k)$$

（2）首先由 $X(k)$ 计算出 $X_1(k)$ 和 $X_2(k)$；然后由 $X_1(k)$ 和 $X_2(k)$ 构成 N 点频域序列 $Y(k)$，进行 N 点 IFFT 得到 $y(n)$，求得 $x_1(n)$ 和 $x_2(n)$；最后由 $x_1(n)$ 和 $x_2(n)$ 合成 $x(n)$。

7. 已知信号 $x(n)$ 和 FIR 数字滤波器的单位取样响应 $h(n)$ 分别为

$$x(n)=\begin{cases}1, & 0\leqslant n\leqslant 15\\ 0, & 其他\end{cases}$$

$$h(n)=\begin{cases}a^n, & 0\leqslant n\leqslant 10\\ 0, & 其他\end{cases}$$

（1）使用基 2 FFT 算法计算 $x(n)$ 与 $h(n)$ 的线性卷积，写出计算步骤。

（2）用 C 或 Matlab 语言编写程序，并上机计算。

解：（1）计算步骤：首先在序列 $x(n)$、$h(n)$ 尾部补零，使其延长为 32 点的序列；其次用基 2 FFT 算法分别计算 $x(n)$ 与 $h(n)$ 的 32 点 DFT，得到 $X(k)$ 和 $H(k)$；然后计算序列的乘积 $Y(k)=X(k)H(k)$，最后用基 2 FFT 算法计算 $Y(k)$ 的 32 点 IDFT，得到 $x(n)$ 与 $h(n)$ 的线性卷积。

（2）本题用 Matlab 语言实现的程序为 ex407.m。

```
%程序 ex407.m
close all
clear
N=32;
a=1.2;
x=zeros(1,N);
h=zeros(1,N);
for   i=0:15;
x(i+1)=1;
end
for   i=0:10;
h(i+1)=a.^i;
end
X=fft(x,32);
H=fft(h,32);
Y=X.*H;
y=ifft(Y);
```

8. 按照下面的 IDFT 算法编写 Matlab 语言 IFFT 程序，其中的 FFT 部分不用写出清单，可调用 FFT 函数。并分别对单位脉冲序列、矩形序列、三角序列和正弦序列进行 FFT 和 IFFT，验证所编程序。

$$x(n)=IDFT[X(k)]=\frac{1}{N}[DFT[X^*(k)]]^*$$

解：为了使用灵活方便，将本题所给算法公式作为函数编写 ifft8.m 如下：

```
%函数 ifft8.m
%按照所给算法公式计算 IFET
function xn=ifft8(Xk,N)
Xk=conj(Xk)；                    %对 Xk 取复共轭
Xn=conj(fft(Xk,N))/N；           %按照所给算法公式计算 IFFT
```

分别对单位脉冲序列、长度为 8 的矩形序列和三角序列进行 FFT，并调用函数 ifft8 计算 IFFT 变换，程序 ex408.m 如下：

```
%程序 ex408.m
%调用 fft 函数计算 IDFT
x1n=1；%输入单位脉冲序列 x1n
x2n=[11111111]；                 %输入矩形序列向量 x2n
x3n=[12344321]；                 %输入三角序列向量 x3n
N=8；
X1k=fft(x1n,N)；                 %计算 x1n 的 N 点 DFT
X2k=fft(x2n,N)；                 %计算 x2n 的 N 点 DFT
X3k=fft(x3n,N)；                 %计算 x3n 的 N 点 DFT
x1n=ifft8(X1k, N)                %调用 ifft8 函数计算 X1k 的 IDFT
x2n=ifft8(X2k, N)                %调用 ifft8 函数计算 X2k 的 IDFT
x3n=ifft8(X3k, N)                %调用 ifft8 函数计算 X3k 的 IDFT
```

运行程序输出时域序列如下所示，正是原序列 x1n、x2n 和 x3n。

```
x1n=1   0   0   0   0   0   0   0
x2n=1   1   1   1   1   1   1   1
x3n=1   2   3   4   4   3   2   1
```

第5章 无限脉冲响应数字滤波器的设计

5.1 重点与难点

5.1.1 数字滤波器的基本概念

1. 数字滤波器的表示方法

差分方程：
$$y(n)=\sum_{k=0}^{M}b_k x(n-k)+\sum_{k=1}^{N}a_k y(n-k)$$

单位冲激响应：
$$h(n)=\{\cdots,h(-1),h(0),h(1),\cdots\}$$

系统函数：
$$H(z)=\frac{Y(z)}{X(z)}=\frac{\sum_{k=0}^{M}b_k z^{-k}}{1-\sum_{k=1}^{N}a_k z^{-k}}$$

频率响应：
$$H(\mathrm{e}^{\mathrm{j}\omega})=\frac{\sum_{k=0}^{M}b_k \mathrm{e}^{-\mathrm{j}\omega k}}{1-\sum_{k=1}^{N}a_k \mathrm{e}^{-\mathrm{j}\omega k}}$$

2. 数字滤波器的分类

（1）从滤波器处理的信号类型分类，滤波器分为模拟滤波器和数字滤波器。

（2）从滤波器的通频带情况分类，数字滤波器分为低通滤波器（LPF）、高通滤波器（HPF）、带通滤波器（BPF）、带阻滤波器（BSF）和全通滤波器。

（3）从单位冲激响应 $h(n)$ 的时间特性情况分类，数字滤波器分为无限长冲激响应（IIR）滤波器和有限长冲激响应（FIR）滤波器。

3. 数字滤波器的技术要求

数字滤波器的性能指标包括 4 个：

（1）通带截止频率 ω_{p}；

（2）阻带截止频率 ω_{s}；

（3）通带最大衰减 A_{p}；

（4）阻带最小衰减 A_{s}。

4. 数字滤波器的设计步骤

一个数字滤波器的设计过程，大致可以归纳为如下 3 个步骤：

（1）性能指标确定；

（2）系统函数确定；

（3）算法设计。

5.1.2 模拟滤波器的设计

1. 模拟滤波器设计指标及逼近方法

1）幅度平方函数

$$|H(\mathrm{j}\Omega)|^2 = H(\mathrm{j}\Omega)H(-\mathrm{j}\Omega)$$

2）衰减函数 $\alpha(\Omega)$

$$\alpha(\Omega) = 10\lg\frac{P_1}{P_2}$$

式中，P_1 是滤波器的输入功率；P_2 是滤波器的输出功率。

3）衰减函数与模平方函数 $|H(\mathrm{j}\Omega)|^2$ 及模频函数关系

$$\alpha(\Omega) = 10\lg\frac{P_1}{P_2} = 10\lg\frac{|X(\mathrm{j}\Omega)|^2}{|Y(\mathrm{j}\Omega)|^2} = 10\lg\frac{1}{|H(\mathrm{j}\Omega)|^2} = -20\lg|H(\mathrm{j}\Omega)|$$

式中，$X(\mathrm{j}\Omega)$、$Y(\mathrm{j}\Omega)$ 为输入和输出（一般是电压或电流）的傅里叶变换。

2. 巴特沃思（Butterworth）滤波器

1）巴特沃思滤波器的数学模型

巴特沃思滤波器的模平方函数为

$$|H(\mathrm{j}\Omega)|^2 = \frac{1}{1+|K(\mathrm{j}\Omega)|^2} = \frac{1}{1+\left(\dfrac{\Omega}{\Omega_c}\right)^{2N}}$$

2）确定 N 及 Ω_c

$$N = \left[\frac{\lg\sqrt{\dfrac{10^{0.1A_s}-1}{10^{0.1A_p}-1}}}{\lg\left(\dfrac{\Omega_s}{\Omega_p}\right)}\right]$$

$$\Omega_c = \Omega_p(10^{0.1A_p}-1)^{-\frac{1}{2N}} \qquad ①$$

或

$$\Omega_c = \Omega_s(10^{0.1A_s}-1)^{-\frac{1}{2N}} \qquad ②$$

若用式①确定 Ω_c，阻带指标得到改善；若用式②确定 Ω_c，通带指标得到改善。

3）确定 $H(s)$

$$H(s)=\frac{\Omega_c^N}{\prod_{k=1}^{N}(s-p_k)}$$

$$=\frac{\Omega_c^N}{s^N+a_{N-1}\Omega_c s^{N-1}+a_{N-2}\Omega_c^2 s^{N-2}+\cdots+a_1\Omega_c^{N-1}s+\Omega_c^N}$$

如果采用对 −3 dB 截止频率 Ω_c 归一化，归一化后的 $H(s)$ 表示为

$$H(s)=\frac{1}{s^N/\Omega_c^N+a_{N-1}s^{N-1}/\Omega_c^{N-1}+a_{N-2}s^{N-2}/\Omega_c^{N-2}+\cdots+a_1 s/\Omega_c+1}$$

令 $s'=\dfrac{s}{\Omega_c}$， $H(s')=\dfrac{1}{(s')^N+a_{N-1}(s')^{N-1}+\cdots+a_1 s'+a_0}$

归一化后的 $H(s')$ 分母，即巴特沃思多项式如表 5.1.1 所示。

表 5.1.1　巴特沃思多项式表

N	巴特沃思多项式
1	$s'+1$
2	$(s')^2+\sqrt{2}s'+1$
3	$(s')^3+2(s')^2+2s'+1$
4	$(s')^4+2.613\,1(s')^3+3.414\,2(s')^2+2.613\,1s'+1$
5	$(s')^5+3.263\,1(s')^4+5.236\,1(s')^3+5.236\,1(s')^2+3.236\,1s'+1$
6	$(s')^6+3.863\,7(s')^5+7.464\,1(s')^4+9.141\,6(s')^3+7.464\,1(s')^2+3.863\,7s'+1$
7	$(s')^7+4.494(s')^6+10.097\,8(s')^5+14.591\,8(s')^4+14.591\,8(s')^3+10.097\,8(s')^2+4.494s'+1$
8	$(s')^8+5.125\,8(s')^7+13.137\,1(s')^6+21.846\,2(s')^5+25.688\,4(s')^4+21.864\,2(s')^3+13.137\,1(s')^2+5.125\,8s'+1$

4）设计步骤

（1）由 Ω_p、Ω_s、A_p、A_s 确定滤波器阶数 N。

（2）由 N 查表 6.1.1 得归一化系统函数。

（3）确定 Ω_c。

（4）去归一化，得到实际滤波器的系统函数 $H(s)=H(s')\big|_{s'=s/\Omega_c}$。

3. 切比雪夫滤波器

1）切比雪夫滤波器的数学模型

切比雪夫滤波器的模平方函数为

$$|H(j\Omega)|^2=\frac{1}{1+\varepsilon^2 C_N^2(\Omega/\Omega_c)}$$

式中，N 是滤波器阶数；ε 是波纹系数，决定通带内波纹起伏的大小。

2）确定 Ω_c、ε、N

（1）$\Omega_c=\Omega_p$。

（2）由通带的衰减指标确定波纹系数 ε，即

$$\varepsilon=\sqrt{\frac{1}{\left|H_{\mathrm{a}}\left(\mathrm{j}\Omega_{\mathrm{p}}\right)\right|^{2}}-1}=\sqrt{\frac{1}{\left(1-\delta_{1}\right)^{2}}-1}=\sqrt{10^{A_{\mathrm{p}}/10}-1}$$

（3）由阻带衰减指标确定系统的阶数 N，即

$$N\geqslant\frac{\operatorname{arch}\left[\frac{1}{\varepsilon}\sqrt{\frac{1}{\delta_{2}^{2}}-1}\right]}{\operatorname{arch}\left(\frac{\Omega_{\mathrm{s}}}{\Omega_{\mathrm{p}}}\right)}=\frac{\operatorname{arch}\left[\frac{1}{\varepsilon}\sqrt{10^{A_{\mathrm{s}}/10}-1}\right]}{\operatorname{arch}\left(\frac{\Omega_{\mathrm{s}}}{\Omega_{\mathrm{p}}}\right)}$$

式中，$\operatorname{arch}x=\ln(x+\sqrt{x^{2}-1})$。

3）确定 $H(s)$

$$H(s)H(-s)=|H(\mathrm{j}\Omega)|^{2}\Big|_{\mathrm{j}\Omega=s}=\frac{1}{1+\varepsilon^{2}C_{N}^{2}(s/\mathrm{j}\Omega_{\mathrm{c}})}$$

切比雪夫滤波器的 $2N$ 个极点 $p_{k}=\sigma_{k}+\mathrm{j}\Omega_{k}$ 是分布在一个椭圆上的，σ_{k}、Ω_{k} 满足椭圆方程：

$$\left(\frac{\sigma_{k}}{a\Omega_{\mathrm{c}}}\right)^{2}+\left(\frac{\Omega_{k}}{b\Omega_{\mathrm{c}}}\right)^{2}=1$$

式中，$\alpha=\varepsilon^{-1}+\sqrt{1+\varepsilon^{-2}}$；$a=\frac{1}{2}\left(\alpha^{\frac{1}{N}}-\alpha^{-\frac{1}{N}}\right)$，$b=\frac{1}{2}\left(\alpha^{\frac{1}{N}}+\alpha^{-\frac{1}{N}}\right)$。

切比雪夫滤波器的系统函数为

$$H(s)=\frac{\Omega_{\mathrm{c}}^{N}}{\varepsilon\cdot 2^{N-1}}\cdot\frac{1}{\prod_{k=1}^{N}(s-p_{k})\Omega_{\mathrm{c}}}$$

归一化后的系统函数表示为

$$H(s')=\frac{1}{\varepsilon\cdot 2^{N-1}\prod_{k-1}^{N}(s'-p_{k}')}=\frac{1}{\varepsilon\cdot 2^{N-1}[(s')^{N}+a_{N-1}(s')^{N-1}+\cdots+a_{1}s'+a_{0}]}$$

表 5.1.2 所示列出了通带波纹误差为 1 dB 时，阶数 N 与分母多项式系数的关系。

表 5.1.2　切比雪夫低通原型滤波器分母多项式（通带波纹误差为 1 dB，ε =0.508 847）

N	a_0	a_1	a_2	a_3	a_4	a_5	a_6
1	1.965 2						
2	1.102 5	1.097 7					
3	0.491 3	1.238 4	0.988 3				
4	0.275 6	0.742 6	1.453 9	0.936 8			

续表

N	a_0	a_1	a_2	a_3	a_4	a_5	a_6
5	0.122 8	0.580 5	0.974 4	1.688 8	0.936 8		
6	0.068 9	0.307 1	0.939 3	1.202 1	1.930 8	0.928 3	
7	0.030 7	0.213 7	0.548 6	1.357 5	1.428 8	2.176 1	0.923 1

4）设计步骤

（1）由待求滤波器的通带截止频率Ω_p确定Ω_c，即$\Omega_c=\Omega_p$。

（2）由通带的衰减指标确定波纹系数ε，即

$$\varepsilon=\sqrt{\frac{1}{\left|H_a(j\Omega_p)\right|^2}-1}=\sqrt{\frac{1}{(1-\delta_1)^2}-1}=\sqrt{10^{A_p/10}-1}$$

（3）由波纹系数ε、截止频率Ω_p、Ω_c及阻带衰减指标确定系统的阶数N，即

$$N\geqslant\frac{\operatorname{arch}\left[\dfrac{1}{\varepsilon}\sqrt{\dfrac{1}{\delta_2^2}-1}\right]}{\operatorname{arch}\left(\dfrac{\Omega_s}{\Omega_p}\right)}=\frac{\operatorname{arch}\left[\dfrac{1}{\varepsilon}\sqrt{10^{A_s/10}-1}\right]}{\operatorname{arch}\left(\dfrac{\Omega_s}{\Omega_p}\right)}$$

（4）由N查表5.1.2得归一化系统函数$H(s')$，即

$$H(s')=\frac{1}{\varepsilon\cdot 2^{N-1}\prod\limits_{k-1}^{N}(s'-p_k')}=\frac{1}{\varepsilon\cdot 2^{N-1}[(s')^N+a_{N-1}(s')^{N-1}+\cdots+a_1s'+a_0]}$$

（5）去归一化，得到实际滤波器的系统函数$H(s)=H(s')\big|_{s'=s/\Omega_c}$，即

$$H(s)=\frac{\Omega_c^N}{\varepsilon\cdot 2^{N-1}}\cdot\frac{1}{\prod\limits_{k=1}^{N}(s-p_k)\Omega_c}$$

5.1.3　由模拟滤波器到数字滤波器的数字化方法

1. 脉冲响应不变法设计数字滤波器

1）将$H_a(s)$部分分式展开

$$H_a(s)=\sum_{k=1}^{N}\frac{A_k}{s-s_k}$$

2）直接对应$H(z)$的部分分式

$$H(z)=\sum_{k=1}^{N}\frac{TA_k}{1-e^{s_kT}z^{-1}}$$

如果$H_a(s)$还有m阶的重极点，则

$$\frac{1}{(s-s_k)^m} \to \frac{T^{m-1}(-z)^{m-1}}{(m-1)!}\frac{\mathrm{d}^{(m-1)}}{\mathrm{d}z^{(m-1)}}\left(\frac{1}{1-\mathrm{e}^{s_kT}z^{-1}}\right)$$

$H_{\mathrm{a}}(s)$ 的共轭极点对应的 Z 变换的一般有理分式为

$$\frac{s+a}{(s+a)^2+b^2} \to \frac{1-\mathrm{e}^{-aT}\cos(bT)\cdot z^{-1}\cdot T}{1-2\mathrm{e}^{-aT}\cos(bT)\cdot z^{-1}+\mathrm{e}^{-2aT}z^{-2}}$$

$$\frac{b}{(s+a)^2+b^2} \to \frac{\mathrm{e}^{-aT}\sin(bT)\cdot z^{-1}\cdot T}{1-2\mathrm{e}^{-aT}\cos(bT)\cdot z^{-1}+\mathrm{e}^{-2aT}z^{-2}}$$

脉冲响应不变法设计数字滤波器的一般步骤如下：

（1）确定数字滤波器的性能要求及各数字临界频率 ω_k。

（2）由脉冲响应不变法的变换关系将 ω_k 变换为模拟域临界频率 Ω_k。

（3）按 Ω_k 及衰减指标求出模拟滤波器的（归一化）传递函数 $H_{\mathrm{a}}(s)$。这个模拟低通滤波器也称为模拟原型（归一化）滤波器。

（4）由脉冲响应不变法的变换关系将 $H_{\mathrm{a}}(s)$ 转变为数字滤波器的系统函数 $H(z)$。

2. 双线性变换法设计数字滤波器

双线性变换法将 s 平面映射到 z 平面的关系为

$$s=\frac{2}{T}\frac{1-z^{-1}}{1+z^{-1}}$$

$$H(z)=H_{\mathrm{a}}(s)\big|_{s=\frac{2}{T}\frac{(1-z^{-1})}{(1+z^{-1})}}$$

双线性变换法设计数字滤波器的一般步骤如下：

（1）确定数字滤波器的性能要求及各数字临界频率 ω_k。

（2）由双线性变换关系将 ω_k 变换为模拟域临界频率 Ω_k。

（3）按 Ω_k 及衰减指标求出模拟滤波器的（归一化）传递函数 $H_{\mathrm{a}}(s)$。

（4）由双线性变换关系将 $H_{\mathrm{a}}(s)$ 转变为数字滤波器的系统函数 $H(z)$。

5.1.4　频率变换

1. s 平面变换法——模拟域的频率变换

用 s' 表示变换前的自变量，s 表示变换后的自变量，$H_1(s')$ 表示归一化的模拟原型低通的系统函数，归一化的模拟原型低通的截频为 $\Omega_{\mathrm{p}}=1$，则 s 平面变换法的变换关系如表 5.1.3 所示。

表 5.1.3　s 平面变换法的变换关系

低通→低通	$s'=s/\Omega_2$ ①	$H_{\mathrm{L}}(s)=H_1(s')\big\|_{s'=s/\Omega_2}$
低通→高通	$s'=\Omega_2/s$ ② $s'=1/s$，$\Omega_2=1$ 时	$H_{\mathrm{H}}(s)=H_1(s')\big\|_{s'=\Omega_2 s}$ $H_{\mathrm{H}}(s)=H_1(s')\big\|_{s'=1/s}$
低通→带通	$s'=\frac{s^2+\Omega_1\Omega_2}{s(\Omega_2-\Omega_1)}=\frac{s^2+\Omega_0^2}{s(\Omega_2-\Omega_1)}$ ③	$H_{\mathrm{B}}(s)=H_1(s')\big\|_{s'=\frac{s^2+\Omega_1\Omega_2}{s(\Omega_2-\Omega_1)}=\frac{s^2+\Omega_0^2}{s(\Omega_2-\Omega_1)}}$

续表

低通→带阻	$s'=\dfrac{s(\Omega_2-\Omega_1)}{s^2+\Omega_1\Omega_2}=\dfrac{s(\Omega_2-\Omega_1)}{s^2+\Omega_0^2}$ ④	$H_s(s)=H_1(s')\big\vert_{s'=\frac{s(\Omega_2-\Omega_1)}{s^2+\Omega_1\Omega_2}=\frac{s(\Omega_2-\Omega_1)}{s^2+\Omega_0^2}}$

注：式①中，Ω_2 是低通的截止频率。

式②中，Ω_2 是高通的截止频率。

式③中，Ω_1 是带通的下截止频率；Ω_2 是带通的上截止频率；Ω_0 是带通的中心频率，$\Omega_0^2=\Omega_1\Omega_2$。

式④中，Ω_1 是带阻的下截止频率；Ω_2 是带阻的上截止频率；Ω_0 是带阻的中心频率，$\Omega_0=\sqrt{\Omega_1\Omega_2}$。

2. z 平面变换法——数字域的频率变换

z 平面变换法的映射关系及参数如表 5.1.4 所示。

表 5.1.4　z 平面变换法的映射关系及参数（原型低通滤波器的频带截止频率为 θ_c）

变换关系	$G(z^{-1})$	参数 ω_c：新滤波器的频带截止频率
低通→低通	$G(z^{-1})=\dfrac{z^{-1}-\alpha}{1-\alpha z^{-1}}$	$\alpha=\dfrac{\sin\left(\dfrac{\theta_c-\omega_c}{2}\right)}{\sin\left(\dfrac{\theta_c+\omega_c}{2}\right)}$
低通→高通	$G(z^{-1})=\dfrac{-z^{-1}-\alpha}{1+\alpha z^{-1}}=\dfrac{-(z^{-1}+\alpha)}{1+\alpha z^{-1}}$	$\alpha=-\dfrac{\cos\left(\dfrac{\theta_c+\omega_c}{2}\right)}{\cos\left(\dfrac{\theta_c-\omega_c}{2}\right)}$
低通→带通	$G(z^{-1})=-\dfrac{z^{-2}-\dfrac{2\alpha k}{k+1}z^{-1}+\dfrac{k-1}{k+1}}{\dfrac{k-1}{k+1}z^{-2}-\dfrac{2\alpha k}{k+1}z^{-1}+1}$	$\alpha=\cos\omega_0=\dfrac{\cos\left(\dfrac{\omega_1+\omega_2}{2}\right)}{\cos\left(\dfrac{\omega_2-\omega_1}{2}\right)}$ $k=\cot\left(\dfrac{\omega_2-\omega_1}{2}\right)\tan\left(\dfrac{\theta_c}{2}\right)$ ω_1：下频带截止频率； ω_2：上频带截止频率
低通→带阻	$G(z^{-1})=\dfrac{z^{-2}-\dfrac{2\alpha}{k+1}z^{-1}+\dfrac{1-k}{k+1}}{\dfrac{1-k}{k+1}z^{-2}-\dfrac{2\alpha}{k+1}z^{-1}+1}$	$\alpha=\cos\omega_0=\dfrac{\cos\left(\dfrac{\omega_1+\omega_2}{2}\right)}{\cos\left(\dfrac{\omega_2-\omega_1}{2}\right)}$ $k=\tan\left(\dfrac{\omega_2-\omega_1}{2}\right)\tan\left(\dfrac{\theta_c}{2}\right)$ ω_1：下频带截止频率； ω_2：上频带截止频率

5.2 习题解答

1. 已知一模拟系统的转移函数为

$$H_a(s)=\frac{s+a}{(s+a)^2+b^2}$$

用冲激响应不变法变换为离散系统的系统函数 $H(z)$，抽样周期为 T。

解：由
$$H_a(s)=\frac{s+a}{(s+a)^2+b^2}=\frac{1}{2}\left[\frac{1}{s+a+\mathrm{j}b}+\frac{1}{s+a-\mathrm{j}b}\right]$$

推出
$$h_a(t)=\frac{1}{2}\left[\mathrm{e}^{-(a+\mathrm{j}b)t}+\mathrm{e}^{-(a-\mathrm{j}b)t}\right]u(t)$$

由冲激响应不变法可得

$$h(n)=Th_a(nT)=\frac{T}{2}\left[\mathrm{e}^{-(a+\mathrm{j}b)nT}+\mathrm{e}^{-(a-\mathrm{j}b)nT}\right]u(n)$$

$$\begin{aligned}H(z)&=\sum_{n=0}^{\infty}h(n)z^{-n}=\frac{T}{2}\left[\frac{1}{1-\mathrm{e}^{-aT}\mathrm{e}^{-\mathrm{j}bT}z^{-1}}+\frac{1}{1-\mathrm{e}^{-aT}\mathrm{e}^{\mathrm{j}bT}z^{-1}}\right]\\&=T\cdot\frac{1-\mathrm{e}^{-aT}z^{-1}\cos(bT)}{1-2\mathrm{e}^{-aT}z^{-1}\cos(bT)+\mathrm{e}^{-2aT}z^{-2}}\end{aligned}$$

2. 设有一模拟滤波器

$$H_a(s)=\frac{1}{s^2+s+1}$$

抽样周期 $T=2$，试用双线性变换法将它转变为数字系统函数 $H(z)$。

解：
$$H(z)=H_a(s)\Big|_{s=\frac{2}{T}\frac{1-z^{-1}}{1+z^{-1}}}=\frac{(1+z^{-1})^2}{3+z^{-2}}$$

3. 已知一模拟滤波器的传递函数为

$$H_a(s)=\frac{3s+2}{2s^2+3s+1}$$

试分别用冲激响应不变法和双线性变换法将它转换成数字系统函数 $H(z)$，设 $T=0.5$。

解：（1）冲激响应不变法。

将 $H_a(s)$ 展开成部分分式：

$$H_a(s)=\frac{3s+2}{2s^2+3s+1}=\frac{3s+2}{(2s+1)(s+1)}=\frac{A_1}{2s+1}+\frac{A_2}{s+1}$$

其中
$$A_1=\frac{3s+2}{s+1}\bigg|_{s=-\frac{1}{2}}=1,\quad A_2=\frac{3s+2}{2s+1}\bigg|_{s=-1}=1$$

因此 $$H_a(s)=\frac{1}{2s+1}+\frac{1}{s+1}$$

由 $$H_a(s)=\sum_{k=1}^{N}\frac{A_k}{s-s_k}\to H(z)=\sum_{k=1}^{N}\frac{TA_k}{1-e^{s_kT}z^{-1}}$$

得 $$H(z)=\frac{0.5}{1-e^{-0.5T}z^{-1}}+\frac{1}{1-e^{-0.5}z^{-1}}$$

（2）双线性变换法。

将 $s=\frac{2}{T}\frac{1-z^{-1}}{1+z^{-1}}=4\times\frac{1-z^{-1}}{1+z^{-1}}$ 代入题给的 $H_a(s)$ 公式，得

$$\begin{aligned}H(z)&=\frac{12\times\frac{1-z^{-1}}{1+z^{-1}}+2}{32\times\left(\frac{1-z^{-1}}{1+z^{-1}}\right)^2+12\times\frac{1-z^{-1}}{1+z^{-1}}+1}\\&=\frac{(14-10z^{-1})(1+z^{-1})}{32\times(1-z^{-1})^2+12(1-z^{-1})(1+z^{-1})+(1+z^{-1})^2}\\&=\frac{14+4z^{-1}-10z^{-2}}{45-62z^{-1}+21z^{-2}}\end{aligned}$$

4. 一延迟为 τ 的理想限带微分器的频率响应为

$$H_a(j\Omega)=\begin{cases}j\Omega e^{-i\Omega\tau}, & |\Omega|\leqslant\Omega_c\\0, & 其他\end{cases}$$

（1）用冲激不变法，由此模拟滤波器求数字滤波器的频率响应 $H_d(e^{jw})$，假定 $\frac{\pi}{T}>\Omega_c$。

（2）若 $\hat{h}_d(n)$ 是 $\tau=0$ 时由（1）确定的滤波器冲激响应，对某些 τ 值，$h_d(n)$ 可用 $\hat{h}_d(n)$ 的延迟表示，即

$$h_d(n)=\hat{h}_d(n-n_\tau)$$

式中，n_τ 为整数。确定这些 τ 值应满足的条件及延迟 n_τ 的值。

解：（1）设理想限带模拟微分器的冲激响应是 $h_a(t)$，用冲激响应不变法由它得到 $h'_d(n)$。设 $h'_d(n)$ 的博里叶变换用 $H(e^{j\omega})$ 表示，则有

$$H(e^{j\omega})=\sum_{n=-\infty}^{\infty}h'_d(n)e^{-j\omega n}=\frac{1}{T}\sum_{k=-\infty}^{\infty}H_a(j\frac{\omega}{T}+j\frac{2\pi}{T}k)$$

因为已知

$$H_a(j\Omega)=0，\ |\Omega|>\Omega_c=\pi/T$$

所以

$$H(e^{j\omega})=\frac{1}{T}\sum_{k=-\infty}^{\infty}H_a\left(j\frac{\omega}{T}\right)=\frac{1}{T}\left(j\frac{\omega}{T}\right)e^{-j\frac{\omega}{T}\tau},\left|\frac{\omega}{T}\right|\leqslant\Omega$$

设数字微分器的单位取样响应是 $h_d(n)$，则有

$$h_d(n) = Th_a(nT) = Th'_d(n)$$

因此，数字微分器的频率响应为

$$H_d(e^{j\omega}) = \sum_{n=-\infty}^{\infty} h_d(n)e^{-j\omega} = T\sum_{n=-\infty}^{\infty} h'_d(n)e^{-j\omega}$$

$$= \begin{cases} j\dfrac{\omega}{T}e^{-j\frac{\omega}{T}\tau}, & \left|\dfrac{\omega}{T}\right| \leqslant \Omega_c \\ 0, & 其他 \end{cases} \quad ①$$

（2）因为 $\tau = 0$ 时数字微分器的频率响应为

$$\hat{H}_d(e^{j\omega}) = \begin{cases} j\dfrac{\omega}{T}, & \left|\dfrac{\omega}{T}\right| \leqslant \Omega_c \\ 0, & 其他 \end{cases}$$

所以由 $h_d(n) = \hat{h}_d(n - n_\tau)$ 知道

$$H_d(e^{j\omega})\sum_{n=-\infty}^{\infty} h_d(n)e^{-j\omega n} = \sum_{n=-\infty}^{\infty} \hat{h}_d(n - n_\tau)e^{-j\omega n}$$

$$= e^{-j\omega n_\tau}\hat{H}_d(e^{j\omega}) = \begin{cases} j\dfrac{\omega}{T}e^{-j\omega n_\tau}, & |\omega| \leqslant T\Omega_c \\ 0, & 其他 \end{cases} \quad ②$$

将式②与式①对照，得

$$n_\tau = \frac{\tau}{T}$$

因为 n_τ 为整数，所以 τ 应取 T 的整数倍的值。

5. 图 5.2.1 表示一个数字滤波器的频率响应：

（1）用冲激响应不变法，试求原型模拟滤波器的频率响应。

（2）当采用双线性变换法时，试求原型模拟滤波器的频率响应。

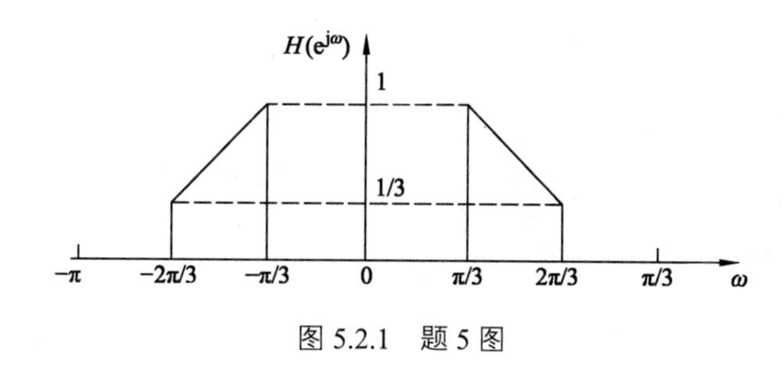

图 5.2.1　题 5 图

解： 由图可得

$$H(\mathrm{e}^{\mathrm{j}\omega})=\begin{cases}\dfrac{2}{\pi}\omega+\dfrac{5}{3},-\dfrac{2\pi}{3}\leqslant\omega\leqslant-\dfrac{\pi}{3}\\-\dfrac{2}{\pi}\omega+\dfrac{5}{3},\dfrac{\pi}{3}\leqslant\omega\leqslant\dfrac{2\pi}{3}\\0,\quad[-\pi,\pi]\text{的其他}\omega\end{cases}$$

（1）冲激响应不变法。

因为 ω 大于折叠频率 π 时 $H(\mathrm{e}^{\mathrm{j}\omega})$ 为零，故用此法无失真，有

$$H_{\mathrm{a}}(\mathrm{j}\Omega)=H(\mathrm{e}^{\mathrm{j}\omega})\Big|_{\omega=\Omega T}=\begin{cases}\dfrac{2}{\pi}\Omega T+\dfrac{5}{3},-\dfrac{2\pi}{3T}\leqslant\Omega\leqslant-\dfrac{\pi}{3T}\\-\dfrac{2}{\pi}\Omega T+\dfrac{5}{3},\dfrac{\pi}{3T}\leqslant\Omega\leqslant\dfrac{2\pi}{3T}\\0,\quad\text{其他}\end{cases}$$

（2）双线性变换法。

根据双线性变换公式

$$H_{\mathrm{a}}(\mathrm{j}\Omega)=H_{\mathrm{a}}(\mathrm{j}c\cdot\tan\frac{\omega}{2})$$

得

$$\Omega=c\cdot\tan\frac{\omega}{2},\ \omega=2\arctan\frac{\Omega}{c}$$

则

$$H_{\mathrm{a}}(\mathrm{j}\Omega)=\begin{cases}\dfrac{4}{\pi}\arctan\dfrac{\Omega}{c}+\dfrac{5}{3},-\sqrt{3}c\leqslant\Omega\leqslant-\dfrac{\sqrt{3}}{3}c\\-\dfrac{4}{\pi}\arctan\dfrac{\Omega}{c}+\dfrac{5}{3},-\dfrac{\sqrt{3}}{3}c\leqslant\Omega\leqslant\sqrt{3}c\\0,\quad\text{其他}\end{cases}$$

6. 用冲激不变法设计一个数字巴特沃思低通滤波器。这个滤波器的幅度响应在通带截止频率 $\omega_{\mathrm{p}}=0.2613\pi$ 处的衰减不大于 0.75 dB，在阻带截止频率 $\omega_{\mathrm{s}}=0.4018\pi$ 处的衰减不小于 20 dB。

解：（1）求滤波器的阶数 N：

$$N\geqslant\frac{\lg\left[\dfrac{10_{\mathrm{P}}^{0.1a}-1}{10_{\mathrm{T}}^{0.1a}-1}\right]^{\frac{1}{2}}}{\lg\left(\dfrac{\Omega_{\mathrm{P}}}{\Omega_{\mathrm{T}}}\right)}=\frac{\lg\left[\dfrac{10^{0.1\times0.75}-1}{10^{0.1\times20}-1}\right]^{\frac{1}{2}}}{\lg\left(\dfrac{0.2613\pi}{0.4018\pi}\right)}=\frac{\lg\left[\dfrac{0.1885}{99}\right]^{\frac{1}{2}}}{\lg0.6503}=\frac{-1.3602}{-0.1863}=7.2777$$

取 $N=8$。

（2）求滤波器的 3 dB 截止频率 Ω_{c}：

$$\Omega_{\mathrm{P}}\left[10^{0.1\alpha_{\mathrm{P}}}-1\right]^{\frac{1}{2N}} \leqslant \Omega_{\mathrm{c}} \leqslant \Omega_{\mathrm{T}}\left[10^{0.1\alpha_{\mathrm{T}}}-1\right]^{\frac{1}{2N}}$$

其中

$$\Omega_{\mathrm{p}}\left[10^{0.1\alpha_{\mathrm{P}}}-1\right]^{\frac{1}{2N}} = 0.2613\pi\left[10^{0.1\times0.75}-1\right]^{\frac{1}{2\times8}} = 0.9111$$

$$\Omega_{\mathrm{T}}\left[10^{0.1\alpha_{\mathrm{P}}}-1\right]^{-\frac{1}{2N}} = 0.4018\pi\left[10^{0.1\times20}-1\right]^{-\frac{1}{2\times8}} = 0.9472$$

因此　　$0.9111 \leqslant \Omega_{\mathrm{c}} \leqslant 0.9472$

选取 $\Omega_{\mathrm{c}} = 0.9111$，准确满足通带指标要求，超过阻带指标要求。

（3）求 $H_{\mathrm{a}}(s)$ 的极点：

$$s_k = \Omega_{\mathrm{c}}\mathrm{e}^{\mathrm{j}\left(\frac{\pi}{2N}+\frac{k\pi}{N}+\frac{x}{2}\right)} = 0.9111\mathrm{e}^{\mathrm{j}\left(\frac{9\pi}{16}+\frac{\pi}{8}k\right)},\quad k=0,1,\cdots,15$$

其中，左半 s 平面的极点为：

$$s_0 = 0.9111\mathrm{e}^{\mathrm{j}\frac{9}{16}\pi} = -0.1778+\mathrm{j}0.8936$$

$$s_1 = 0.9111\mathrm{e}^{\mathrm{j}\left(\frac{9}{16}\pi+\frac{\pi}{8}\right)} = -0.5062+\mathrm{j}0.7575$$

$$s_2 = 0.9111\mathrm{e}^{\mathrm{j}\left(\frac{9}{16}\pi+\frac{\pi}{4}\right)} = -0.7575+\mathrm{j}0.5062$$

$$s_3 = 0.9111\mathrm{e}^{\mathrm{j}\left(\frac{9}{16}\pi+\frac{3\pi}{8}\right)} = -0.8963+\mathrm{j}0.1778$$

$$s_4 = s_3^* 0.9111\mathrm{e}^{-\mathrm{j}\left(\frac{9}{16}\pi+\frac{3\pi}{8}\right)} = -0.8936-\mathrm{j}0.1778$$

$$s_5 = s_2^* = 0.9111\mathrm{e}^{-\mathrm{j}\left(\frac{9}{16}\pi+\frac{\pi}{4}\right)} = -0.7575-\mathrm{j}0.5062$$

$$s_6 = s_1^* = 0.9111\mathrm{e}^{-\mathrm{j}\left(\frac{9}{16}\pi+\frac{\pi}{8}\right)} = -0.5062-\mathrm{j}0.7575$$

$$s_7 = s_0^* = 0.9111\mathrm{e}^{-\mathrm{j}\frac{9}{16}\pi} = -0.1778-\mathrm{j}0.8963$$

（4）求传输函数 $H_{\mathrm{a}}(s)$：

$$H_{\mathrm{a}}(s) = \frac{\Omega_{\mathrm{c}'}^N}{\prod\limits_{k=0}^{\frac{N}{2}-1}(s-s_k)(s-s_k^*)} = \frac{0.9111^8}{\prod\limits_{k=0}^{3}(s-s_k)(s-s_k^*)}\frac{0.4748}{\prod\limits_{k=0}^{3}[s^2-(s_k+s_k^*)s+s_ks_k^*]}$$

$$= \frac{0.4748}{(s^2-0.3556s+0.83)(s^2-1.0124s+0.83)(s^2-1.515s+0.83)(s^2-1.7872s+0.83)}$$

$$= \frac{0.4748}{s^8+4.67s^7+10.905s^6+16.536s^5+17.7s^4+13.715s^3+7.515s^2+2.671s+0.475}$$

（5）用查表法求传输函数 $H_a(s)$：

根据查表得到 8 阶归一化巴特沃思滤波器的传输函数 $H_a'(s)$ 为

$$H_a'(s)=\frac{1}{s^8+5.1258s^7+13.1371s^6+21.8462s^5+25.6884s^4+21.8462s^3+5.1258s+1}$$

将 $H_a'(s)$ 中 s 用 $\dfrac{s}{\Omega_c}=\dfrac{s}{0.9111}$ 取代，得 $H_a(s)$ 为

$$H_a(s)=\frac{0.4748}{s^8+4.67s^7+10.905s^6+16.536s^5+17.7s^4+13.715s^3+7.515s^2+2.671s+0.475}$$

结果与（4）结果相同。

7. 使用双线性变换法设计一个巴特沃思低通滤波器。假定取样频率为 10 kHz，在通带截止频率 $f_P=1\,\text{kHz}$ 处衰减不大于 1.8 dB，在阻带截止频率 $f_T=1.5\,\text{kHz}$ 处衰减不小于 12 dB。

解：（1）将 f_P 和 f_T 转换成数字频率 ω_P 和 ω_T：

$$\Omega_P=2\pi f_P=2\pi\times1000=2000\pi$$

$$\Omega_T=2\pi f_T=2\pi\times1500=3000\pi$$

$$T=\frac{1}{f_a}=\frac{1}{10\times10^3}=10^{-4}\,\text{s}$$

$$\omega_P=T\Omega_P=10^{-4}\times2000\pi=0.2\pi$$

$$\omega_T=T\Omega_T=10^{-4}\times3000\pi=0.3\pi$$

（2）求滤波器的阶数 N 和巴特沃思模拟低通滤波器的 3 dB 截止频率 Ω_c。取 $T=1$，将数字频率 ω_P 和 ω_T 预畸变，得到预畸变后的 Ω_P 和 Ω_T：

$$\begin{cases}\Omega_P=\dfrac{2}{T}\tan\dfrac{\omega_P}{2}=2\tan\dfrac{0.2\pi}{2}=2\tan(0.1\pi)=0.649841\\[2ex]\Omega_T=\dfrac{2}{T}\tan\dfrac{\omega_r}{2}=2\tan\dfrac{0.3\pi}{2}=2\tan(0.15\pi)=1.0190537\end{cases}$$

因此，模拟低通滤波器的指标为

$$\begin{cases}20\lg|H_a(\mathrm{j}\Omega_P)|=20\lg|H_a(\mathrm{j}0.649841)|\geqslant-1.8\\20\lg|H_a(\mathrm{j}\Omega_{T)}|=20\lg|H_a(\mathrm{j}1.0190537)|\leqslant-12\end{cases}\qquad①$$

由巴特沃思滤波器的幅度平方函数得

$$20\lg\left|H_a(\mathrm{j}\Omega)\right|=-10\lg\left|1+\left(\frac{\Omega}{\Omega_c}\right)^{2N}\right|\qquad②$$

将式②代入式①，得

$$20\lg\left|H_a\left(\mathrm{j}\Omega_P\right)\right|=-10\lg\left|1+\left(\frac{0.649841}{\Omega_c}\right)^{2N}\right|\geqslant-1.8\qquad③$$

$$20\lg\left|H_a(j\Omega_r)\right| = -10\lg\left|1+\left(\frac{1.0190537}{\Omega_c}\right)^{2N}\right| \geqslant -12 \quad ④$$

联立求解式③和式④，得

$$N \geqslant \frac{\lg\left[\frac{10^{0.1\times1.8}-1}{10^{0.1\times12}-1}\right]^{\frac{1}{2}}}{\lg\left(\frac{0.649841}{1.0190537}\right)} = \frac{-0.7305515}{-0.1953899} = 3.738942$$

取 $N=4$ 。将 $N=4$ 分别代入式③和④式，得

$$\Omega_c \geqslant 0.649841\left(10^{0.1\times1.8}-1\right)^{\frac{1}{2\times4}} = \Omega_{c1} = 0.7063$$

$$\Omega_c \leqslant 1.0190537\left(10^{0.1\times12}-1\right)^{\frac{1}{2\times4}} = \Omega_{c2} = 0.7274$$

取 $\Omega_c = \frac{1}{2}(\Omega_{c1}+\Omega_{c2}) = 0.7168$ 。

也可以直接引用公式来求 N 和 Ω_c ，但应注意，对双线性变换法来说，公式中的 Ω_p 和 Ω_T 都是预畸变后的值。

（3）求 $H_a(s)$ 的极点：

$$s_k = \Omega_e e^{j\left(\frac{\pi}{2N}+\frac{k\pi}{N}+\frac{\pi}{2}\right)} = 0.7168e^{j\left(\frac{5\pi}{8}+\frac{\pi}{4}k\right)}, \quad k=0,1,\cdots,7$$

其中，左半 s 平面的极点为

$$s_0 = 0.7168e^{j\frac{5}{8}\pi} = -0.2743 + j0.6623$$

$$s_1 = 0.7168e^{\left(\frac{5}{8}x+\frac{\pi}{4}\right)} = -0.6623 + j0.2743$$

$$s_2 = s_1^+ = -0.6623 - j0.2743$$

$$s_3 = s_0^+ = -0.2743 - j0.6623$$

（4）求传输函数 $H_a(s)$ ：

$$H_a(s) = \frac{\Omega_c^N}{\prod_{k=0}^{\frac{N}{2}}(s-s_k)(s-s_k^*)} = \frac{0.7168^4}{\prod_{k=0}^{1}(s-s_k)(s-s_k)} = \frac{0.264}{\prod_{k=0}^{1}[s^2-(s_k+s_k^*)s+s_k s_k^*]}$$

$$= \frac{0.264}{(s^2+0.5486s+0.5139)(s^2+1.3246s+0.5139)}$$

$$= \frac{0.264}{s^4+1.8732s^3+1.7545s^2+0.9626s+0.264}$$

（5）用查表法求传输函数 $H_a(s)$ ：

根据查表得到4阶归一化巴特沃思滤波器的传输函数 $H'_a(s)$

$$H'_a(s)=\frac{1}{s^4+2.6131s^3+3.4142s^2+2.6131s+1}$$

将 $H'_a(s)$ 中的 s 用 $\frac{s}{\Omega_c}=\frac{s}{0.7168}$ 取代，得

$$\begin{aligned}H_a(s)&=\frac{\Omega_c^4}{s^4+2.6131\Omega_c s^3+3.4142\Omega_c^2 s^2+2.6131\Omega_c^3 s+\Omega_c^4}\\&=\frac{0.264}{s^4+2.6131\times0.7168s^3+3.4142\times0.7168^2 s^3+2.6231\times0.7168^3 s+0.710}\\&=\frac{0.264}{s^4+1.8731s^3+1.7542s^2+0.9624s+0.264}\end{aligned}$$

结果与（4）的结果近似相等。

8. 用双线性变换法设计一个数字切比雪夫低通滤波器，各指标与习题7相同。

解：（1）将 f_P 和 f_T 转换成数字频率 ω_P 和 ω_T：

$$\Omega_P=2\pi f_P=2\pi\times1000=2000\pi$$

$$\Omega_T=2\pi f_T=2\pi\times1500=3000\pi$$

$$T=\frac{1}{f_a}=\frac{1}{10\times10^3}=10^{-4}$$

$$\omega_P=T\Omega_P=10^{-4}\times2000\pi=0.2\pi$$

$$\omega_T=T\Omega_T=10^{-4}\times3000\pi=0.3\pi$$

（2）求切比雪夫低通滤波器的参数 Ω_c，ε，N。取 $T=1$，将数字频率 ω_P 和 ω_T 预畸变，得预畸变后的 Ω_P 和 Ω_T：

$$\begin{cases}\Omega_P=\dfrac{2}{T}\tan\dfrac{\omega_P}{2}=2\tan\dfrac{0.2\pi}{2}=2\tan(0.1\pi)=0.649841\\[2ex]\Omega_T=\dfrac{2}{T}\tan\dfrac{\omega_r}{2}=2\tan\dfrac{0.3\pi}{2}=2\tan(0.15\pi)=1.0190537\end{cases}$$

$$\varepsilon=(10^{0.1\alpha_p}-1)^{\frac{1}{2}}=0.7166$$

$$N\geqslant\frac{\operatorname{arch}\left[\dfrac{10^{0.1\alpha_T}-1}{10^{0.1\alpha_p}-1}\right]^{\frac{1}{2}}}{\operatorname{arch}\left(\dfrac{\Omega_T}{\Omega_c}\right)}=\frac{\operatorname{arch}\left[\dfrac{10^{0.1\times12}-1}{10^{0.1\times1.8}-1}\right]^{\frac{1}{2}}}{\operatorname{arch}\left(\dfrac{1.0190537}{0.649841}\right)}=\frac{\operatorname{arch}(5.3763)}{\operatorname{arch}(1.5681)}=2.3177$$

取 $N=3$。

（3）计算 α,a,b：

$$\alpha=\varepsilon^{-1}+\sqrt{\varepsilon^{-2}+1}=3.1122$$

$$a=\frac{1}{2}\left(\alpha^{\frac{1}{N}}-\alpha^{-\frac{1}{N}}\right)=0.5\left(3.1122^{\frac{1}{3}}-3.1122^{-\frac{1}{3}}\right)=0.3875$$

$$b=\frac{1}{2}\left(\alpha^{\frac{1}{N}}+\alpha^{-\frac{1}{N}}\right)=0.5\left(3.1122^{\frac{1}{3}}+3.1122^{-\frac{1}{3}}\right)=1.0725$$

（4）求切比雪夫滤波器的极点：

将 $N=3$ 代入：

$$s_k=a\Omega_c\sin\left(\frac{\pi}{2N}+\frac{\pi}{N}k\right)+\mathrm{j}b\Omega_c\cos\left(\frac{\pi}{2N}+\frac{\pi}{N}k\right),k=0,1,\cdots,2N-1$$

取 $\Omega_c=\Omega_p$=0.6498，得 s 平面左半平面的极点：

$$s_0=-0.3785\times0.6498\times\sin\left(\frac{\pi}{2\times3}\right)+\mathrm{j}1.0725\times0.6498\times\cos\left(\frac{\pi}{2\times3}\right)=-0.1529+\mathrm{j}0.6035$$

$$s_1=-0.2518$$

$$s_2=s_0^*=-0.1529-\mathrm{j}0.6035$$

（5）求传输函数 $H_a(s)$：

$$H_a(s)=\frac{A}{(s-s_0)(s-s_1)(s-s_2)}=\frac{A}{(s+0.2518)(s^2+0.2518s+0.38)}$$

又当 N 为奇数时，滤波器幅度响应 $H_a(0)=0$， $H_a(s)|_{s=0}=H_a(0)\to A=0.0957$。

（6）求 $H(z)$：

$$H(z)=H_a(\mathrm{s})|_{s=\frac{2}{T}\cdot\frac{1-z^{-1}}{1+z^{-1}}}$$

$$=\frac{0.0957(1+z^{-1})^3}{10.99689(1-0.7764z^{-1})(1-1.4824z^{-1}+0.7938z^{-2})}$$

9. 通过频率变换法设计一个数字切比雪夫高通滤波器，从模拟到数字的转换采用双线性变换法。假设取样频率为 2.4 kHz，在频率 160 Hz 处衰减不大于 3 dB，在 40 Hz 处衰减不小于 48 dB。

解：（1）将高通数字滤波器的频率指标 f_P 和 f_T 折合成数字频率：

$$\omega_p=T\Omega_p=\frac{2\pi f_P}{f_s}=\frac{2\pi\times160}{2400}=\frac{2\pi}{15}$$

$$\omega_T=T\Omega_T=\frac{2\pi f_T}{f_s}=\frac{2\pi\times40}{2400}=\frac{\pi}{30}$$

设 $T=2$，按照双线性变换法，将高通数字滤波器的数字域频率转换为高通模拟滤波器的频率：

$$\Omega_{\mathrm{p}}=\frac{2}{T}\tan\frac{\omega_{\mathrm{p}}}{2}=\tan\left(\frac{1}{2}\times\frac{2\pi}{15}\right)=0.2126$$

$$\Omega_{\mathrm{T}}=\frac{2}{T}\tan\frac{\omega_{\mathrm{T}}}{2}=\tan\left(\frac{1}{2}\times\frac{\pi}{30}\right)=0.0524$$

将高模拟滤波器的频率指标映射成模拟低通滤波器的频率指标：

$$\Omega_{\mathrm{p}}=\frac{1}{\Omega_{\mathrm{p}}'}=\frac{1}{0.2126}=4.7040$$

$$\Omega_{\mathrm{T}}=\frac{1}{\Omega_{\mathrm{T}}'}=\frac{1}{0.0524}=19.0840$$

（2）根据模拟低通滤波器的指标求ε，Ω_{c}和N：

$$\varepsilon^2=10^{0.1\alpha_{\mathrm{p}}}-1=10^{0.1\times3}-1=0.9953$$

$$\varepsilon=0.9977$$

$$\Omega_{\mathrm{c}}=\Omega_{\mathrm{p}}=4.7040$$

$$k=\frac{\Omega_{\mathrm{p}}}{\Omega_{\mathrm{T}}}=\frac{4.7040}{19.0840}=0.2465$$

$$d=\left[\frac{10^{0.1\alpha_{\mathrm{p}}}-1}{10^{0.1\alpha_{\mathrm{T}}}-1}\right]^{\frac{1}{2}}=\left[\frac{10^{0.1\times3}-1}{10^{0.1\times48}-1}\right]^{\frac{1}{2}}=3.9717\times10^{-3}$$

$$N\geqslant\frac{\mathrm{arch}\frac{1}{d}}{\mathrm{arch}\frac{1}{k}}=\frac{\mathrm{arch}\frac{1}{3.9717\times10^{-3}}}{\mathrm{arch}\frac{1}{0.2465}}=\frac{\mathrm{arch}251.7814}{\mathrm{arch}4.0568}=2.9941$$

取$N=3$。

（3）求模拟低通滤波器的平方幅度函数：

令$x=\frac{\Omega}{\Omega_{\mathrm{c}}}=\frac{\Omega}{4.7040}=0.2126\Omega$，将其代入3阶切比雪夫多项式的平方中

$$\begin{aligned}V_3^2(x)&=[x(4x^2-3)]^2=16x^6-24x^4+9x^2\\&=16(0.2126\Omega)^6-24(0.2126\Omega)^4+9(0.2126\Omega)^2\\&=0.00148\Omega^6-0.049\Omega^4+0.4068\Omega^2\end{aligned}$$

因此，3阶切比雪夫模拟低通滤波器的平方幅度函数为

$$\begin{aligned}\left|H_{\mathrm{a}}(\mathrm{j}\Omega)\right|^2&=\frac{1}{1+\mathrm{e}^2V_3^2(\Omega/\Omega_{\mathrm{c}})}\\&=\frac{1}{1+0.9953(0.00148\Omega^6-0.049\Omega^4+0.4068\Omega^2)}\\&=\frac{1}{0.00147\Omega^6-0.0488\Omega^4+0.4048\Omega^2+1}\end{aligned}$$

（4）求模拟低通滤波器的传输函数：

将 $\Omega=-\mathrm{j}s$ 代入 $|H_{\mathrm{a}}(\mathrm{j}\Omega)|^2$，得

$$H_{\mathrm{a}}(s)H_{\mathrm{a}}(-s)=|H_{\mathrm{a}}(\mathrm{j}\Omega)|^2\Big|_{\Omega=-\mathrm{j}s}$$
$$=\frac{1}{-0.00147s^6-0.0488s^4-0.4048s^2+1}$$

由上式求出 $H_a(s)H_a(-s)$ 的极点：

$$s_0=-0.701+\mathrm{j}4.2517$$
$$s_1=-1.4047$$
$$s_2=s_0^*=-0.701-\mathrm{j}4.2517$$
$$s_3=0.701-\mathrm{j}4.2514$$
$$s_4=1.4047$$
$$s_5=s_3^*=0.701+\mathrm{j}4.2517$$

其中，s_0、s_1 和 s_2 是左半 s 平面的 3 个极点，由它们构成一个稳定的 3 阶切比夫模拟低通滤波器，其传输函数为

$$H_{\mathrm{a}}(s)=\frac{B}{(s-s_1)(s-s_0)(s-s_2)}=\frac{B}{(s-s_1)(s-s_0)(s-s_0^*)}$$
$$=\frac{B}{(s-s_1)[s^2-(s_0+s_0^*)s+s_0s_0^*]}=\frac{B}{(s+1.4047)[s^2+1.402s+18.5684]}$$

因 $N=3$ 为奇数，所以 $H_{\mathrm{a}}(0)=1$，因此

$$B=H_{\mathrm{a}}(0)\times1.4047\times18.5684=26.083$$

最后得

$$H_a(s)=\frac{26.083}{(s+1.4047)[s^2+1.402s+18.5684]}$$
$$=\frac{26.083}{s^3+2.8067s^2+20.5385s+26.083}$$

注意，模拟低通滤波器的传输函数在左半 s 平面的 3 个极点也可以用下式求出：

$$s_k=-a\Omega_{\mathrm{c}}\sin(\frac{\pi}{2N}+\frac{\pi}{N}k)+b\Omega_{\mathrm{c}}\cos(\frac{\pi}{2N}+\frac{\pi}{N}k),\quad k=0,1,\cdots,2N-1$$

其中常量 a 和 b 用下列公式计算：

$$a=\varepsilon^{-1}+\sqrt{\varepsilon^{-2}+1}$$
$$=0.9977^{-1}+\sqrt{0.9977^{-2}+1}=2.4182$$

$$a=\frac{1}{2}\left(a^{\frac{1}{N}}-a^{-\frac{1}{N}}\right)=0.5\left(2.4182^{\frac{1}{3}}-2.4182^{-\frac{1}{3}}\right)$$
$$=0.5(1.3422-0.7451)=0.2986$$

$$b=\frac{1}{2}\left(a^{\frac{1}{N}}+a^{\frac{1}{N}}\right)=0.5(1.3422+0.7451)=1.0437$$

$$a\Omega_{\mathrm{c}}=0.2986\times4.7040=1.4046$$
$$a\Omega_{\mathrm{c}}=1.0437\times4.7040=4.9096$$

将 $a\Omega_{\mathrm{c}}$ 和 $b\Omega_{\mathrm{c}}$ 的值代入计算极点的公式，得左半 s 平面的极点如下：

$$s_0=-1.4046\sin\left(\frac{\pi}{2\times3}\right)+\mathrm{j}4.9096\cos\left(\frac{\pi}{2\times3}\right)=-0.7023+\mathrm{j}4.2518$$

$$s_1=-1.4046\sin\left(\frac{\pi}{2\times3}+\frac{\pi}{3}\right)+\mathrm{j}4.9096\cos\left(\frac{\pi}{2\times3}+\frac{\pi}{3}\right)=-1.4046$$

$$s_2=s_0^*=-0.7023-\mathrm{j}4.2518$$

这里的结果与前面的数值基本相同。

（5）将模拟低通滤波器转换成模拟高通滤波器。

用 $1/s$ 代换模拟低通滤波器的传输函数中的 s，得到模拟高通滤波器的传输函数：

$$H_{\mathrm{a}}(s)=\frac{23.083s^2}{1+2.8067s+20.5385s^2+26.083s^3}$$

（6）用双线性变换法将模拟高通滤波器映射成数字高通滤波器。

设 $T=2$，将 $s=\dfrac{1-z^{-1}}{1+z^{-1}}$ 代入模拟高通滤波器的传输函数，得

$$H(z)=\frac{26.083\left(\dfrac{1-z^{-1}}{1+z^{-1}}\right)^3}{1+2.8067\dfrac{1-z^{-1}}{1+z^{-1}}+20.5385\left(\dfrac{1-z^{-1}}{1+z^{-1}}\right)^2+26.083\left(\dfrac{1-z^{-1}}{1+z^{-1}}\right)^3}$$
$$=\frac{0.5172(1-3z^{-1}+3z^{-2}-z^{-3})}{1-1.0293z^{-1}+1.1482z^{-2}-0.1458z^{-3}}$$

10. 设计一个数字高通滤波器，要求通带截止频率 $\omega_{\mathrm{p}}=0.8\,\pi\ \mathrm{rad}$，通带衰减不大于 3 dB，阻带截止频率 $\omega_{\mathrm{s}}=0.5\,\pi\ \mathrm{rad}$，阻带衰减不小于 18 dB，希望采用巴特沃思型滤波器。

解：（1）确定数字高通滤波器技术指标：

$$\omega_{\mathrm{p}}=0.8\,\pi\ \mathrm{rad},\quad \alpha_{\mathrm{p}}=3\ \mathrm{dB}$$
$$\omega_{\mathrm{s}}=0.5\,\pi\ \mathrm{rad},\quad \alpha_{\mathrm{s}}=18\ \mathrm{dB}$$

（2）确定相应模拟高通滤波器技术指标。由于设计的是高通数字滤波器，所以应选用双线性变换法，因此进行预畸变校正求模拟高通边界频率（假定采样间隔 $T=2\ \mathrm{s}$）：

$$\Omega_{\mathrm{p}}=\frac{2}{T}\tan\frac{\omega_{\mathrm{p}}}{2}=\tan0.4\pi=3.0777\ \mathrm{rad/s},\quad \alpha_{\mathrm{p}}=3\ \mathrm{dB}$$
$$\Omega_{\mathrm{s}}=\frac{2}{T}\tan\frac{\omega_{\mathrm{s}}}{2}=\tan0.25\pi=1\ \mathrm{rad/s},\quad \alpha_{\mathrm{s}}=18\ \mathrm{dB}$$

（3）将高通滤波器指标转换成归一化模拟低通指标：对通带边界频率（本题 $\Omega_p = \Omega_c$=3 dB）归一化，得到低通归一化边界频率为

$$\lambda_p = 1,\ \ \alpha_p = 3\ \text{dB}$$

$$\lambda_s = \frac{\Omega_p}{\Omega_s} = 3.0777,\ \ a_s = 18\ \text{dB}$$

（4）设计归一化低通 $G(p)$：

$$k_{sp} = \sqrt{\frac{10^{0.1\alpha_p} - 1}{10^{0.1a_s} - 1}} = \sqrt{\frac{10^{0.3} - 1}{10^{1.8} - 1}} = 0.1266$$

$$\lambda_{sp} = \frac{\lambda_s}{\lambda_p} = 3.0777$$

$$N = -\frac{\lg k_{sp}}{\lg \lambda_{sp}} = 1.84\text{，取 } N = 2$$

查表，得归一化低通 $G(p)$ 为

$$G(p) = \frac{1}{s^2 + \sqrt{2}s + 1}$$

（5）频率变换，求模拟高通 $H_a(s)$：

$$H_a(s) = G(p)\Big|_{p=\frac{\Omega_c}{s}} = \frac{s^2}{s^2 + \sqrt{2}\Omega_p s + \Omega_c^2} = \frac{s^2}{s^2 + 4.3515s + 9.4679}$$

（6）用双线性变换法将 $H_a(s)$ 转换成 $H(z)$：

$$H(z) = H_a(s)\Big|_{s=\frac{1-z^{-1}}{1+z^{-1}}} = \frac{1 - 2z^{-1} + z^{-2}}{14.8194 + 16.9358z^{-1} + 14.8194^{-2}}$$

11. 设计一个数字带通滤波器，通带范围为 0.25π ~ 0.45π rad，通带内最大衰减为 3 dB，0.15π rad 以下和 0.55π rad 以上为阻带，阻带内最小衰减为 15 dB。试采用巴特沃思型模拟低通滤波器。

解：（1）确定数字带通滤波器技术指标：

$$\omega_{pl} = 0.25\pi\ \text{rad}, \omega_{pu} = 0.45\pi\ \text{rad}$$

$$\omega_{sl} = 0.15\pi\ \text{rad}, \omega_{su} = 0.55\pi\ \text{rad}$$

通带内最大衰减 $\alpha_p = 3$ dB，阻带内最小衰减 $\alpha_s = 15$ dB。

（2）采用双线性变换法，确定相应模拟滤波器的技术指标（为计算简单，设 $T = 2\text{s}$）:

$$\Omega_{pu}=\frac{2}{T}\tan\frac{\omega_{pu}}{2}=\tan 0.225\pi=0.8541\ \text{rad/s}$$

$$\Omega_{pl}=\frac{2}{T}\tan\frac{\omega_{pl}}{2}=\tan 0.125\pi=0.4142\ \text{rad/s}$$

$$\Omega_{su}=\frac{2}{T}\tan\frac{\omega_{su}}{2}=\tan 0.275\pi=1.1708\ \text{rad/s}$$

$$\Omega_{sl}=\frac{2}{T}\tan\frac{\omega_{sl}}{2}=\tan 0.075\pi=0.2401\ \text{rad/s}$$

通带中心频率

$$\Omega_0=\sqrt{\Omega_{pu}\Omega_{pl}}=0.5948\ \text{rad/s}$$

通带宽度

$$B_w=\Omega_{pu}-\Omega_{pl}=0.4399\ \text{rad/s}$$

$$\Omega_{pl}\Omega_{pu}=0.8541\times 0.4142=0.3538,\quad \Omega_{sl}\Omega_{su}=0.2401\times 1.1708=0.2811$$

因为 $\Omega_{pl}\Omega_{pu}>\Omega_{sl}\Omega_{su}$，所以增大 Ω_{sl}，则

$$\hat{\Omega}_{s1}=\frac{\Omega_{pl}\Omega_{pu}}{\Omega_{su}}=\frac{0.3538}{1.1708}=0.3022$$

采用修正后的 $\hat{\Omega}_{s1}$ 设计巴特沃斯模拟带通滤波器。

（3）将带通指标转换成归一化低通指标：

$$\lambda_p=1,\ \lambda_s=\frac{\Omega_0^2-\Omega_{s1}^2}{\Omega_{s1}B_w}$$

求归一化低通边界频率：

$$\lambda_p=1,\lambda_s=\frac{\Omega_0^2-\hat{\Omega}_{s1}^2}{\hat{\Omega}_{s1}B_w}=\frac{0.3538-0.3022^2}{0.3022\times 0.4399}=1.9744$$

$$\alpha_p=3\ \text{dB},\quad \alpha_s=15\ \text{dB}$$

（4）设计模拟归一化低通 $G(p)$：

$$k_{sp}=\sqrt{\frac{10^{0.1\alpha_p}-1}{10^{0.1\alpha_s}-1}}=\sqrt{\frac{10^{0.3}-1}{10^{1.5}-1}}=0.1803$$

$$\lambda_{sp}=\frac{\lambda_s}{\lambda_p}=1.9744$$

$$N=-\frac{\lg k_{sp}}{\lg \lambda_{sp}}=-\frac{\lg 0.1803}{\lg 1.9744}=2.5183$$

取 N=3，查表，得到归一化低通系统函数 $G(p)$：

$$G(p)=\frac{1}{p^3+2p^2+2p+1}$$

（5）频率变换，将 $G(p)$ 转换成模拟带通 $H_a(s)$：

$$H_a(s)=G(p)\big|_{p=\frac{s^2+\Omega_0^2}{sB_w}}$$

$$=\frac{B_w^3 s^3}{(s^2+\Omega_0^2)^3+2(s^2+\Omega_0^2)^2 sB_w+2(s^2+\Omega_0^2)s^2B_w^2+s^3B_w^3}$$

$$=\frac{0.085s^3}{s^6+0.8798s^5+1.4484s^4+0.7076s^3+0.5124s^2+0.1101s+0.0443}$$

（6）用双线性变换公式将 $H_a(s)$ 转换成 $H(z)$：

$$H(z)=H_a(s)\big|_{s=\frac{2}{T}\cdot\frac{1-z^{-1}}{1+z^{-1}}}$$
$$=(0.0181+1.7764\times10^{-15}z^{-1}-0.0543z^{-2}-4.4409z^{-3}+0.0543z^{-4}-$$
$$2.7756\times10^{-15}z^{-5}-0.0181z^{-6})(1-2.272z^{-1}+3.5151z^{-2}+3.2685z^{-3}+$$
$$2.3129z^{-4}-0.9628z^{-5}+0.278z^{-6})^{-1}$$

以上繁杂的设计过程和计算，可以用程序 ex511.m 实现，得到的系统函数系数为：

$$B=[0.0234\quad 0\quad -0.0703\quad 0\quad 0.0703\quad 0\quad -0.0234]$$

$$A=[1.0000\quad -2.2100\quad 3.2972\quad -2.9932\quad 2.0758\quad -0.8495\quad 0.2406]$$

结果与手算结果有差别，这一般是由手算过程中可能产生的计算误差造成的。

```
%程序 ex511.m
close all
clear
wp=[0.25,0.45];ws=[0.15,0.55];Rp=3;As=15;     %设置带通数字滤波器指标参数
[N,wc]=buttord(wp,ws,Rp,As);       %计算带通滤波器阶数 N 和 3 dB 截止频率 wc
[B,A]=butter(N,wc)   %计算带通滤波器系统函数分子分母多项式系数向量 A 和 B
```

12. 设计巴特沃思数字带通滤波器，要求通带范围为 0.25π rad≤ω≤0.45π rad，通带最大衰减为 3 dB，阻带范围为 0≤ω≤0.15π rad 和 0.55π rad≤ω≤π rad，阻带最小衰减为 40 dB。调用 Matlab 工具箱函数 buttord 和 butter 设计，并显示数字滤波器系统函数 $H(z)$ 的系数，绘制数字滤波器的损耗函数和相频特性曲线。请问这种设计对应于脉冲响应不变法还是双线性变换法?

解：调用函数 buttord 和 butter 设计巴特沃思数字带通滤波器程序 ex512.m 如下：

```
%程序 ex512.m
close all
clear
wp=[0.25,0.45];ws=[0.15,0.55];rp=3;rs=40;
[N,wc]=buttord(wp,ws,rp,rs);
[B,A]=butter(N,wc)
freqz(B,A);
```

程序运行结果，即 k 数字滤波器系统函数 $H(z)$ 的系数为：

$$B=[0.0001 \quad 0 \quad -0.0007 \quad 0 \quad 0.00022 \quad 0 \quad -0.0036 \quad 0 \quad 0.0035 \quad 0 \quad -0.0022 \quad 0 \quad 0.0007 \quad 0 \quad -0.0001]$$

$$A=[1.0000 \quad -5.3093 \quad 16.2913 \quad -34.7297 \quad 56.9399 \quad -74.5122 \quad 80.0136 \quad -71.1170 \quad 52.6408 \quad -32.2270 \quad 16.1696 \quad -6.4618 \quad 1.9831 \quad -0.4218 \quad 0.0524]$$

函数 buttord 和 butter 是采用双线性变换法来设计巴特沃思数字滤波器的。其幅频和相频特性如图 5.2.2 所示。

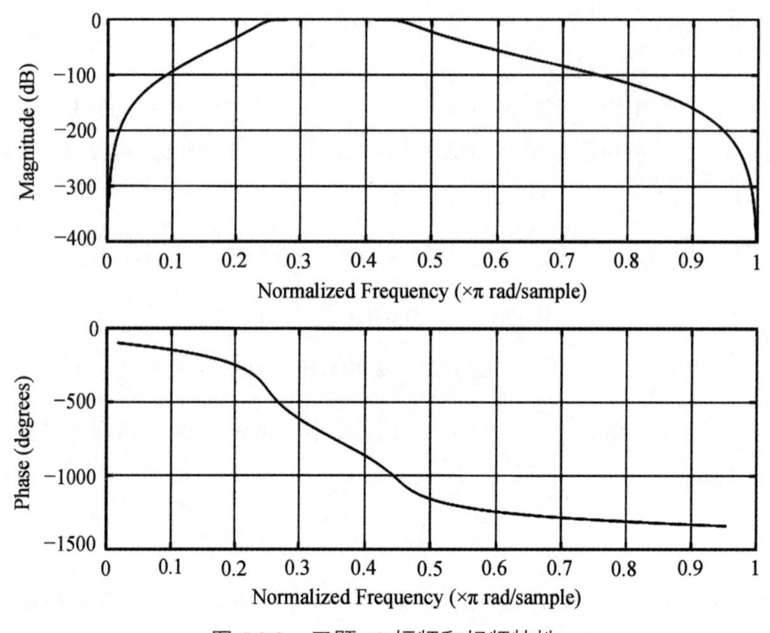

图 5.2.2　习题 12 幅频和相频特性

13. 设计一个工作于采样频率 80 kHz 的巴特沃思低通数字滤波器，要求通带边界频率为 4 kHz，通带最大衰减为 0.5 dB，阻带边界频率为 20 kHz，阻带最小衰减为 45 dB。调用 Matlab 工具箱函数 buttord 和 butter 设计，并显示数字滤波器系统函数 $H(z)$ 的系数，绘制损耗函数和相频特性曲线。

解：本题以模拟频率给定滤波器指标，所以，程序中先要计算出对应的数字边界频率，然后调用 Matlab 工具箱函数 buttord 和 butter 来设计数字滤波器。设计程序 ex513.m 如下：

```
%程序 ex513.m
clear
close all
Fs=80000;T=1/Fs;
wp=2* pi* 4000/Fs;ws=2* pi* 20000/Fs;rp=0.5;rs=45;
[N,wc]=buttord(wp/pi,ws/pi,rp,rs);
 [B,A]=butter(N,wc)
freqz(B,A);
```

程序运行结果：

阶数 N=4，数字滤波器系统函数 $H(z)$ 的系数：

$$B=[0.0028\quad 0.0111\quad 0.0166\quad 0.0111\quad 0.0028]$$
$$A=[1.0000\quad -2.6103\quad 2.7188\quad -1.3066\quad 0.2425]$$

数字滤波器的幅频和相频特性曲线如图 5.2.3 所示。由图可见，滤波器通带截止频率大于 0.1π（对应的模拟频率分别为 4 kHz），阻带截止频率为 0.5（对应的模拟频率分别为 20 kHz），完全满足设计要求。

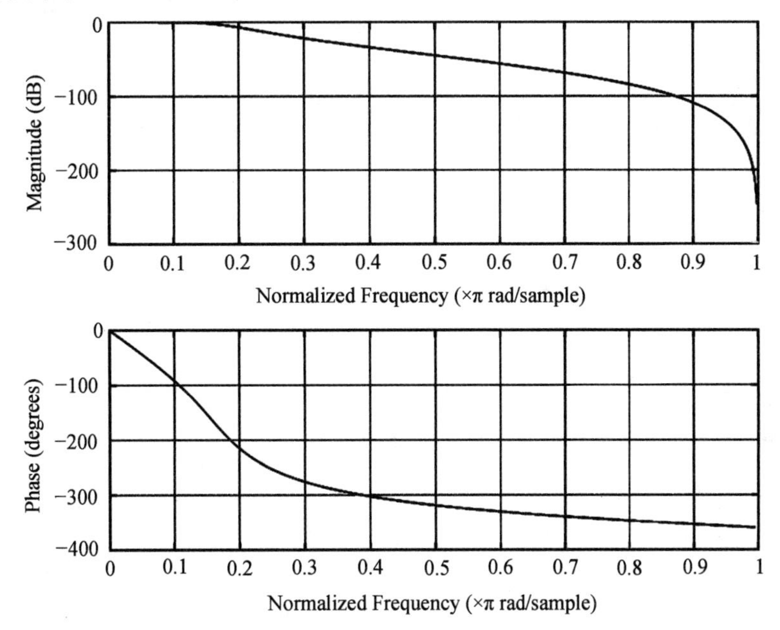

图 5.2.3 习题 13 幅频和相频特性

第6章 有限脉冲响应数字滤波器的设计

6.1 重点与难点

下面是描述 FIR 数字滤波器的几种形式。

1. 系统函数

$$H(z)=\sum_{n=0}^{N-1}h(n)z^{-n}$$

它在 z 平面有 $N-1$ 个零点，在原点处有 $N-1$ 阶极点。

2. 系统频响

$$H(\mathrm{e}^{\mathrm{j}\omega})=\sum_{n=0}^{N-1}h(n)\mathrm{e}^{-\mathrm{j}n\omega}$$

3. 序列的 DFT 与 IDFT

DFT：
$$H(k)=\sum_{n=0}^{N-1}h(n)W_N^{kn}$$

IDFT：
$$h(n)=\frac{1}{N}\sum_{k=0}^{N-1}H(k)W_N^{-kn}$$

4. 系统的频域取样与插值

取样：
$$H(k)=H(z)\big|_{z=W_N^{-k}}=H(\mathrm{e}^{\mathrm{j}\omega})\big|_{\omega=\frac{2\pi}{N}k}$$

插值：
$$H(z)=\frac{1-z^{-N}}{N}\sum_{k=0}^{N-1}\frac{H(k)}{1-W_N^{-k}z^{-1}}$$

6.1.1 FIR 滤波器的线性相位条件和特点

1. FIR 系统的线性相位条件

系统的单位脉冲响应 $h(n)$ 是实序列，且

$$h(n)=h(N-1-n)$$

或
$$h(n)=-h(N-1-n)$$

2. 频率特性

（1）$h(n)=h(N-1-n)$，频率特性为

$$H(\mathrm{e}^{\mathrm{j}\omega})=H(z)\big|_{z=\mathrm{e}^{\mathrm{j}\omega}}=\mathrm{e}^{-\mathrm{j}\frac{N-1}{2}\omega}\sum_{n=0}^{N-1}h(n)\cos\left[\omega\left(n-\frac{N-1}{2}\right)\right]=H(\omega)\mathrm{e}^{\mathrm{j}\varphi(\omega)}$$

式中，幅度特性 $H(\omega)=\sum_{n=0}^{N-1}h(n)\cos\left[\omega\left(n-\frac{N-1}{2}\right)\right]$；相位特性 $\varphi(\omega)=-\frac{N-1}{2}\omega$。

（2）$h(n)=-h(N-1-n)$，其频率特性为

$$H(\mathrm{e}^{\mathrm{j}\omega})=\mathrm{e}^{-\mathrm{j}\left(\frac{N-1}{2}\omega-\frac{\pi}{2}\right)}\sum_{n=0}^{N-1}h(n)\sin\left[\omega\left(n-\frac{N-1}{2}\right)\right]=H(\omega)\mathrm{e}^{\mathrm{j}\varphi(\omega)}$$

式中，幅度特性 $H(\omega)=\sum_{n=0}^{N-1}h(n)\sin\left[\omega\left(n-\frac{N-1}{2}\right)\right]$，相位特性 $\varphi(\omega)=-\frac{N-1}{2}\omega-\frac{\pi}{2}$。

3. 幅度特性

4 类线性相位 FIR 数字滤波器的幅度特性如表 6.1.1 所示。

表 6.1.1　4 类线性相位 FIR 数字滤波器的幅度特性

序号	FIR 系统相位特性	线性相位 FIR 滤波器的 $h(n)$、$a(n)$ 等示意图	幅度函数
1	$\varphi(\omega)=-\frac{N-1}{2}\omega$ 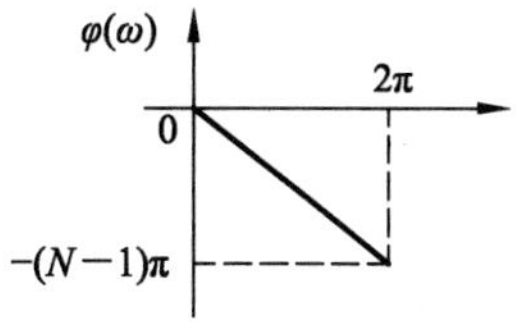 φ(ω)　2π　0　-(N-1)π	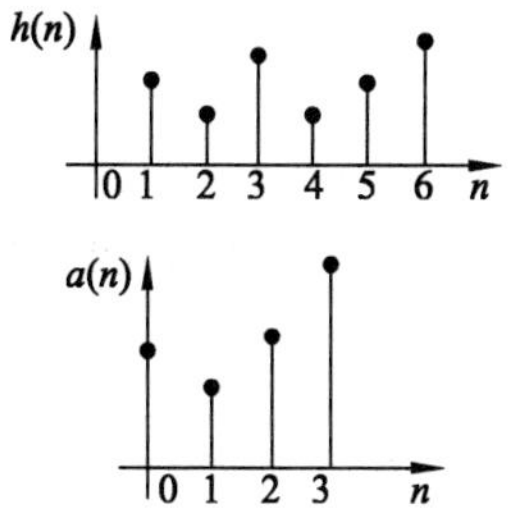 h(n)　0 1 2 3 4 5 6 n a(n)　0 1 2 3 n	$H(\omega)=\sum_{n=0}^{(N-1)/2}a(n)\cos(n\omega)$ $a(n)=2h\left(\frac{N-1}{2}+n\right)$ $a(0)=h\left(\frac{N-1}{2}\right)$ $H(\omega)=H(2\pi-\omega)$
2	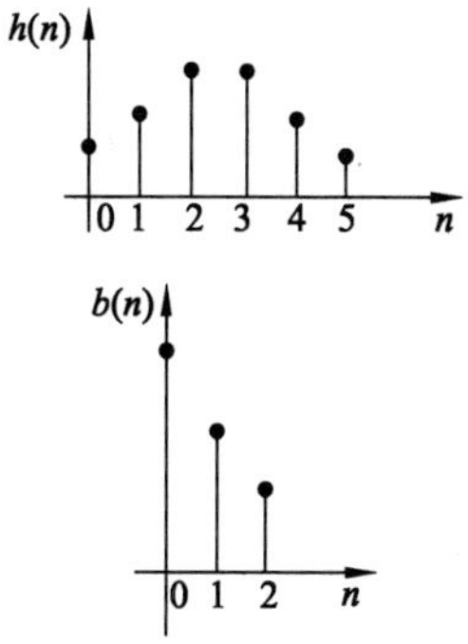	h(n)　0 1 2 3 4 5 n b(n)　0 1 2 n	$H(\omega)=\sum_{n=0}^{N-1}b(n)\cos\left[\omega\left(n-\frac{N-1}{2}\right)\right]$ $b(n)=2h\left(n+\frac{N}{2}-1\right)$ $H(\omega)=-H(2\pi-\omega)$

序号	FIR 系统相位特性	线性相位 FIR 滤波器的 $h(n)$、$a(n)$ 示意图	幅度函数
3	$\varphi(\omega)=-\left[\dfrac{N-1}{2}\omega+\dfrac{\pi}{2}\right]$ 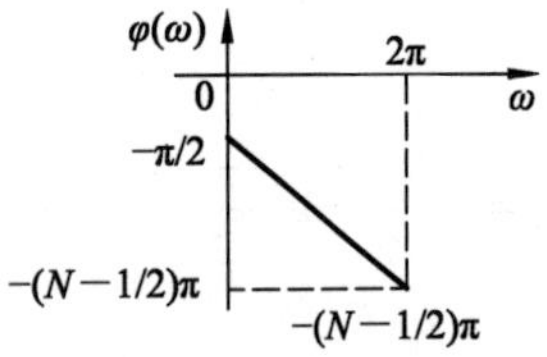	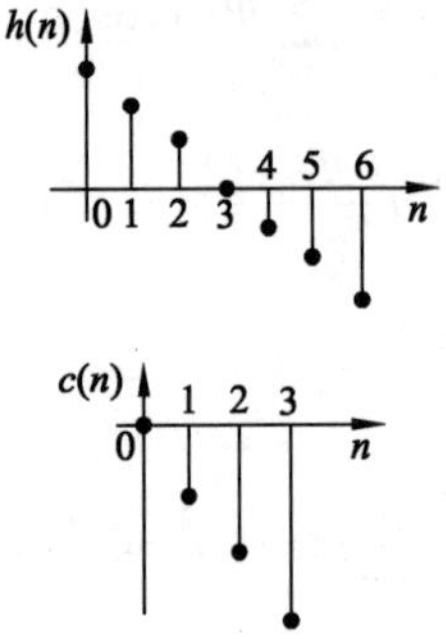	$H(\omega)=\sum\limits_{n=1}^{(N-1)/2}c(n)\sin(n\omega)$ $c(n)=2h\left(\dfrac{N-1}{2}+n\right)$ $H(\omega)=-H(2\pi-\omega)$
4		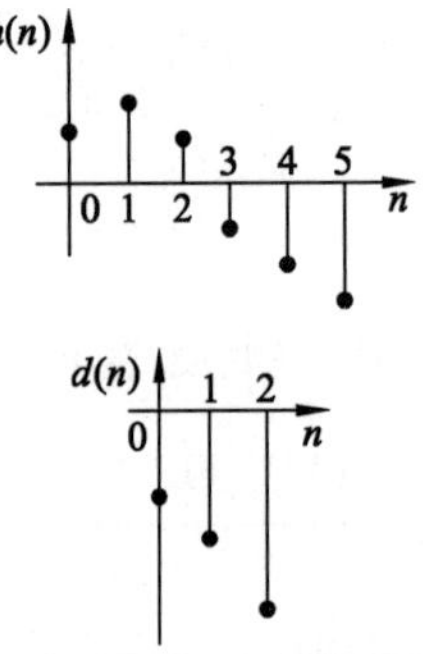	$H(\omega)=\sum\limits_{n=1}^{N/2}d(n)\sin\left[\left(n-\dfrac{1}{2}\right)\omega\right]$ $d(n)=2h\left(n+\dfrac{N}{2}-1\right)$ $H(\omega)=H(2\pi-\omega)$

4. 线性 FIR 系统的零点特性

（1）单零点 $z_i=1$ 或 $z_i=-1$，对应一阶节结构 $1\pm z^{-1}$。

（2）在单位圆或在实轴上的双零点，对应的系统为二阶节结构 $1+az^{-1}+z^{-2}$。

（3）4 个一组的复数零点，对应的系统为四阶节结构 $a+bz^{-1}+cz^{-2}+bz^{-3}+az^{-4}$。

6.1.2 窗函数法设计 FIR 滤波器

1. 常用窗函数

1）矩形窗

长度为 N 的矩形窗定义为

$$w(n)=R_N(n)$$

2）三角形窗

三角形窗也称巴特利特（Bartlett）窗：

$$w(n)=\begin{cases}\dfrac{2n}{N-1}, & 0\leqslant n\leqslant\dfrac{N-1}{2}\\[2mm] 2-\dfrac{2n}{N-1}, & \dfrac{N-1}{2}<n\leqslant N-1\end{cases}$$

3）升余弦窗

升余弦窗也称汉宁（Hanning）窗：

$$w(n)=\frac{1}{2}\left[1-\cos\frac{2\pi}{N-1}n\right]R_N(n)$$
$$=\frac{1}{2}R_N(n)-\cos\left(\frac{2\pi}{N-1}n\right)R_N(n)$$

4）改进升余弦窗

改进升余弦窗也称海明（Hamming）窗：

$$w(n)=\left[0.54-0.46\cos\frac{2\pi}{N-1}n\right]R_N(n)$$

5）二阶升余弦窗

二阶升余弦窗也称布莱克曼（Blackman）窗：

$$w(n)=\left[0.42-0.5\cos\left(\frac{2\pi}{N-1}n\right)+0.08\cos\left(\frac{4\pi}{N-1}n\right)\right]R_N(n)$$

6）凯泽窗

凯泽窗也称凯塞（Kaiser）窗：

$$w(n)=\left[\frac{I_0\left(\beta\sqrt{1-[1-2n/(N-1)]^2}\right)}{I_0(\beta)}\right]R_N(n)$$

以低通为例，当给定通带截止频率ω_p、通带最大波纹α_p、带截止频率ω_s、阻带最小衰减α_s时，上式中

$$\beta=\begin{cases}0.1102(\alpha_s-8.7), & \alpha_s\geqslant 50\\ 0.5824(\alpha_s-21)^{0.4}+0.07886(\alpha_s-21), & 21<\alpha_s<50\end{cases}$$

$$N\cong\frac{\alpha_s-7.95}{14.36\Delta f}+1,\quad \Delta f=\frac{\omega_s-\omega_p}{2\pi}$$

2. 常用窗函数技术指标

常用窗函数技术指标如表 6.1.2 所示。

表 6.1.2 常用窗函数技术指标

窗函数	旁瓣峰值衰减/dB	过渡带宽	最小阻带衰减/dB
矩形窗	−13	$\Delta\omega=4\pi/N$	−21
三角窗	−25	$\Delta\omega=8\pi/N$	−25
升余弦窗	−31	$\Delta\omega=8\pi/N$	−44
改进升余弦窗	−41	$\Delta\omega=8\pi/N$	−53
二阶升余弦窗	−57	$\Delta\omega=12\pi/N$	−74

6.1.3 频率抽样法设计 FIR 滤波器

1. 确定取样点数 N

由过渡带$\Delta\omega=2\pi/N$，可以解出$N=2\pi/\Delta\omega$。

2. 确定$H(k)$

1）$h(n)=h(N-1-n)\leftrightarrow\begin{cases}H(\omega)=H(2\pi-\omega)\rightarrow H_k=H_{N-k}, & N\text{ 为奇数}\\ H(\omega)=-H(2\pi-\omega)\rightarrow H_k=-H_{N-k}, & N\text{为偶数}\end{cases}$

$$\varphi(k)=-(N-1)\frac{\omega}{2}\bigg|_{\omega=\frac{2\pi k}{N}}=-k\pi\left(1-\frac{1}{N}\right)$$

2）$h(n)=-h(N-1-n)\leftrightarrow\begin{cases}H(\omega)=-H(2\pi-\omega)\rightarrow H_k=-H_{N-k}, & N\text{ 为奇数}\\ H(\omega)=H(2\pi-\omega)\rightarrow H_k=H_{N-k}, & N\text{ 为偶数}\end{cases}$

$$\varphi(k)=-(N-1)\frac{\omega}{2}\bigg|_{\omega=\frac{2\pi k}{N}}-\pi/2=-k\pi\left(1-\frac{1}{N}\right)-\frac{\pi}{2}$$

3. 过渡带采样的计算机辅助设计（CAD）

（1）N保持不变，过渡带$\Delta\omega$加倍，即在理想特性不连续的边缘加过渡点。

（2）过渡带$\Delta\omega$不变，N加倍（在原来有过渡点的情况下有效）。

6.1.4 FIR 数字滤波器的优化设计

1. 切比雪夫最佳一致逼近准则

设所希望设计的滤波器幅度函数为

$$H_{\mathrm{d}}(\omega)=\begin{cases}1, & 0\leqslant\omega\leqslant\omega_{\mathrm{p}}\\ 0, & \omega_{\mathrm{s}}\leqslant\omega\leqslant\pi\end{cases}$$

其中，ω_{p}为通带频率，ω_{s}为阻带频率。

设误差加权函数为$W(\omega)$，则加权误差为

$$E(\omega)=W(\omega)[H_{\mathrm{d}}(\omega)-H_{\mathrm{g}}(\omega)]$$

在要求逼近精度高的频带上，$W(\omega)$取值大；在要求逼近精度低的频带上，$W(\omega)$取值小。$H_{\mathrm{g}}(\omega)$是要设计 FIR 滤波器的幅度函数。

为了保证设计出的滤波器具有线性相位，以$h(n)$为偶对称且N为奇数为例讨论。

$$H(\mathrm{e}^{\mathrm{j}\omega})=\mathrm{e}^{-\mathrm{j}\frac{N-1}{2}\omega}H(\omega)$$

$$H(\omega)=\sum_{n=0}^{M}a(n)\cos(n\omega),\quad M=\frac{N-1}{2}$$

有

$$E(\omega)=W(\omega)\left[H_{\mathrm{d}}(\omega)-\sum_{n=0}^{M}a(n)\cos(n\omega)\right]$$

用函数$H(\omega)$最佳一致逼近$H_{\mathrm{d}}(\omega)$的问题是寻找系数$a(n), n=0,1,2,\cdots,M$，使加权误差函数$E(\omega)$的最大绝对值达到最小，即

$$\min\left[\max_{\omega\in A}|E(\omega)|\right]$$

其中，A 表示所研究的频带。

“交错点阻定理”指出 $H_g(\omega)$是 $H_d(\omega)$的最佳一致逼近的充要条件是误差函数 $E(\omega)$在 A 上至少呈现 M+2 个“交错”，使得

$$E(\omega_i)=-E(\omega_{i+1}),\ |E(\omega_i)|=\max_{\omega\in A}|E(\omega)|,\ \omega_0<\omega_1<\omega_2<\cdots<\omega_{M+1},\quad \omega\in A$$

如果已知 A 上的 M+2 个交错点频率：$\omega_0,\omega_1,\omega_2,\cdots,\omega_{M+1}$，有

$$W(\omega_k)\left[H_d(\omega_k)-\sum_{n=0}^{M}a(n)\cos(n\omega)\right]=(-1)^k\rho$$

其中，$k=0,1,2,\cdots,M+1$，且 $\rho=\max_{\omega\in A}|E(\omega)|$。

写成矩阵形式为

$$\begin{bmatrix} 1 & \cos\omega_0 & \cos2\omega_0 & \cdots & \cos M\omega_0 & \dfrac{1}{W(\omega_0)} \\ 1 & \cos\omega_1 & \cos2\omega_1 & \cdots & \cos M\omega_1 & \dfrac{1}{W(\omega_1)} \\ 1 & \cos\omega_2 & \cos2\omega_2 & \cdots & \cos M\omega_2 & \dfrac{1}{W(\omega_2)} \\ \vdots & \vdots & \vdots & & \vdots & \vdots \\ 1 & \cos\omega_M & \cos2\omega_M & \cdots & \cos M\omega_M & \dfrac{(-1)^{M+1}}{W(\omega_{M+1})} \end{bmatrix}\begin{bmatrix} a(0) \\ a(1) \\ a(2) \\ \vdots \\ a(M) \\ \rho \end{bmatrix}=\begin{bmatrix} H_d(\omega_0) \\ H_d(\omega_1) \\ H_d(\omega_2) \\ \vdots \\ H_d(\omega_M) \\ H_d(\omega_{M+1}) \end{bmatrix}$$

解此方程组，可唯一求出系数 $a(n), n=0,1,2,\cdots,M$ 和最大加权误差 ρ,进而确定最佳滤波器 $H(\mathrm{e}^{\mathrm{j}\omega})$。

2. 线性相位 FIR 滤波器四种形式的统一表示

设 $H(\omega)=Q(\omega)P(\omega)$，线性相位 FIR 滤波器的四种情况如表 6.1.3 所示。

表 6.1.3 线性相位 FIR 滤波器的四种情况

表达式		$H(\omega)$	$P(\omega)$	$Q(\omega)$	M
$h(n)$ 偶对称	N 为奇数	$\sum_{n=0}^{M}a(n)\cos\omega n$	$\sum_{n=0}^{M}a(n)\cos\omega n$	1	$\frac{(N-1)}{2}$
	N 为偶数	$\sum_{n=1}^{M}b(n)\cos\left[\left(n-\frac{1}{2}\right)\omega\right]$	$\sum_{n=1}^{M}\bar{b}(n)\cos\omega n$	$\cos\frac{\omega}{2}$	$\frac{N}{2}$
$h(n)$ 奇对称	N 为奇数	$\sum_{n=0}^{M}c(n)\sin\omega n$	$\sum_{n=0}^{M}\bar{c}(n)\cos\omega n$	$\sin\omega$	$\frac{(N-1)}{2}$
	N 为偶数	$\sum_{n=1}^{M}d(n)\sin\left[\left(n-\frac{1}{2}\right)\omega\right]$	$\sum_{n=1}^{M}\bar{d}(n)\cos\omega n$	$\sin\omega$	$\frac{N}{2}$

$$E(\omega)=W(\omega)\left[H_{\mathrm{d}}(\omega)-P(\omega)Q(\omega)\right]=W(\omega)Q(\omega)\left[\frac{H_{\mathrm{d}}(\omega)}{Q(\omega)}-P(\omega)\right]$$

令

$$\hat{W}(\omega)=W(\omega)Q(\omega)$$

$$\hat{H}_{\mathrm{d}}(\omega)=\frac{H_{\mathrm{d}}(\omega)}{Q(\omega)}$$

则

$$E(\omega)=\hat{W}(\omega)\left[\hat{H}_{\mathrm{d}}(\omega)-P(\omega)\right]$$

6.1.5 IIR 数字滤波器与 FIR 数字滤波器的比较

（1）FIR 数字滤波器的突出优点是可以设计具有精确线性相位的滤波器，而 IIR 数字滤波器很难得到线性相位。

（2）IIR 数字滤波器必须采用递归结构，极点必须位于单位圆内才能保证系统的稳定，运算的舍入误差有时会引起奇振荡。FIR 滤波器主要采用非递归结构，在理论上和实际的有限运算中都不存在稳定性问题，运算误差较小。

（3）滤波器的实现复杂度一般都与滤波器用差分方程描述时的阶数成正比，通常在满足同样的幅频响应指标下，IIR 数字滤波器的阶数要远远小于 FIR 数字滤波器的阶数，前者只是后者的几十分之一，甚至更低。

（4）IIR 滤波器设计可借助模拟滤波器现成的闭合公式、数据和表格，因而设计工作量小，对计算工具要求不高。而 FIR 数字滤波器没有现成的设计公式，计算通带和阻带衰减无显示表达式，其边界频率也不易控制。

（5）IIR 数字滤波器易于实现优异的幅频特性，如平坦的通带或窄的过渡带或大的阻带衰减，主要用于设计具有片段常数特性的选频滤波器，如低通、高通、带通、带阻等。FIR 数字滤波器则要灵活得多，可以设计多通带或多阻带滤波器。

6.2 习题解答

1. 已知 FIR 滤波器的单位脉冲响应为：

（1）$h(n)$，长度 N=6；

$h(0)=h(5)=1.5$；

$h(1)=h(4)=2$；

$h(2)=h(3)=3$；

（2）$h(n)$，长度 N=7；

$h(0)=-h(6)=3$；

$h(1)=-h(5)=-2$；

$h(2)=-h(4)=1$；

$h(3)=0$。

试分别说明它们的幅度特性和相位特性各有什么特点。

解：（1）由所给 $h(n)$ 的取值可知，$h(n)$ 满足 $h(n)=h(N-1-n)$，所以 FIR 滤波器具有第一类线性相位特性：

$$\theta(\omega)=-\omega\frac{N-1}{2}=-2.5\omega$$

由于 $N=6$，为偶数（情况 2），所以幅度特性关于 $\omega=\pi$ 点奇对称。

（2）由题中 $h(n)$ 值可知，$h(n)$ 满足 $h(n)=-h(N-1-n)$，所以 FIR 滤波器具有第二类线性相位特性：

$$\theta(\omega)=-\frac{\pi}{2}-\omega\frac{N-1}{2}=-\frac{\pi}{2}-3\omega$$

由于 7 为奇数（情况 3），所以幅度特性关于 $\omega=0$，π，2π 三点奇对称。

2. 已知第一类线性相位 FIR 滤波器的单位脉冲响应长度为 16，其 16 个频域幅度采样值中的前 9 个为

$$H_g(0)=12, H_g(1)=8.34, H_g(2)=3.79, H_g(3)\sim H_g(8)=0$$

根据第一类线性相位 FIR 滤波器幅度特性 $H_g(\omega)$ 的特点，求其余 7 个频域幅度采样值。

解：因为 $N=16$ 是偶数（情况 2），所以 FIR 滤波器幅度特性 $H_g(\omega)$ 关于 $\omega=\pi$ 点奇对称，即 $H_g(2\pi-\omega)=-H_g(\omega)$。其 N 点采样关于 $k=N/2$ 点奇对称，即

$$H_g(N-k)=-H_g(k),\quad k=1,2,\cdots,15$$

综上所述，可知其余 7 个频域幅度采样值：

$$H_g(15)=-H_g(1)=-8.34,\quad H_g(14)=-H_g(2)=-3.79,\quad H_g(13)\sim H_g(9)=0$$

3. 设 FIR 滤波器的系统函数为

$$H(z)=\frac{1}{10}(1+0.9z^{-1}+2.1z^{-2}+0.9z^{-3}+z^{-4})$$

求出该滤波器的单位脉冲响应 $h(n)$，判断是否具有线性相位，求出其幅度特性函数和相位特性函数。

解：对 FIR 数字滤波器，其系统函数为

$$H(z)=\sum_{n=0}^{N-1}h(n)z^{-n}=\frac{1}{10}(1+0.9z^{-1}+2.1z^{-2}+0.9z^{-3}+z^{-4})$$

所以其单位脉冲响应为

$$h(n)=\frac{1}{10}\{1,0,9,2.1,0.9,1\}$$

由 $h(n)$ 的取值可知 $h(n)$ 满足：

$$h(n)=h(N-1-n),\quad N=5$$

所以，该 FIR 滤波器具有第一类线性相位特性。频率响应函数 $H(\mathrm{e}^{\mathrm{j}\omega})$ 为

$$
\begin{aligned}
H(\mathrm{e}^{\mathrm{j}\omega}) = H_{\mathrm{g}}(\omega)\mathrm{e}^{\mathrm{j}\theta(\omega)} &= \sum_{n=0}^{N-1} h(n)\mathrm{e}^{-\mathrm{j}\omega m} \\
&= \frac{1}{10}[1+0.9\mathrm{e}^{-\mathrm{j}\omega}+2.1\mathrm{e}^{-\mathrm{j}2\omega}+0.9\mathrm{e}^{-\mathrm{j}3\omega}+\mathrm{e}^{-\mathrm{j}4\omega}] \\
&= \frac{1}{10}(\mathrm{e}^{\mathrm{j}2\omega}+0.9\mathrm{e}^{\mathrm{j}\omega}+2.1+0.9\mathrm{e}^{-\mathrm{j}\omega}+\mathrm{e}^{-\mathrm{j}2\omega})\mathrm{e}^{-\mathrm{j}2\omega} \\
&= \frac{1}{10}(2.1+1.8\cos\omega+2\cos 2\omega)\mathrm{e}^{-\mathrm{j}2\omega}
\end{aligned}
$$

幅度特性函数为

$$
H_{\mathrm{g}}(\omega) = \frac{2.1+1.8\cos\omega+2\cos 2\omega}{10}
$$

相位特性函数为

$$
\theta(\omega) = -\omega\frac{N-1}{2} = -2\omega
$$

4. 用矩形窗设计线性相位低通 FIR 滤波器，要求过渡带宽度不超过 π/8 rad。希望逼近的理想低通滤波器频率响应函数 $H_{\mathrm{d}}(\mathrm{e}^{\mathrm{j}\omega})$ 为

$$
H_{\mathrm{d}}(\mathrm{e}^{\mathrm{j}\omega}) = \begin{cases} \mathrm{e}^{-\mathrm{j}\omega a}, & 0 \leqslant |\omega| \leqslant \omega_{\mathrm{c}} \\ 0, & \omega_{\mathrm{c}} < |\omega| \leqslant \pi \end{cases}
$$

（1）求出理想低通滤波器的单位脉冲响应 $h_{\mathrm{d}}(n)$；

（2）求出加矩形窗设计的低通 FIR 滤波器的单位脉冲响应 $h(n)$ 表达式，确定 α 与 N 之间的关系；

（3）简述 N 取奇数或偶数对滤波特性的影响。

解：（1）

$$
\begin{aligned}
h_{\mathrm{d}}(n) &= \frac{1}{2\pi}\int_{-\pi}^{\pi} H_{\mathrm{d}}(\mathrm{e}^{\mathrm{j}\omega})\mathrm{e}^{\mathrm{j}\omega n}\mathrm{d}\omega \\
&= \frac{1}{2\pi}\int_{-\omega_{\mathrm{c}}}^{\omega_{\mathrm{c}}} \mathrm{e}^{-\mathrm{j}\omega a}\mathrm{e}^{jmn}\mathrm{d}\omega \\
&= \frac{\sin[\omega_{\mathrm{c}}(n-a)]}{\pi(n-\alpha)}
\end{aligned}
$$

（2）为了满足线性相位条件，要求 $\alpha = \dfrac{N-1}{2}$，N 为矩形窗函数长度。因为要求过渡带宽度 $\Delta\beta \leqslant \dfrac{\pi}{8}\,\mathrm{rad}$，所以要求 $\dfrac{4\pi}{N} \leqslant \dfrac{\pi}{8}$，求解得到 $N \geqslant 32$。加矩形窗函数，得到 $h(n)$：

$$
\begin{aligned}
h(n) = h_{\mathrm{d}}(n)R_N(n) &= \frac{\sin[\omega_{\mathrm{c}}(n-a)]}{\pi(n-a)}R_N(n) \\
&= \begin{cases} \dfrac{\sin[\omega_{\mathrm{c}}(n-a)]}{\pi(n-a)}, & 0 \leqslant n \leqslant N-1,\ a = \dfrac{N-1}{2} \\ 0, & \text{其他 } n \end{cases}
\end{aligned}
$$

（3）N 取奇数时，幅度特性函数 $H_g(\omega)$ 关于 $\omega=0$，π，2π 三点偶对称，可实现各类幅频特性；N 取偶数时，$H_g(\omega)$ 关于 $\omega=\pi$ 奇对称，即 $H_g(\pi)=0$，所以不能实现高通和带阻滤波特性。

5. 用矩形窗设计一线性相位高通滤波器，要求过渡带宽度不超过 π/10 rad。希望逼近的理想高通滤波器频率响应函数 $H_d(e^{j\omega})$ 为

$$H_d(e^{j\omega})=\begin{cases}e^{-j\omega a}, \omega_c<|\omega|\leqslant\pi\\0, 其他\end{cases}$$

（1）求出该理想高通的单位脉冲响应 $h_d(n)$；

（2）求出加矩形窗设计的高通 FIR 滤波器的单位脉冲响应 $h(n)$ 表达式，确定 α 与 N 的关系；

（3）N 的取值有什么限制?为什么?

解：（1）直接用 $IFT[H_d(e^{j\omega})]$ 计算：

$$\begin{aligned}h_d(n)&=\frac{1}{2\pi}\int_{-\pi}^{\pi}H_d(e^{j\omega})e^{j\omega n}d\omega\\&=\frac{1}{2}\left[\int_{-\pi}^{-\omega_c}e^{-j\omega\alpha}e^{j\omega n}d\omega+\int_{\omega_c}^{\pi}e^{-j\omega\alpha}e^{j\omega n}d\omega\right]\\&=\frac{1}{2\pi}\left[\int_{-\pi}^{-\omega_c}e^{j\omega(n-\alpha)}d\omega+\int_{\omega_c}^{\pi}e^{j\omega(n-\alpha)}d\omega\right]\\&=\frac{1}{2\pi(n-a)}[e^{-j\omega_c(n-\alpha)}-e^{-j\pi(n-\alpha)}+e^{j\pi(n-\alpha)}-e^{j\omega_c(n-\alpha)}]\\&=\frac{1}{\pi(n-a)}\{\sin[\pi(n-a)]-\sin[\omega_c(n-\alpha)]\}\\&=\delta(n-a)-\frac{\sin[\omega_c(n-a)]}{\pi(n-a)}\end{aligned}$$

$h_d(n)$ 表达式中第 2 项 $\frac{\sin[\omega_c(n-a)]}{\pi(n-a)}$ 正好是截止频率为 ω_c 的理想低通滤波器的单位脉冲响应。而 $\delta(n-\alpha)$ 对应于一个线性相位全通滤波器：

$$H_{dap}(e^{j\omega})=e^{-j\omega\alpha}$$

即高通滤波器可由全通滤波器减去低通滤波器实现。

（2）用 N 表示 $h(n)$ 的长度，则

$$h(n)=h_d(n)R_N(n)=\left\{\delta(n-\alpha)-\frac{\sin[\omega_c(n-\alpha)]}{\pi(n-\alpha)}\right\}R_N(n)$$

为了满足线性相位条件：

$$h(n)=h(N-1-n)$$

要求满足

$$\alpha=\frac{N-1}{2}$$

（3）N 必须取奇数。因为 N 为偶数时（情况 2），$H(e^{j\pi})=0$，不能实现高通。根据题中对过渡带宽度的要求，N 应满足：$\frac{4\pi}{N}\leqslant\frac{\pi}{10}$，即 $N\geqslant 40$，取 $N=41$。

6. 理想带通特性为

$$H_{\mathrm{d}}(\mathrm{e}^{\mathrm{j}\omega})=\begin{cases}\mathrm{e}^{-\mathrm{j}\omega a}, & \omega_{\mathrm{c}}\leqslant|\omega|\leqslant\omega_{\mathrm{c}}+B\\ 0, & |\omega|<\omega_{\mathrm{c}},\omega_{\mathrm{c}}+B<|\omega|\leqslant\pi\end{cases}$$

（1）求出该理想带通的单位脉冲响应 $h_{\mathrm{d}}(n)$；

（2）写出用升余弦窗设计的滤波器的 $h(n)$ 表达式，确定 α 与 N 之间的关系；

（3）要求过渡带宽度不超过 π/16 rad，N 的取值是否有限制?为什么?

解：（1）$h_{\mathrm{d}}(n)=\dfrac{1}{2\pi}\displaystyle\int_{-\pi}^{\pi}H_{\mathrm{d}}(\mathrm{e}^{\mathrm{j}\omega})\mathrm{e}^{\mathrm{j}\omega n}\mathrm{d}\omega$

$$=\frac{1}{2\pi}\left[\int_{-(\omega_{\mathrm{c}}+B)}^{-\omega_{\mathrm{c}}}\mathrm{e}^{-\mathrm{j}\omega a}\mathrm{e}^{\mathrm{j}\omega m}\mathrm{d}\omega+\int_{a_{\mathrm{c}}}^{\omega_{\mathrm{c}}+B}\mathrm{e}^{-\mathrm{j}\omega a}\mathrm{e}^{\mathrm{j}\omega n}\mathrm{d}\omega\right]$$

$$=\frac{\sin[(\omega_{\mathrm{c}}+B)(n-a)]}{\pi(n-a)}-\frac{\sin[\omega_{\mathrm{c}}(n-a)]}{\pi(n-a)}$$

上式第一项和第二项分别为截止频率 $\omega_{\mathrm{c}}+B$ 和 ω_{c} 的理想低通滤波器的单位脉冲响应。所以，上面 $h_{\mathrm{d}}(n)$ 的表达式说明，带通滤波器可由两个低通滤波器相减实现。

（2）$h(n)=h_{\mathrm{d}}(n)w(n)$

$$=\left\{\frac{\sin\left[(\omega_{\mathrm{c}}+B)(n-a)\right]}{\pi(n-a)}-\frac{\sin\left[\omega_{\mathrm{c}}(n-a)\right]}{\pi(n-a)}\right\}\left[0.54-0.46\cos\left(\frac{2\pi n}{N-1}\right)\right]R_N(n)$$

为了满足线性相位条件，α 与 N 应满足

$$\alpha=\frac{N-1}{2}$$

实质上，即使不要求具有线性相位，α 与 N 也应满足该关系，只有这样，才能截取 $h_{\mathrm{d}}(n)$ 的主要能量部分，使引起的逼近误差最小。

（3）N 取奇数和偶数时，均可实现带通滤波器。但升余弦窗设计的滤波器过渡带为 $8\pi/N$，所以，要求 $\dfrac{8\pi}{N}\leqslant\dfrac{\pi}{16}$，即要求 $N\geqslant128$。

7. 试完成下面两题：

（1）设低通滤波器的单位脉冲响应与频率响应函数分别为 $h(n)$ 和 $H(\mathrm{e}^{\mathrm{j}\omega})$，另一个滤波器的单位脉冲响应为 $h_1(n)$，它与 $h(n)$ 的关系是 $h_1(n)=(-1)^n h(n)$，试证明滤波器 $h_1(n)$ 是一个高通滤波器。

（2）设低通滤波器的单位脉冲响应与频率响应函数分别为 $h(n)$ 和 $H(\mathrm{e}^{\mathrm{j}\omega})$，截止频率为 ω_{c}，另一个滤波器的单位脉冲响应为 $h_2(n)$，它与 $h(n)$ 的关系是 $h_2(n)=2h(n)\cos\omega_0 n$，且 $\omega_{\mathrm{c}}<\omega_0<(\pi-\omega_{\mathrm{c}})$。试证明滤波器 $h_2(n)$ 是一个带通滤波器。

解：（1）由题意可知

$$h_1(n)=(-1)^n h(n)=\cos(\pi n)h(n)=\frac{1}{2}[\mathrm{e}^{\mathrm{j}\pi n}+\mathrm{e}^{-\mathrm{j}\pi n}]h(n)$$

对 $h_1(n)$ 进行傅里叶变换，得到

$$H_1(\mathrm{e}^{\mathrm{j}\omega})=\sum_{n=-\infty}^{\infty}h_1(n)\mathrm{e}^{-\mathrm{j}\omega n}=\frac{1}{2}\left[\sum_{n=-\infty}^{\infty}h(n)(\mathrm{e}^{\mathrm{j}\pi n}+\mathrm{e}^{-\mathrm{j}\pi n})\right]\mathrm{e}^{-\mathrm{j}\omega n}$$

$$=\frac{1}{2}\left[\sum_{n=-\infty}^{\infty}h(n)\mathrm{e}^{-\mathrm{j}(\omega-\pi)n}+\sum_{n=-\infty}^{\infty}h(n)\mathrm{e}^{-\mathrm{j}(\omega+\pi)n}\right]$$

$$=\frac{1}{2}[H(\mathrm{e}^{\mathrm{j}(\omega-\pi)})+H(\mathrm{e}^{\mathrm{j}(\omega+\pi)})]$$

上式说明 $H_1(\mathrm{e}^{\mathrm{j}\omega})$ 就是 $H(\mathrm{e}^{\mathrm{j}\omega})$ 平移$\pm\pi$ 的结果。由于 $H(\mathrm{e}^{\mathrm{j}\omega})$ 为低通滤波器，通带位于以 $\omega=0$ 为中心的附近邻域，因而 $H_1(\mathrm{e}^{\mathrm{j}\omega})$ 的通带位于以 $\omega=\pm\pi$ 为中心的附近，即 $h_1(\mathrm{n})$ 是一个高通滤波器。

这一证明结论又为我们提供了一种设计高通滤波器的方法（设高滤波器通带为 $[-\pi-\omega_c,\pi]$ ）:

① 设计一个截止频率为 ω_c 的低通滤波器 $h_{\mathrm{Lp}}(n)$；

② 对 $h_{\mathrm{Lp}}(n)$ 乘以 $\cos(\pi n)$ 即可得到高通滤波器 $h_{\mathrm{Hp}}(n)\cos(\pi n)=(-1)^n h_{\mathrm{Lp}}(n)$ 。

（2）与（1）同样道理，代入 $h_2(n)=2h(n)\cos\omega_0 n$ 可得

$$H_2(\mathrm{e}^{\mathrm{j}\omega})=\frac{H(\mathrm{e}^{\mathrm{j}(\omega-\omega_0)})+H(\mathrm{e}^{\mathrm{j}(\omega+\omega_0)})}{2}$$

因为低通滤波器 $H(\mathrm{e}^{\mathrm{j}\omega})$ 通带中心位于 $\omega=2k\pi$ ，且 $H_2(\mathrm{e}^{\mathrm{j}\omega})$ 为 $H(\mathrm{e}^{\mathrm{j}\omega})$ 左右平移 ω_0 得来的，所以 $H_2(\mathrm{e}^{\mathrm{j}\omega})$ 的通带中心位于 $\omega=2k\pi\pm\omega_0$ 处，所以 $h_2(n)$ 具有带通特性。这一结论又为我们提供了一种设计带通滤波器的方法。

8. 设 $h_1(n)$ 是一个偶对称序列，N=8，如图 6.2.1 所示。$h_2(n)$ 是 $h_1(n)$ 的 4 点循环移位，即

$$h_2(n)=h_1((n-4))_8\cdot R_8(n)$$

（1）求出 $h_1(n)$ 的 DFT 与 $h_2(n)$ 的 DFT 之间的关系，即确定模 $|H_1(k)|$ 与 $|H_2(k)|$ 及相位 $\theta_1(k)$ 与 $\theta_2(k)$ 之间的关系。

（2）由 $h_1(n)$ 和 $h_2(n)$ 可以构成两个 FIR 数字滤波器，试问它们都属于线性相位数字滤波器吗？为什么？时延为多少？

（3）如果 $h_1(n)$ 对应一个截止频率为 $\frac{\pi}{2}$ 的低通滤波器，如图 6.2.1（b）所示，那么可以认为 $h_2(n)$ 也对应一个截止频率为 $\frac{\pi}{2}$ 的低通滤波器合理吗？为什么？

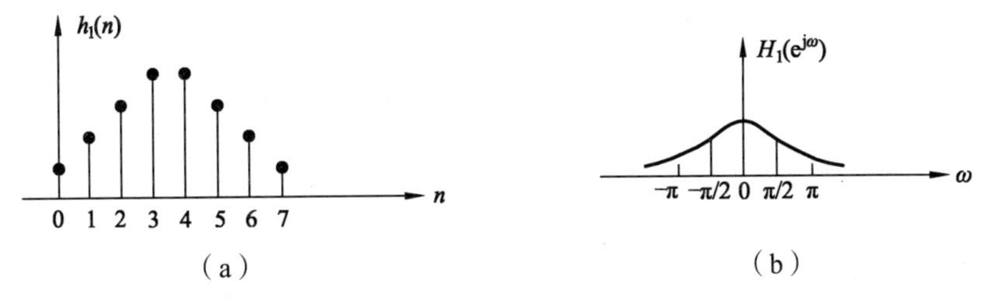

图 6.2.1　题 8 图

解：（1）因为 $h_1(n)=h_1(N-1-n)$ 和 $h_2(n)=h_2(N-1-n)$ ，所以当 N=8 时，有

$$
\begin{aligned}
H_1(k) &= \sum_{n=0}^{N-1} h_1(n)\omega_N^{nk} = \sum_{n=0}^{3} h_1(n)\mathrm{e}^{-\mathrm{j}\frac{2\pi}{8}nk} + \sum_{n=4}^{7} h_1(n)\mathrm{e}^{-\mathrm{j}\frac{2\pi}{8}nk} \\
&= \sum_{n=0}^{3} h_1(n)\mathrm{e}^{-\mathrm{j}\frac{2\pi}{8}nk} + \sum_{n=4}^{7} h_1(7-n)\mathrm{e}^{-\mathrm{j}\frac{2\pi}{8}nk} \\
&= \sum_{n=0}^{3} h_1(n)[\mathrm{e}^{-\mathrm{j}\frac{2\pi}{8}nk} + \mathrm{e}^{-\mathrm{j}\frac{2\pi}{8}(7-n)k}] \\
&= \sum_{n=0}^{3} h_1(n)[\mathrm{e}^{-\mathrm{j}\frac{2\pi}{8}nk} + \mathrm{e}^{\mathrm{j}\frac{2\pi}{8}(n+1)k}]
\end{aligned}
$$

$$
H_2(k) = \sum_{n=0}^{3} h_2(n)[\mathrm{e}^{-\mathrm{j}\frac{2.7}{8}nk} + \mathrm{e}^{\mathrm{j}\frac{2\pi}{8}(n+1)k}]
$$

由于 $h_1(n) = h_2(3-n), \quad n = 0,1,2,3$

所以

$$
\begin{aligned}
H_1(k) &= \sum_{n=0}^{3} h_2(3-n)[\mathrm{e}^{-\mathrm{j}\frac{2\pi}{8}nk} + \mathrm{e}^{\mathrm{j}\frac{2\pi}{8}(n+1)k}] \\
&\overset{m=3-n}{=} \sum_{m=3}^{0} h_2(m)[\mathrm{e}^{-\mathrm{j}\frac{2\pi}{8}(4-m-1)k} + \mathrm{e}^{\mathrm{j}\frac{2\pi}{8}(4-m)k}] \\
&\overset{n=m}{=} \mathrm{e}^{-\mathrm{j}\frac{2\pi}{8}4k} \sum_{n=0}^{3} h_2(n)[\mathrm{e}^{\mathrm{j}\frac{2\pi}{8}(n+1)k} + \mathrm{e}^{-\mathrm{j}\frac{2\pi}{8}nk}] \\
&= \mathrm{e}^{-\mathrm{j}\pi k} H_2(k)
\end{aligned}
$$

（2）因为 $h_1(n)$ 和 $h_2(n)$ 都具有对称性质，所以它们都是线性相位数字滤波器。时延为

$$
n = (N-1)/2 = 3.5
$$

（3）由（1）的结果知道，$h_1(n)$ 和 $h_2(n)$ 的幅度响应相等，所以可认为 $h_2(n)$ 也对应于一个截止频率为 $\pi/2$ 的低通滤波器。

9. 对下面的每一种滤波器指标，选择满足 FIRDF 设计要求的窗函数类型和长度。

（1）阻带衰减为 20 dB，过渡带宽度为 1 kHz，采样频率为 12 kHz;

（2）阻带衰减为 50 dB，过渡带宽度为 2 kHz，采样频率为 20 kHz;

（3）阻带衰减为 50 dB，过渡带宽度为 500 Hz，采样频率为 5 kHz。

解： 我们知道，根据阻带最小衰减选择窗函数类型，根据过渡带宽度计算窗函数长度。

表 6.2.1　6 种窗函数的基本参数

窗函数类型	旁瓣峰值 α_n / dB	过渡带宽度 B_t		阻带最小衰减 α_s / dB
		近似值	精确值	
矩形窗	−13	$\frac{4\pi}{N}$	$\frac{1.8\pi}{N}$	−21
三角窗	−25	$\frac{8\pi}{N}$	$\frac{6.1\pi}{N}$	−25
汉宁窗	−31	$\frac{8\pi}{N}$	$\frac{6.2\pi}{N}$	−44

续表

窗函数类型	旁瓣峰值 α_n / dB	过渡带宽度 B_t		阻带最小衰减 α_s / dB
		近似值	精确值	
哈明窗	−41	$\frac{8\pi}{N}$	$\frac{6.6\pi}{N}$	−53
布莱克曼窗	−57	$\frac{12\pi}{N}$	$\frac{11\pi}{N}$	−74
凯塞窗	−57		$\frac{10\pi}{N}$	−80

结合本题要求和上表，选择结果如下：

（1）矩形窗满足本题要求。过渡带宽度 1 kHz 对应的数字频率为 B=200π/12000=π/60，精确过渡带满足 1.8π/N≤π/60，所以要求 N≥1.8×60=108。

（2）哈明窗满足本题要求。过渡带宽度 1 kHz 对应的数字频率为 B=4000π/20000=π/5，精确过渡带满足 6.6π/N≤π/5，所以要求 N≥6.6×5=33。

（3）哈明窗满足本题要求。过渡带宽度 1 kHz 对应的数字频率为 B=1000π/5000=π/5，精确过渡带满足 6.6π/N≤π/5，所以要求 N≥6.6×5=33。

10. 利用矩形窗、升余弦窗、改进升余弦窗和布莱克曼窗设计线性相位 FIR 低通滤波器。要求希望逼近的理想低通滤波器通带截止频率 $\omega_c = \pi/4$ rad，N=21。试求出分别对应的单位脉冲响应。

（1）求出分别对应的单位脉冲响应 $h(n)$ 的表达式。

（2）*用 Matlab 画出损耗函数曲线。

解：（1）希望逼近的理想低通滤波器频响函数 $H_d(e^{j\omega})$ 为

$$H_d(e^{j\omega}) = \begin{cases} e^{-j\omega a}, & 0 \leqslant |\omega| \leqslant \dfrac{\pi}{4} \\ 0, & \dfrac{\pi}{4} < |\omega| \leqslant \pi \end{cases}$$

其中，$a = (N-1)/2 = 10$。

由 $H_d(e^{j\omega})$ 求得 $h_d(n)$：

$$h_d(n) = \frac{1}{2\pi}\int_{-\pi/4}^{\pi/4} e^{j\omega 10} e^{j\omega n} d\omega = \frac{\sin\left[\dfrac{\pi}{4}(n-10)\right]}{\pi(n-10)}$$

加窗得到 FIR 滤波器单位脉冲响应 $h(n)$：

$$\begin{aligned} h(n) &= h_d(n) \cdot R_{21}(n) \\ &= \frac{\sin\left[\dfrac{\pi}{4}(n-10)\right]}{\pi(n-10)} \cdot R_{21}(n) \end{aligned}$$

升余弦窗：

$$w_{\mathrm{Ha}}(n)=0.5\left(1-\cos\frac{2n\pi}{N-1}\right)R_N(n)$$

$$h_{\mathrm{Hn}}(n)=h_{\mathrm{d}}(n)w_{\mathrm{Hn}}(n)=\frac{\sin\left[\frac{\pi}{4}(n-10)\right]}{2\pi(n-10)}\left(1-\cos\frac{2\pi n}{20}\right)R_{21}(n)$$

改进升余弦窗：

$$w_{\mathrm{Hm}}(n)=\left(0.54-0.46\cos\frac{2\pi n}{N-1}\right)R_N(n)$$

$$h_{\mathrm{Hm}}(n)=h_{\mathrm{d}}(n)w_{\mathrm{Hm}}(n)=\frac{\sin\left[\frac{\pi}{4}(n-10)\right]}{\pi(n-10)}\left(0.54-0.46\cos\frac{2\pi n}{20}\right)R_{21}(n)$$

布莱克曼窗：

$$\begin{aligned}h_{\mathrm{Bl}}(n)&=h_{\mathrm{d}}(n)w_{\mathrm{Bl}}(n)\\&=\frac{\sin\left[\frac{\pi}{4}(n-10)\right]}{\pi(n-10)}\left(0.42-0.5\cos\frac{2\pi n}{20}+0.08\cos\frac{4\pi n}{20}\right)R_{21}(n)\end{aligned}$$

（2）编写的 Matlab 程序见程序 ex610.m，运行图形如图 6.2.2 所示。

```
%程序 ex610.m
clear
close all
N1=21;n=0:(N1-1);tou=(N1-1)/2;
h1n=sin(0.25*(n-tou)*pi)./(pi.*(n-tou)).*(hanning(N1))';
h1n((N1-1)/2+1)=0;  %因为该点分母为零，无定义，所以赋值 0
h2n=sin(0.25*(n-tou)*pi)./(pi.*(n-tou)).*(hamming(N1))';
h2n((N1-1)/2+1)=0;  %因为该点分母为零，无定义，所以赋值 0
h3n=sin(0.25*(n-tou)*pi)./(pi.*(n-tou)).*(blackman(N1))';
h3n((N1-1)/2+1)=0;  %因为该点分母为零，无定义，所以赋值 0
rs=40;a=1;
figure(1)
freqz(h1n,1)
title('hanning')
figure(2)
freqz(h2n,1)
title('hamming')
figure(3)
freqz(h3n,1)
title('blackman')
```

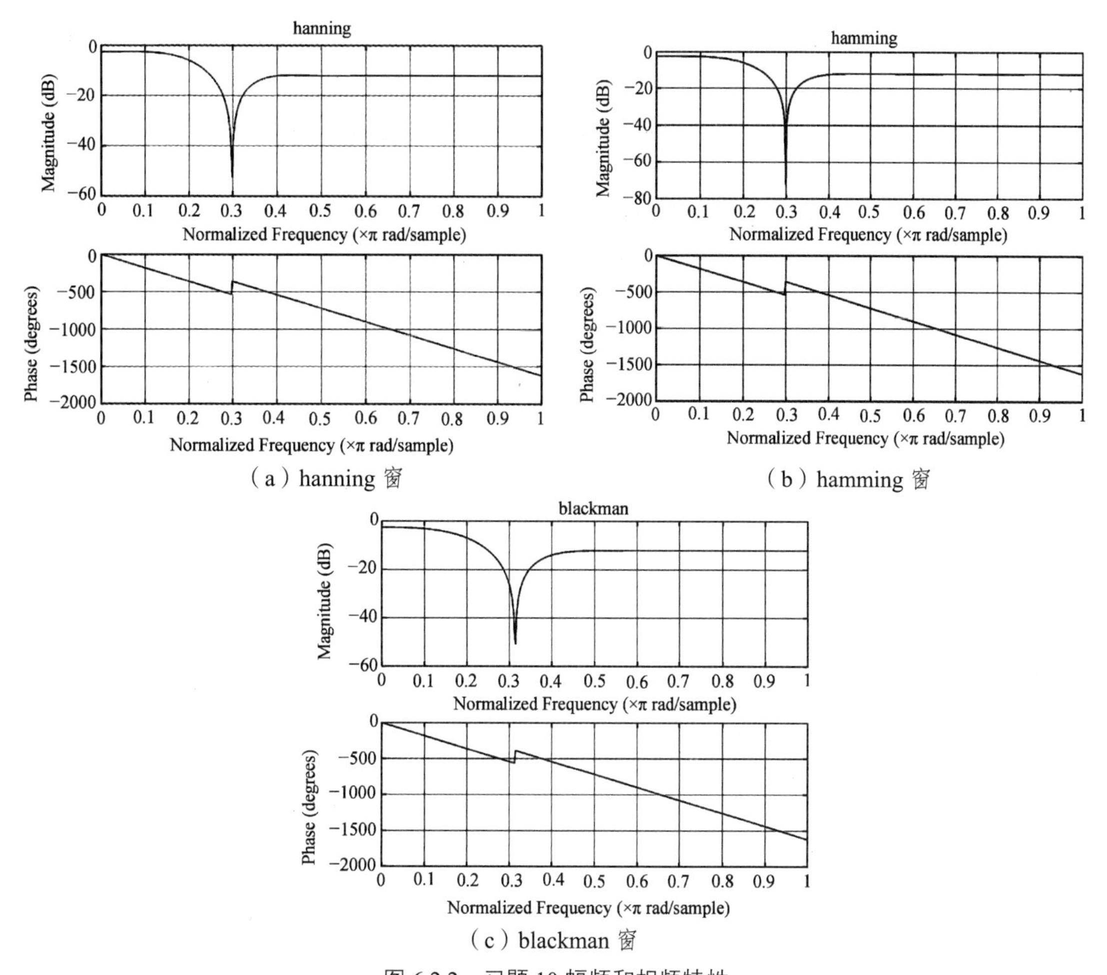

图 6.2.2　习题 10 幅频和相频特性

11. 将技术要求改为设计线性相位高通滤波器，通带截止频率 $\omega_c = \dfrac{3}{4}\pi$，重复题 10。

解： 方法一：将题 10 解答中的逼近理想低通滤波器[$H_d(e^{j\omega})$、$h_d(n)$]改为如下理想高通滤波器即可。

$$H_d(e^{j\omega}) = \begin{cases} e^{-j10\omega}, \dfrac{3\pi}{4} \leqslant |\omega| \leqslant \pi \\ 0,\ 0 \leqslant |\omega| < \dfrac{3\pi}{4} \end{cases}$$

$$\begin{aligned} h_d(n) &= \frac{1}{2\pi}\int_{-\pi}^{\pi} H_d(e^{j\omega})d\omega \\ &= \frac{1}{2\pi}\int_{-\pi}^{-3\pi/4} e^{-j10\omega}d\omega + \int_{3\pi/4}^{\pi} e^{-j10\omega}e^{j\omega m}d\omega \\ &= \frac{\sin[\pi(n-10)]}{\pi(n-10)} - \frac{\sin\left[\dfrac{3\pi}{4}(n-10)\right]}{\pi(n-10)} \\ &= \delta(n-10) - \frac{\sin\left[\dfrac{3\pi}{4}(n-10)\right]}{\pi(n-10)} \end{aligned}$$

上式中，$\delta(n-10)$ 对应于全通滤波器。上式表明，高通滤波器的单位脉冲响应等于全通滤波器的单位脉冲响应减去低通滤波器的单位脉冲响应。

仿照 10 题，用矩形窗、升余弦窗、改进升余弦窗和布莱克曼窗对上面所求的 $h_{\mathrm{d}}(n)$ 加窗即可。

计算与绘图程序与题 10 类同，只要将其中的 $h(n)$ 用本题的高通 $h(n)$ 替换即可。

方法二：根据第 7 题（1）的证明结论设计。

（1）先设计通带截止频率为 π/4 的低通滤波器。对四种窗函数所得 FIR 低通滤波器单位脉冲响应为题 10 解中的 $h_{\mathrm{R}}(n)$、$h_{\mathrm{Hn}}(n)$、$h_{\mathrm{Hm}}(n)$ 和 $h_{\mathrm{Bl}}(n)$ 。

（2）对低通滤波器单位脉冲响应乘以 $\cos\pi n$ 可得到高通滤波器单位脉冲响应：

矩形窗：

$$h_1(n)=h_{\mathrm{R}}(n)\cos(\pi n)=\frac{\sin\left[\frac{\pi}{4}(n-10)\right]}{\pi(n-10)}\cos(\pi n)R_{21}(n)$$

升余弦窗：

$$\begin{aligned}h_2(n)&=h_{\mathrm{Hn}}(n)\cos\pi n=(-1)^n h_{\mathrm{Hn}}(n)\\&=\frac{\sin\left[\frac{\pi}{4}(n-10)\right]}{2\pi(n-10)}\left(1-\cos\frac{2\pi n}{20}\right)\cos\pi n R_{21}(n)\end{aligned}$$

改进升余弦窗：

$$\begin{aligned}h_3(n)&=h_{\mathrm{Hn}}(n)\cos\pi n\\&=\frac{\sin\left[\frac{\pi}{4}(n-10)\right]}{\pi(n-10)}\left(0.54-0.46\cos\frac{2\pi n}{20}\right)\cos\pi n R_{21}(n)\end{aligned}$$

布莱克曼窗：

$$h_4(n)=\frac{\sin\left[\frac{\pi}{4}(n-10)\right]}{\pi(n-10)}\left(0.42-0.5\cos\frac{2\pi n}{20}+0.08\cos\frac{4\pi n}{20}\right)\cos\pi n R_{21}(n)$$

12. 利用窗函数（哈明窗）法设计一数字微分器，逼近图 6.2.3 所示的理想微分器特性，并绘出其幅频特性。

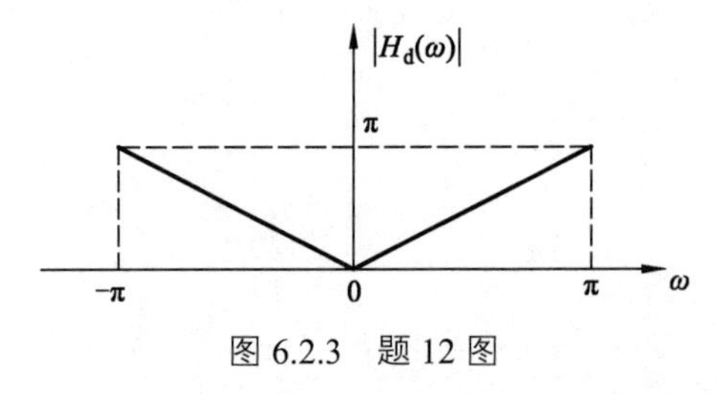

图 6.2.3　题 12 图

解：（1）由于连续信号存在微分，而时域离散信号和数字信号的微分不存在，因而本题要求设计的数字微分器是指用数字滤波器近似实现模拟微分器，即用数字差分滤波器近似模拟微分器。下面先推导理想差分器的频率响应函数。设模拟微分器的输入和输出分别为 $x(t)$ 和

$y(t)$，即

$$y(t)=k\frac{\mathrm{d}x(t)}{\mathrm{d}t}$$

令 $x(t)=\mathrm{e}^{\mathrm{j}\Omega t}$，则

$$y(t)=\mathrm{j}k\Omega\mathrm{e}^{\Omega t}=\mathrm{j}k\Omega x(t)$$

对上式两边采样（时域离散化），得到

$$y(nT)=\mathrm{j}k\Omega x(nT)=\mathrm{j}k\frac{\omega}{T}\mathrm{e}^{\mathrm{j}\omega n}$$

$$Y(\mathrm{e}^{\mathrm{j}\omega})=FT[y(nT)]=\mathrm{j}\frac{k}{T}\omega X(\mathrm{e}^{\mathrm{j}\omega})$$

其中，$\omega=\Omega T$。将 $x(nT)$ 和 $y(nT)$ 分别作为数字微分器的输入和输出序列，并用 $H_{\mathrm{d}}(\mathrm{e}^{\mathrm{j}\omega})$ 表示数字理想微分器的频率响应函数，则

$$Y(\mathrm{e}^{\mathrm{j}\omega})=H_{\mathrm{d}}(\mathrm{e}^{\mathrm{j}\omega})X(\mathrm{e}^{\mathrm{j}\omega})=\mathrm{j}\frac{k}{T}\omega X(\mathrm{e}^{\mathrm{j}\omega})$$

即

$$H_{\mathrm{d}}(\mathrm{e}^{\mathrm{j}\omega})=\mathrm{j}\frac{k}{T}\omega$$

根据图 6.2.2 所给出的理想特性可知

$$\left|H_{\mathrm{d}}(\mathrm{e}^{\mathrm{j}\omega})\right|=|\omega|=\left|\mathrm{j}\frac{k}{T}\omega\right|$$

取 $k=T$，所以

$$H_{\mathrm{d}}(\mathrm{e}^{\mathrm{j}\omega})=\mathrm{j}\omega$$

取群延时 $\tau=(N-1)/2$，则逼近频率响应函数应为

$$H_{\mathrm{d}}(\mathrm{e}^{\mathrm{j}\omega})=\mathrm{j}\omega\mathrm{e}^{-\mathrm{j}\omega\tau}=\omega\mathrm{e}^{-\mathrm{j}(\omega\tau-\pi/2)}$$

$$\begin{aligned}h_{\mathrm{d}}(n)&=\frac{1}{2\pi}\int_{-\pi}^{\pi}\mathrm{j}\omega\mathrm{e}^{-\mathrm{j}\omega\tau}\mathrm{e}^{\mathrm{j}\omega n}\mathrm{d}\omega=\frac{1}{2\pi}\left\{\frac{\mathrm{e}^{\mathrm{j}\omega(n-\tau)}}{\mathrm{j}(n-\tau)^2}[\mathrm{j}(n-\tau)\omega-1]\right\}_{-\pi}^{\pi}\\&=\frac{1}{2\pi}\cdot\frac{1}{(n-\tau)^2}\{2(n-\tau)\pi\cos[\pi(n-\tau)]-2\sin[\pi(n-\tau)]\}\\&=\frac{\cos[\pi(n-\tau)]}{n-\tau}-\frac{\sin[\pi(n-\tau)]}{\pi(n-\tau)^2},\ n\neq 0\end{aligned}$$

设 FIR 滤波器 $h(n)$ 长度为 N，一般取 $\tau=(N-1)/2$，加窗后得到：

$$h(n)=h_{\mathrm{d}}(n)w(n)=\left[\frac{\cos(\pi(n-\tau))}{n-\tau}-\frac{\sin(\pi(n-\tau))}{\pi(n-\tau)^2}\right]w(n),\ \ n\neq 0$$

我们知道，微分器的幅度响应随频率增大线性上升，当频率 $\omega=\pi$ 时达到最大值，所以只有 N 为偶数的情况 4 才能满足全频带微分器的时域和频域要求。因为 N 是偶数，$\tau=N/2-1/2=$

正整数-1/2，上式中第一项为 0，所以：

$$h(n) = -\frac{\sin[(n-\tau)\pi]}{\pi(n-\tau)^2}w(n) \qquad ①$$

①式就是用窗函数法设计的 FIR 数字微分器的单位脉冲响应的通用表达式，且具有奇对称特性 $h(n) = -h(N-1-n)$。选定滤波器长度 N 和窗函数类型，就可以直接按①式得到设计结果。当然，也可以用频率采样法和等波纹最佳逼近法设计。

本题要求的哈明窗函数：

$$w_{\mathrm{Hm}}(n) = \left(0.54 - 0.46\cos\frac{2\pi n}{N-1}\right)R_N(n) \qquad ②$$

将②式代入①式，得到 $h(n)$ 的表达式：

$$h(n) = -\frac{\sin\left[n-\frac{N-1}{2}\right]\pi}{\pi\left[n-\frac{N-1}{2}\right]^2}\left(0.54 - 0.46\cos\frac{2\pi n}{N-1}\right)R_N(n) \qquad ③$$

（2）对 2 种不同的长度 N=20、N=40，用 Matlab 计算单位脉冲响应 $h(n)$ 和幅频特性函数，并编写绘图程序 ex612.m，其运行结果如图 6.2.4 所示。

ex612.m：用哈明窗设计线性相位 FIR 微分器。

```
%程序 ex612.m
clear
close all
N1=20;n=0:N1-1;tou=(N1-1)/2;
h1n=sin((n-tou)*pi)./(pi*(n-tou).^2).*(hamming(N1))';
N2=40;n=0:N2-1;tou=(N2-1)/2;
h2n=sin((n-tou)*pi)./(pi*(n-tou).^2).*(hamming(N2))';
%以下为绘图部分（省略）
```

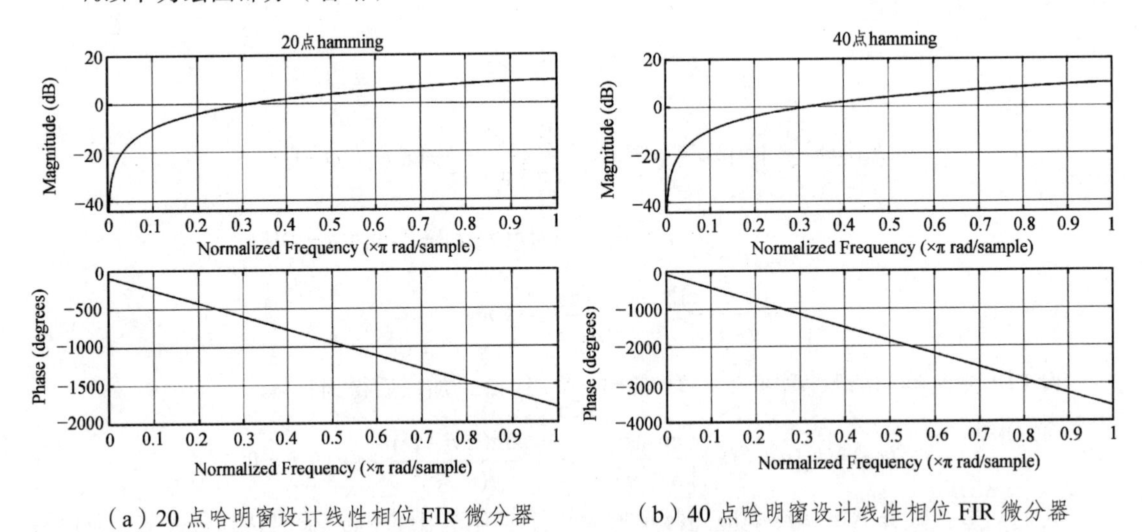

（a）20 点哈明窗设计线性相位 FIR 微分器　（b）40 点哈明窗设计线性相位 FIR 微分器

图 6.2.4　习题 12 幅频和相频特性

也可以采用调用等波纹最佳逼近法设计函数 remez 来设计 FIR 数字微分器的方法。

hn=remez(N−1，f，m，'defferentiator')设计 N−1 阶 FIR 数字微分器，返回的单位脉冲响应向量 hn 具有奇对称特性。在大多数工程实际中，仅要求在频率区间 $0\leqslant\omega\leqslant\omega_p$ 上逼近理想微分器的频率响应特性，而在区间 $\omega_p<\omega\leqslant\pi$ 上对频率响应特性不做要求，或要求为零。对微分器设计，在区间 $\omega_p<\omega\leqslant\pi$ 上频率响应特性要求为零时，调用参数 $f=[0,\omega_p/\pi,(\omega_p+B)/\pi,1]$，$m=[0,\omega_p/\pi,0,0]$，其中 B 为过渡带宽度（即无关区），ω_p 不能太靠近 π，B 也不能太小，否则设计可能失败。调用等波纹最佳逼近法设计函数 remez 设计本题要求的 FIR 数字微分器的程序 ex612b.m 如下：

```
%ex612b.m：调用 remez 函数设计微分器
wp=0.9;B=0.09            %设置微分器边界频率（关于 π 归一化）
N=40;f=[0,wp,wp+B,1];m=[0,wp,0,0];
hn=remez(N-1,f,m,'defferentiator');          %调用 remez 函数设计 FIR 微分器
freqz(hn,1);    %绘图
```

请读者运行该程序，观察设计效果。

13. 用窗函数法设计一个线性相位低通 FIRDF，要求通带截止频率为 π/4 rad，过渡带宽度为 8π/51 rad，阻带最小衰减为 45 dB。

（1）选择合适的窗函数及其长度，求出 $h(n)$ 的表达式。

（2）*用 Matlab 画出损耗函数曲线和相频特性曲线。

解：（1）根据教材所给步骤进行设计。

① 根据对阻带衰减及过渡带的指标要求，选择窗函数的类型，并估计窗口长度 N。由习题 9 中表 6.2.1，本题应选择哈明窗。因为过渡带宽度 $B_t=8\pi/51$，所以窗口长度 N 为 $N\geqslant 6.6\pi/B_t=42.075$，取 N=43。窗函数表达式为

$$w_{Hm}(n)=\left(0.54-0.46\cos\frac{2\pi n}{N-1}\right)R_N(n)$$

② 构造希望逼近的频率响应函数 $H_d(e^{j\omega})$：

$$H_d(e^{j\omega})=H_{dg}(\omega)e^{-j\omega(N-1)/2}=\begin{cases}e^{-j\omega\tau}, & 0\leqslant|\omega|<\omega_c\\ 0, & \omega_c\leqslant|\omega|\leqslant\pi\end{cases}$$

式中

$$\tau=\frac{N-1}{2}=21,\quad \omega_c=\omega_p+\frac{B_t}{2}=\frac{\pi}{4}+\frac{4\pi}{51}=0.0833\pi$$

③ 求 $h_d(n)$：

$$h_d(n)=\frac{1}{2\pi}\int_{-\pi}^{\pi}H_d(e^{j\omega})e^{j\omega n}d\omega=\frac{1}{2\pi}\int_{-\omega_c}^{\omega_c}e^{-j\omega\tau}e^{jwn}d\omega=\frac{\sin[\omega_c(n-\tau)]}{\pi(n-\tau)}$$

④ 加窗：

$$h(n)=h_d(n)w(n)=\frac{\sin[\omega_c(n-\tau)]}{\pi(n-\tau)}\left(0.54-0.46\cos\frac{2\pi n}{N-1}\right)R_N(n)$$

（2）调用 Matlab 函数设计绘图程序 ex613.m，运行结果如图 6.2.5 所示。

```
%ex613.m：调用 fir1 设计线性相位低通 FIR 滤波器并绘图。
wp-pi/4;Bt=8* pi/51;
wc=wp+ Bt/2;N=ceil(6.6* pi/ Bt);
hmn=fir1(N-1,wc/pi, hamming(N))
rs=60;a=1;%mpplot(hmn,a,rs)
freqz(hmn,1); %绘制损耗函数和相频特性曲线
```

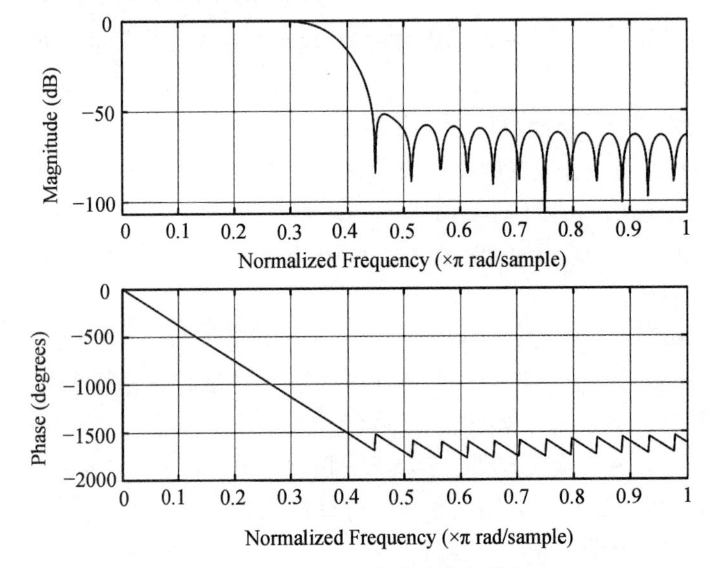

图 6.2.5　习题 13 幅频和相频特性

14. 要求用数字低通滤波器对模拟信号进行滤波，要求：通带截止频率为 10 kHz，阻带截止频率为 22 kHz，阻带最小衰减为 75 dB，采样频率为 $F_s = 50\text{ kHz}$。用窗函数法设计数字低通滤波器。

（1）选择合适的窗函数及其长度，求出 $h(n)$ 的表达式。

（2）*用 Matlab 画出损耗函数曲线和相频特性曲线。

解：（1）步骤如下：

① 根据对阻带衰减及过渡带的指标要求，选择窗函数的类型，并估计窗口长度 N。本题要求设计的 FIRDF 指标：

通带截止频率：

$$\omega_p = \frac{2\pi f_p}{F_s} = 2\pi \times \frac{10000}{50000} = \frac{2\pi}{5}\ \text{rad}$$

阻带截止频率：

$$\omega_s = \frac{2\pi f_s}{F_s} = 2\pi \times \frac{22000}{50000} = \frac{22\pi}{25}\ \text{rad}$$

阻带最小衰减：

$$\alpha_s = 75\ \text{dB}$$

本题选凯塞窗（β=7.865），窗口长度 $N \geqslant 10\pi / B_t = 10\pi / (\omega_s - \omega_p) = 20.833$，取 N=21。窗函数表达式为

$$w_k(n)=\frac{I_0(\beta)}{I_0(\alpha)}R_{21}(n),\ \ \beta=7.865$$

② 构造希望逼近的频率响应函数 $H_{\mathrm{d}}(\mathrm{e}^{\mathrm{j}\omega})$：

$$H_{\mathrm{d}}(\mathrm{e}^{\mathrm{j}\omega})=H_{\mathrm{dg}}(\omega)\mathrm{e}^{-\mathrm{j}\omega(N-1)/2}=\begin{cases}\mathrm{e}^{-\mathrm{j}\omega\tau}, & 0\leqslant|\omega|<\omega_{\mathrm{c}}\\ 0, & \omega_{\mathrm{c}}\leqslant|\omega|\leqslant\pi\end{cases}$$

式中，$\tau=(N-1)/2=10$，$\omega_{\mathrm{c}}=(\omega_{\mathrm{p}}+\omega_{\mathrm{s}})/2=16\pi/25$。

③ 求 $h_{\mathrm{d}}(n)$：

$$h_{\mathrm{d}}(n)=\frac{1}{2\pi}\int_{-\pi}^{\pi}H_{\mathrm{d}}(\mathrm{e}^{-\mathrm{j}\omega})\mathrm{e}^{\mathrm{j}wn}\mathrm{d}\omega=\frac{1}{2\pi}\int_{-\omega_{\mathrm{c}}}^{\omega_{\mathrm{c}}}\mathrm{e}^{-\mathrm{j}w\tau}\mathrm{e}^{\mathrm{j}wn}\mathrm{d}\omega=\frac{\sin[\omega_{\mathrm{c}}(n-\tau)]}{\pi(n-\tau)}$$

④ 加窗：

$$h(n)=h_{\mathrm{d}}(n)w(n)=\frac{\sin[\omega_{\mathrm{c}}(n-\tau)]}{\pi(n-\tau)}w_k(n)$$

（2）调用 Matlab 函数设计及绘图程序 ex614.m，运行结果如图 6.2.6 所示。

```
%ex614.m：调用 fir1 设计线性相位低通 FIR 滤波器并绘图。
%程序 ex614.m
clear all;    close all;
Fs=50000;fp=10000;fs=22000;rs=75;
wp=2* pi* fp/Fs;ws=2* pi*fs/Fs;Bt=ws-wp;
wc=(wp+ws)/2; N=ceil(10*pi/Bt);
hmn=fir1(N-1,wc/pi,kaiser(N,7.865));
rs=100;a=1;
freqz(hmn,1);%绘制损耗函数和相频特性曲线
```

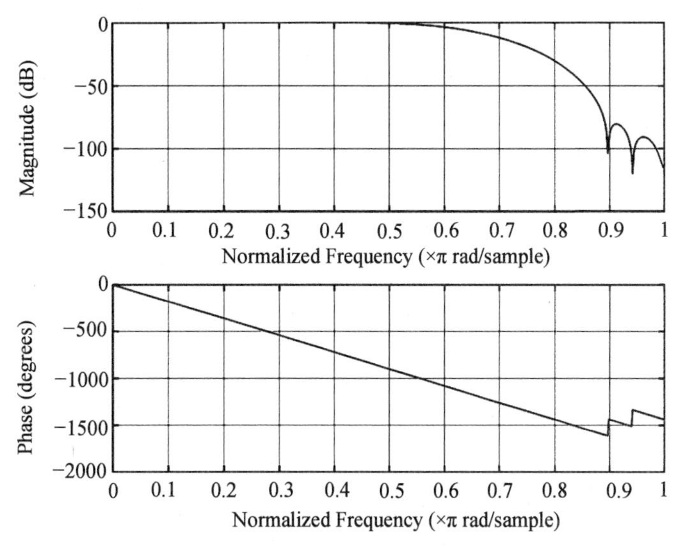

图 6.2.6　习题 14 幅频和相频特性

15. 利用频率采样法设计线性相位 FIR 低通滤波器，给定 N=21，通带截止频率 ω_{c}=

0.15π rad，求出 $h(n)$ 。为了改善其频率响应（过渡带宽度、阻带最小衰减），应采取什么措施？

解：（1）确定希望逼近的理想低通滤波频率响应函数 $H_d(e^{j\omega})$ ：

$$H_d(e^{j\omega})=\begin{cases}e^{-j\omega a}, & 0\leqslant|\omega|<0.15\pi\\0, & 0.15\pi\leqslant|\omega|\leqslant\pi\end{cases}$$

其中， $a=(N-1)/2=10$ 。

（2）采样：

$$H_d(k)=H_d(e^{j\frac{2\pi}{N}k})=\begin{cases}e^{-j\frac{N-1}{N}\pi k}=e^{-j\frac{20}{21}\pi k}, & k=0,1,20\\0, & 2\leqslant k\leqslant 19\end{cases}$$

（3）求 $h(n)$ ：

$$\begin{aligned}h(n)=IDFT[H_d(k)]&=\frac{1}{N}\sum_{N-1}^{k=0}H_d(k)W_N^{-kn}\\&=\frac{1}{21}\left[1+e^{-j\frac{20}{21}\pi}W_{21}^{-n}+e^{-j\frac{20}{21}\pi 20n}\right]R_{21}(n)\\&=\frac{1}{21}\left[1+e^{j\frac{2\pi}{21}(n-10)}+e^{-j\frac{400\pi}{21}}e^{j\frac{40}{21}\pi n}\right]R_{21}(n)\end{aligned}$$

因为

$$e^{-j\frac{400}{21}\pi}=e^{-j\frac{20}{21}\pi},\quad e^{j\frac{40}{21}\pi n}=e^{j\left(\frac{42\pi}{21}-\frac{2\pi}{21}\right)n}=e^{-j\frac{2\pi}{21}n}$$

所以

$$h(n)=\frac{1}{21}\left[1+e^{j\frac{2\pi}{21}(n-10)}+e^{-j\frac{2\pi}{21}(n-10)}\right]=\frac{1}{21}\left[1+2\cos\left(\frac{2\pi}{21}(n-10)\right)\right]R_{21}(n)$$

损耗函数曲线绘图程序见 ex615.m，运行结果如图 6.2.7 所示。

```
%程序 ex615.m
clear
close all
N=21;n=0:N-1;
hn=(1+2*cos(2*pi*(n-10)/N))/N;
hn((N-1)/2+1)=0;        %因为该点分母为零，无定义，所以赋值 0
rs=20;a=1;
freqz(hn,1);      %绘制损耗函数和相频特性曲线
```

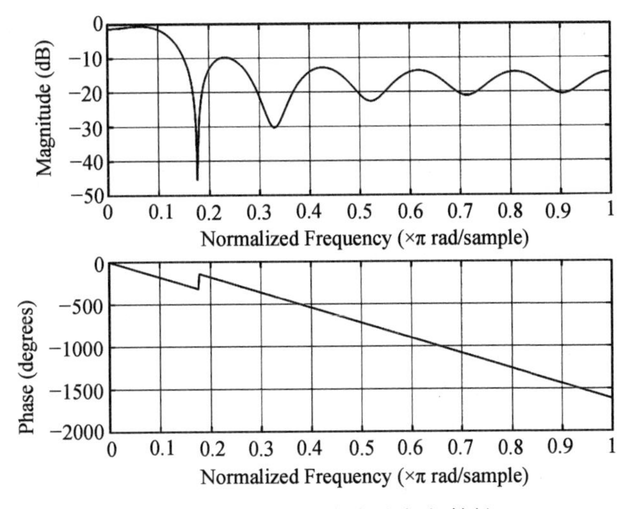

图 6.2.7　习题 15 幅频和相频特性

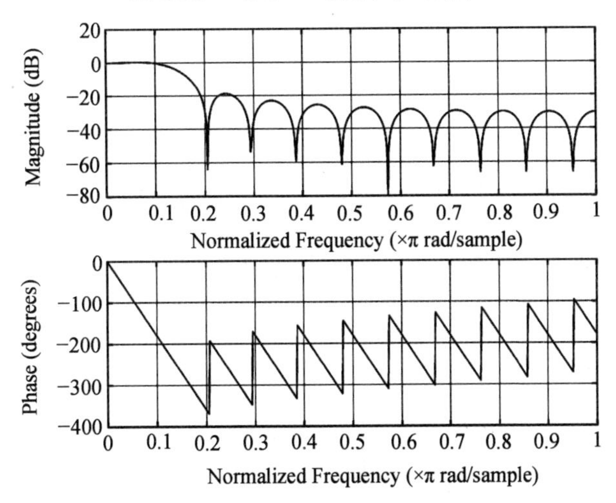

图 6.2.8　习题 16 幅频和相频特性

为了改善阻带衰减和通带波纹，应加过渡带采样点，为了使边界频率更精确，过渡带更窄，应加大采样点数 *N*。

16. 重复题 15，但改为用矩形窗函数法设计，并将设计结果与题 15 进行比较。

解：直接调用 fir1 设计，程序为 ex616.m：

```
%调用 firl 求解 16 题的程序 ex616.m
clear
close all
N=21;
wc=0.15;
hn=fir1(N-1,wc,boxcar(N)); %选用矩形窗函数（与上面求解中相同）
rs=20;a=1;freqz(hn,1) %绘制损耗函数和相频特性曲线
```

运行程序绘制损耗函数曲线，如图 6.2.8 所示。与图 6.2.7 比较，过渡带宽度相同，但矩形窗函数法设计的 FIRDF 阻带最小衰减约为 20 dB，而 15 题设计结果约为 10 dB。

17. 利用频率采样法设计线性相位 FIR 低通滤波器，设 N=16，给定希望逼近的滤波器的幅度采样值为

$$H_{\mathrm{dg}}(k)=\begin{cases}1, & k=0,1,2,3\\ 0.389, & k=4\\ 0, & k=5,6,7\end{cases}$$

解：由希望逼近的滤波器幅度采样 $H_{\mathrm{dg}}(k)$ 可构造出 $H_{\mathrm{d}}(\mathrm{e}^{\mathrm{j}\omega})$ 的采样 $H_{\mathrm{d}}(k)$：

$$H_{\mathrm{d}}(k)=\begin{cases}\mathrm{e}^{-\mathrm{j}\frac{N-1}{N}\pi k}=\mathrm{e}^{-\mathrm{j}\frac{15}{16}\pi k}, & k=0,1,2,3,13,14,15\\ 0.389\mathrm{e}^{-\mathrm{j}\frac{15}{16}\pi k}, & k=4,12\\ 0, & k=5,6,7,8,9,11\end{cases}$$

$$h(n)=IDFT\left[H_{\mathrm{d}}(k)\right]=\frac{1}{16}\sum_{k=0}^{15}H_{\mathrm{d}}(k)W_{16}^{-kn}R_{16}(n)$$

$$=\frac{1}{16}[1+\mathrm{e}^{-\mathrm{j}\frac{15}{16}}\mathrm{e}^{\mathrm{j}\frac{\pi}{8}n}+\mathrm{e}^{-\mathrm{j}\frac{15\pi}{16}2\pi}\mathrm{e}^{\mathrm{j}\frac{\pi}{8}}+\mathrm{e}^{-\mathrm{j}\frac{15}{16}3}+0.389\mathrm{e}^{-\mathrm{j}\frac{15}{16}4\pi x}\mathrm{e}^{\mathrm{j}\frac{\pi}{8}4n}+$$

$$\mathrm{e}^{-\mathrm{j}\frac{15}{16}15\pi}\mathrm{e}^{\mathrm{j}\frac{\pi}{8}15n}+\mathrm{e}^{-\frac{15}{16}14\pi}\mathrm{e}^{\mathrm{j}\frac{\pi}{8}14n}+\mathrm{e}^{-\mathrm{j}\frac{15}{16}13n}+0.389\mathrm{e}^{-\mathrm{j}\frac{15}{16}12\pi}\mathrm{e}^{\mathrm{j}\frac{\pi}{8}12n}]R_{16}(n)$$

$$=\frac{1}{16}\left\{1+2\cos\left[\frac{\pi}{8}\left(n-\frac{15}{2}\right)\right]+2\cos\left[\frac{\pi}{4}\left(n-\frac{15}{2}\right)\right]+2\cos\left[\frac{3\pi}{8}\left(n-\frac{15}{2}\right)\right]+0.778\cos\left[\frac{\pi}{2}\left(n-\frac{15}{2}\right)\right]\right\}$$

18. 利用频率采样法设计线性相位 FIR 带通滤波器，设 N=33，理想幅度特性 $H_{\mathrm{d}}(\omega)$ 如图 6.2.9 所示。

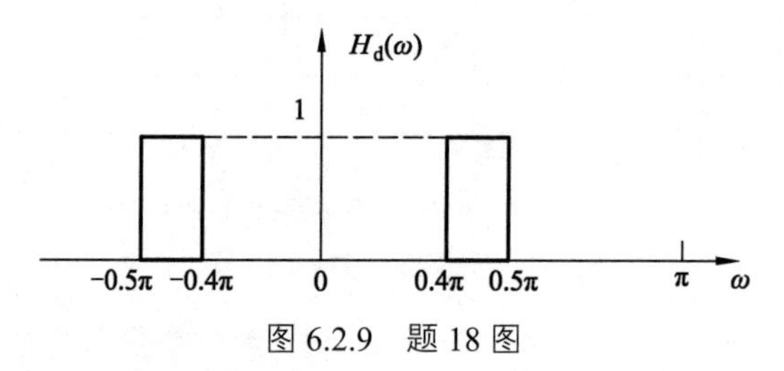

图 6.2.9　题 18 图

解：由题 18 图可得到理想幅度采样值为

$$H_{\mathrm{dg}}(k)=H_{\mathrm{d}}\left(\frac{2\pi}{N}k\right)=\begin{cases}1, & k=7,8,25,26\\ 0, & k=0\sim 6,k=9\sim 24,k=27\sim 32\end{cases}$$

$$H_{\mathrm{d}}(k)=H_{\mathrm{d}}(\mathrm{e}^{\mathrm{j}\frac{2\pi}{N}k})=\begin{cases}\mathrm{e}^{-\mathrm{j}\frac{32}{33}\pi k}, & k=7,8,25,26\\ 0, & \text{其他}k\text{值}\end{cases}$$

$$h(n)=\mathrm{IDFT}\left[H_{\mathrm{d}}(k)\right]=\frac{1}{33}\sum_{k=0}^{15}H_{\mathrm{d}}(k)W_{33}^{-kn}R_{33}(n)$$

$$=\frac{1}{33}\left[\mathrm{e}^{-\mathrm{j}\frac{32}{33}7\pi}\mathrm{e}^{\mathrm{j}\frac{2\pi}{33}7n}+\mathrm{e}^{-\mathrm{j}\frac{32}{33}8\pi}\mathrm{e}^{\mathrm{j}\frac{2\pi}{33}8n}+\mathrm{e}^{-\mathrm{j}\frac{32}{33}25\pi}\mathrm{e}^{\mathrm{j}\frac{2\pi}{33}25n}+\mathrm{e}^{-\mathrm{j}\frac{32}{33}26\pi}\mathrm{e}^{\frac{2\pi}{33}26n}\right]$$

$$=\frac{1}{33}\left\{\left[\cos\frac{14\pi}{33}(n-16)\right]+\cos\left[\frac{16\pi}{33}(n-16)\right]\right\}R_{33}(n)$$

19. 设信号 $x(t)=s(t)+v(t)$，其中 $v(t)$ 是干扰，$s(t)$ 与 $v(t)$ 的频谱不混叠，其幅度谱如图 6.2.10 所示。要求设计数字滤波器，将干扰滤除，指标是允许 $|S(f)|$ 在 $0\leqslant f\leqslant 15\text{ kHz}$ 频率范围中幅度失真为 $\pm 2\%(\delta_1=0.02)$；$f>20\text{ kHz}$，衰减大于 40 dB $(\delta_2=0.01)$。希望分别设计性价比最高的 FIR 和 IIR 两种滤波器进行滤除干扰。请选择合适的滤波器类型和设计方法进行设计，最后比较两种滤波器的幅频特性、相频特性和阶数。

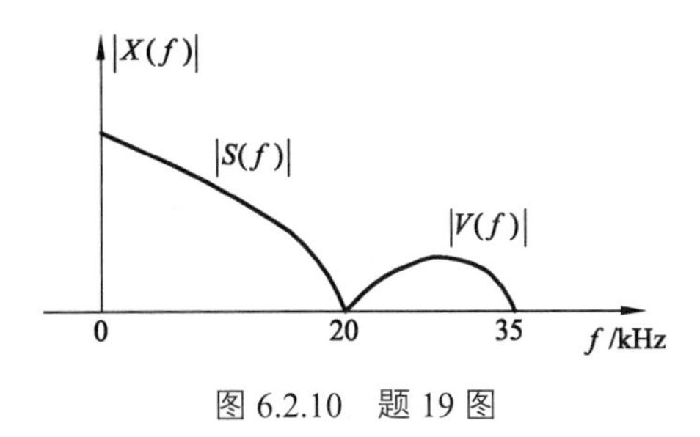

图 6.2.10　题 19 图

解：本题以模拟频率给定滤波器指标，所以程序中先要计算出对应的数字边界频率，然后再调用 Matlab 工具箱函数 firl 设计数字滤波器。由题意确定滤波器指标（边界频率以模拟频率给出）：

$$f_{\text{p}}=15\text{ kHz},\ \delta_1=0.02,\ \alpha_{\text{p}}=-20\lg\frac{1-\delta_2}{1+\delta_2}\text{ dB}$$

$$f_{\text{s}}=20\text{ kHz},\ \delta_2=0.01,\ \alpha_{\text{s}}=40\text{ dB}$$

（1）确定相应的数字滤波器指标，根据信号带宽，取系统采样频率 $F_{\text{s}}=80\text{ kHz}$。

$$\omega_{\text{p}}=\frac{2\pi f_{\text{p}}}{F_{\text{s}}},\ \delta_1=0.02,\ \alpha_{\text{p}}=-20\lg\frac{1-\delta_2}{1+\delta_2}\text{ dB}$$

$$\omega_{\text{s}}=\frac{2\pi f_{\text{s}}}{F_{\text{s}}},\ \delta_2=0.01,\ \alpha_{\text{s}}=40\text{ dB}$$

（2）设计数字低通滤波器。为了设计性价比最高的 FIR 和 IIR 滤波器，IIR 滤波器选择椭圆滤波器，FIR 滤波器采用等波纹最佳逼近法设计。设计程序如下：

```
%ex619.m：设计性价比最高的 FIR 和 IIR 滤波器
close all
clear
Fs=80000;fp=15000;fs=20000;
data1=0.02;rp=-20*log10((1-data1)/(1+data1));
data2=0.01;rs=40;
wp=2*fp/Fs;ws=2*fs/Fs;%计算数字边界频率（关于 π 归一化）
%椭圆 DF 设计
[Ne,wpe]=ellipord(wp,ws,rp,rs);%调用 ellipord 计算椭圆 DF 阶数 N 和通带截止频率 wp
[Be,Ae]=ellip(Ne,wpe,rs,wp);%调用 ellip 计算椭圆 DF 系统函数系数向量 Be 和 Ae
figure(1)
freqz(Be,Ae)
```

```
title('椭圆 DF 设计');
%用等波纹最佳逼近法设计 FIRDF
f=[wp,ws];m=[1,0];rip=[data1,data2];
[Nr,fo,mo,w]=remezord(f,m,rip);
hn=remez(Nr,fo,mo,w);
figure(2)
freqz(hn,1)
title('FIR DF');
```

程序运行结果：椭圆 DF 阶数 N_e=5，损耗函数曲线和相频特性曲线如图 6.2.11（a）所示。采用等波纹最佳逼近法设计的 FIRDF 阶数 N_r=28，损耗函数曲线和相频特性曲线如图 6.2.11(b)图所示。由图可见，IIR DF 阶数低得多，但相位特性存在非线性，FIR DF 具有线性相位特性。

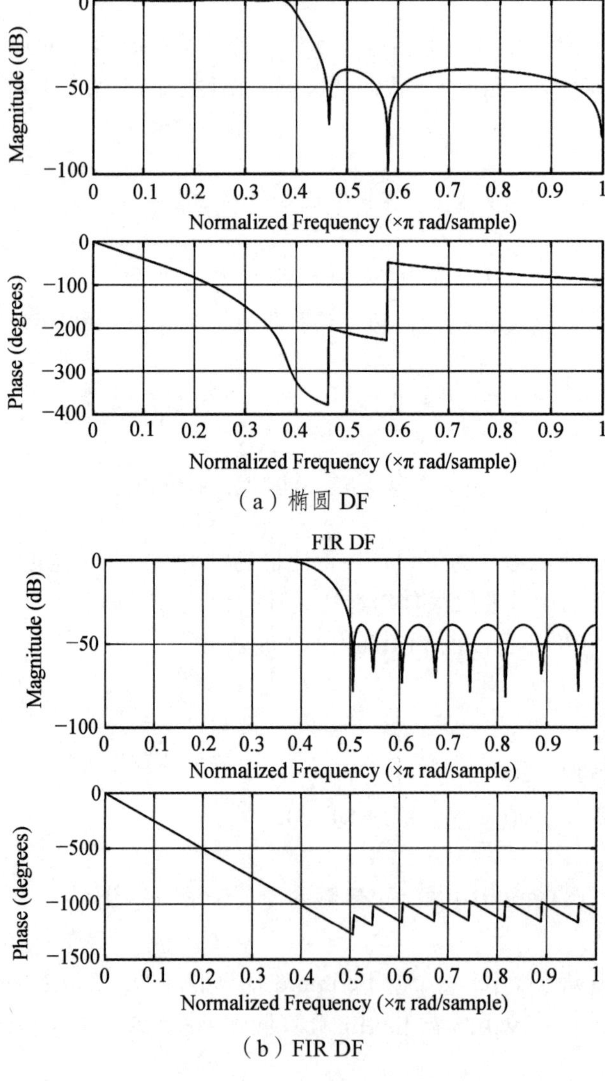

（a）椭圆 DF

（b）FIR DF

图 6.2.11　习题 19 幅频和相频特性

20. 低通滤波器的技术指标为：

$$0.99 \leqslant \left|H(\mathrm{e}^{\mathrm{j}\omega})\right| \leqslant 1.01, \quad 0 \leqslant |\omega| \leqslant 0.3\pi$$

$$\left|H(\mathrm{e}^{\mathrm{j}\omega})\right| \leqslant 0.01, \quad 0.35\pi \leqslant |\omega| \leqslant \pi$$

用窗函数法设计满足这些技术指标的线性相位 FIR 滤波器。

解： 用窗函数法设计的低通滤波器，其通带、阻带内有相同的波动幅度。由于滤波器技术指标中的通带、阻带波动相同，所以我们仅需要考虑阻带波动要求。阻带衰减为

$$20\lg(0.01) = -40\ \mathrm{dB}$$

查表知可采用汉宁窗。如果采用汉明窗或布莱克曼窗的话，在阻带衰减增大的同时，过渡带的宽度也会增加。

设计程序见 ex620.m，程序运行幅频特性和相频特性如图 6.2.12 所示。

```
clear
 close all
wp=0.3*pi;ws=0.35*pi;rs=40;                %指标参数
Bt=ws-wp;                                  %过渡带宽度
N=ceil(6.2*pi/Bt);                         %选 hanning 窗，求 wn 长度 N
wc=(wp+ws)/2;r=(N-1)/2;                    %理想低通截止频率 wc
n=0:N-1;hdn=sin(wc*(n-r))./(pi*(n-r));     %计算理想低通的 hdn
wn=0.5*(1-cos(2*pi*n/(N-1)));              %求窗函数序列 wn
hn=hdn.*wn                                 %加窗
freqz(hn,1)
```

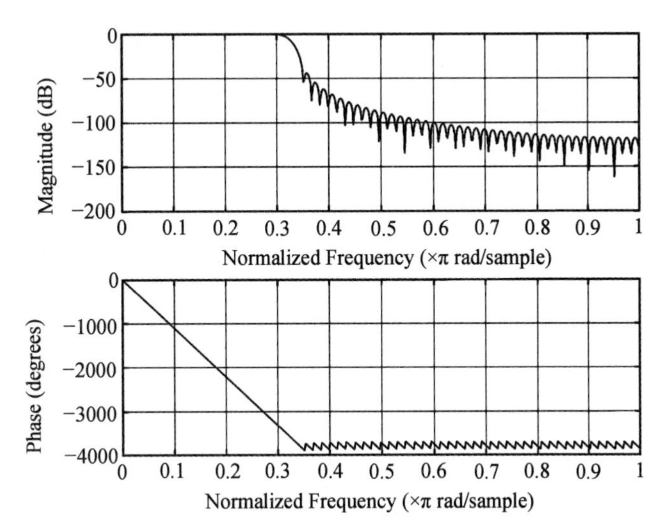

图 6.2.12　习题 20 幅频和相频特性

21. 低通滤波器的技术指标为：

$$\omega_{\mathrm{p}} = 0.2\,\pi, \omega_{\mathrm{s}} = 0.3\,\pi, \delta_{\mathrm{p}} = \delta_{\mathrm{s}} = 0.001$$

用窗函数法设计满足这些技术指标的线性相位 FIR 滤波器。

解： 用窗函数法设计的低通滤波器，其通带、阻带内有相同的波动幅度。由于滤波器技

术指标中的通带、阻带波动相同，所以我们仅需要考虑阻带波动要求。阻带衰减为

$$20\log(0.01) = -60\text{ dB}$$

经查表，可采用布莱克曼窗。

设计程序为 ex621.m，程序运行幅频特性和相频特性如图 6.2.13 所示。

```
%程序 ex620.m
  clear
  close all
wp=0.2*pi;ws=0.3*pi;rs=60;                %指标参数
Bt=ws-wp;                                 %过渡带宽度
N=ceil(11*pi/Bt);                         %选 blackman 窗，求 wn 长度 N
wc=(wp+ws)/2;r=(N-1)/2;                   %计算理想低通截止频率 wc
n=0:N-1;hdn=sin(wc*(n-r))./(pi*(n-r));    %计算理想低通的 hdn
wn=(0.42-0.5*cos(2*pi*n/(N-1))+0.08*cos( 4*pi*n/(N-1)));          %求窗函数序列 wn
hn=hdn.*wn                                %加窗
freqz(hn,1)
```

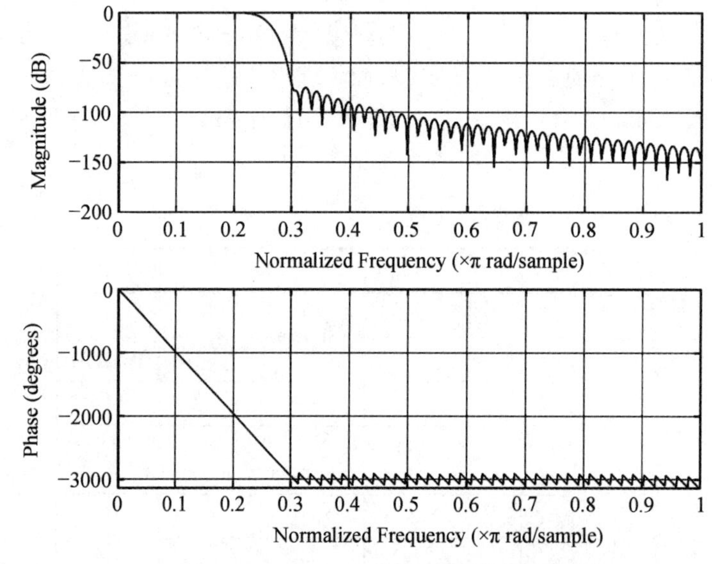

图 6.2.13　习题 21 幅频和相频特性

22. 调用 Matlab 工具箱函数 fir1 设计线性相位低通 FIR 滤波器，要求希望逼近的理想低通滤波器通带截止频率 $\omega_c = \pi/4$ rad，滤波器长度 N=21。分别选用矩形窗、Hanning 窗、Hamming 窗和 Blackman 窗进行设计，绘制用每种窗函数设计的单位脉冲响应 $h(n)$ 及其损耗函数曲线，并进行比较，观察各种窗函数的设计性能。

解：本题设计程序 ex622.m 如下：

```
%ex622.m：调用 fir1 设计线性相位低通 FIR 滤波器
clear
close all
N=21;wc=1/4;n=0:20;
```

```
hrn=fir1(N-1,wc,boxcar(N));          %用矩形窗函数设计
hrn((N-1)/2+1)=0;     %因为该点分母为零，无定义，所以赋值 0
hnn=fir1(N-1,wc,hanning(N));              %用 hanning 窗设计
hnn((N-1)/2+1)=0;     %因为该点分母为零，无定义，所以赋值 0
hmn=fir1(N-1,wc,hamming(N));        %用 hamming 函数设计
hmn((N-1)/2+1)=0;     %因为该点分母为零，无定义，所以赋值 0
hbn=fir1(N-1,wc,blackman(N));      %用 blackman 窗函数设计
hbn((N-1)/2+1)=0;     %因为该点分母为零，无定义，所以赋值 0
%以下为绘图部分（省略）
```

程序运行结果：用矩形窗、Hanning 窗、Hamming 窗和 Blackman 窗设计的单位脉冲响应 $h(n)$ 及其损耗函数曲线如图 6.2.14 所示。由图可见，滤波器长度 N 固定时，矩形窗设计的滤波器过渡带最窄，阻带最小衰减也最小；Blackman 窗设计的滤波器过渡带最宽，阻带最小衰减最大。

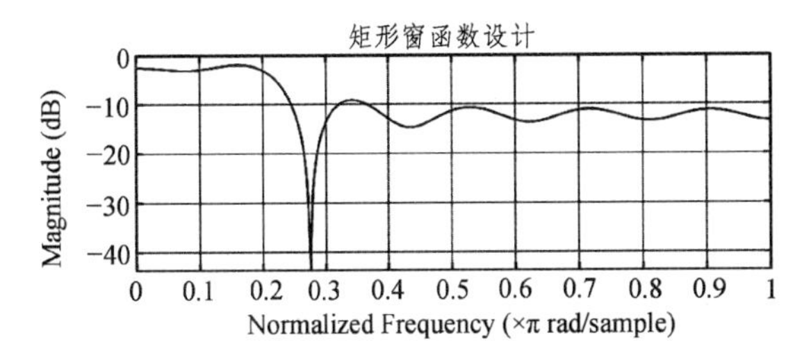

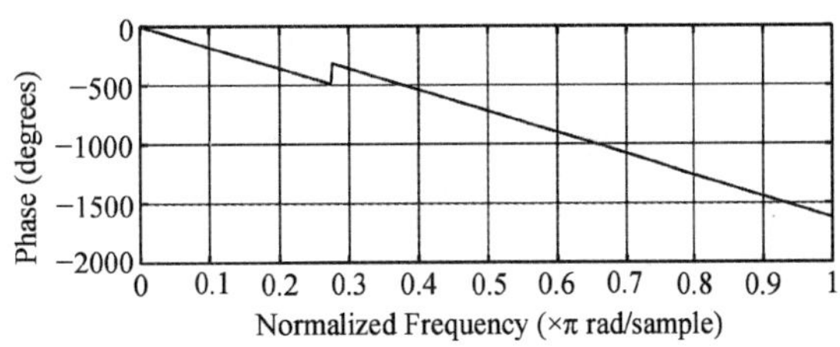

（a）矩形窗函数设计

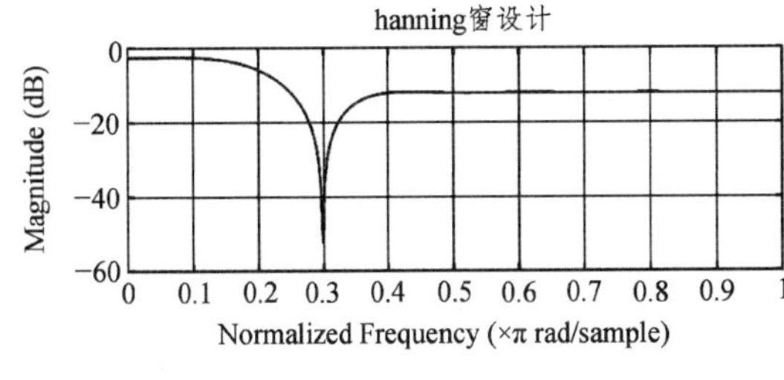

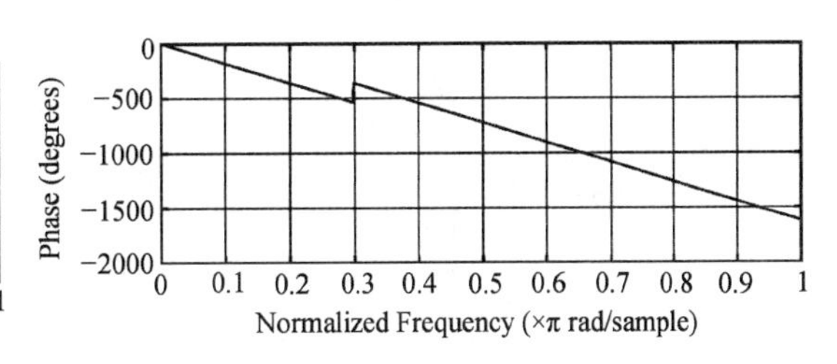

（b）Hanning 窗函数设计

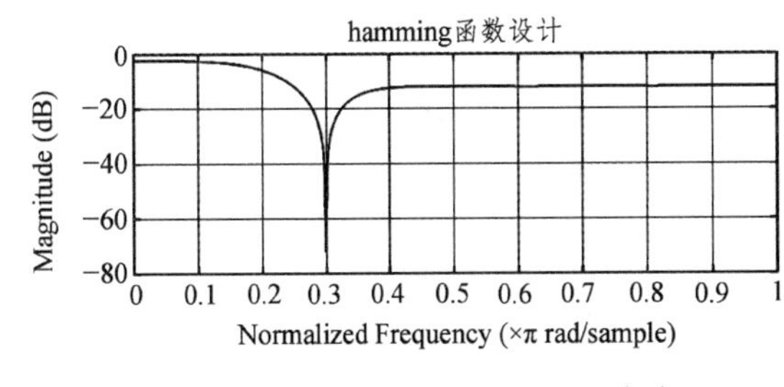

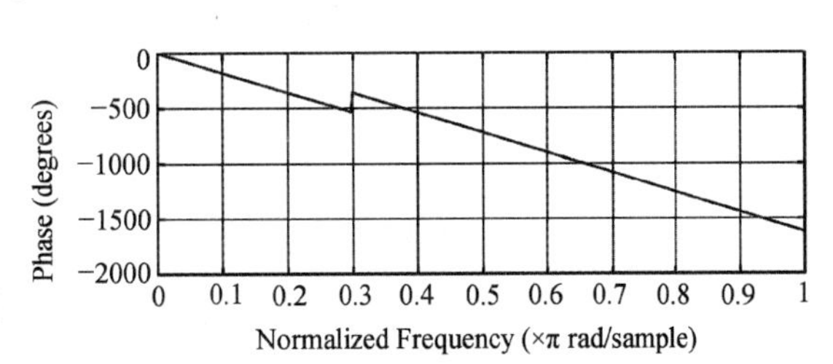

（c）Hamming 窗函数设计

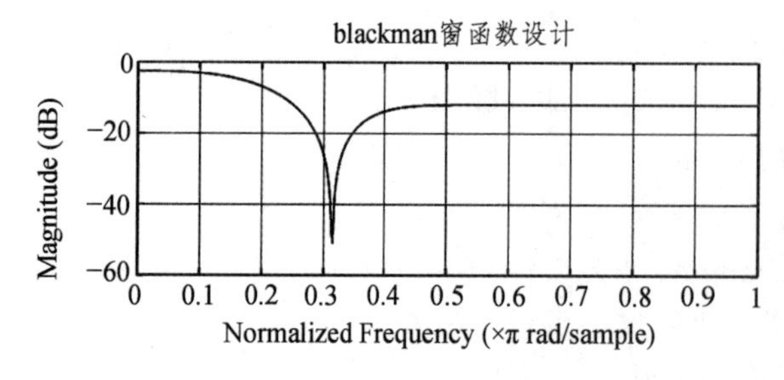

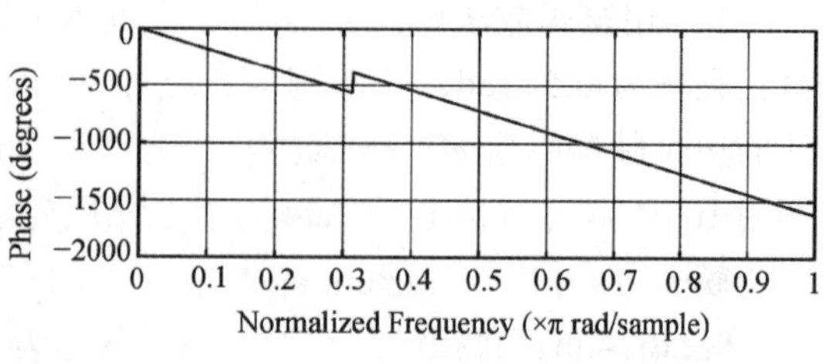

（d）Blackman 窗函数设计

图 6.2.14　习题 22 幅频和相频特性

23. 调用 Matlab 工具箱函数 remezord 和 remez 设计线性相位高通 FIR 滤波器，实现对模拟信号的采样序列 $x(n)$ 的数字高通滤波处理。指标要求：采样频率为 16 kHz；通带截止频率为 5.5 kHz，通带最小衰减为 1 dB；过渡带宽度小于等于 3.5 kHz，阻带最小衰减为 75 dB。列出 $h(n)$ 的序列数据，并画出损耗函数曲线。

解：滤波器的阻带截止频率 $f_s = 5500 - 3500 = 2000$ Hz 。本题设计程序 ex623.m 如下：

```
clear
 close all
Fs=16000;f=[3500 5500];%采样频率，边界频率为模拟频率（Hz）
m=[0 1];
rp=1;rs=75;dat1=(10^(rp/20)-1)/(10^(rp/20)+1);dat2=10^(-rs/20);
rip=[dat2,dat1];
[M,fo,mo,w]=remezord(f,m,rip,Fs);%边界频率为模拟频率（Hz）时必须加入采样频率 Fs
hn=remez(M,fo,mo,w)
```

程序运行结果：滤波器长度为 $N=M+1=21$，单位脉冲响应 $h(n)$ 及其损耗函数曲线如图 6.2.15 所示，请读者运行程序查看 $h(n)$ 的数据。

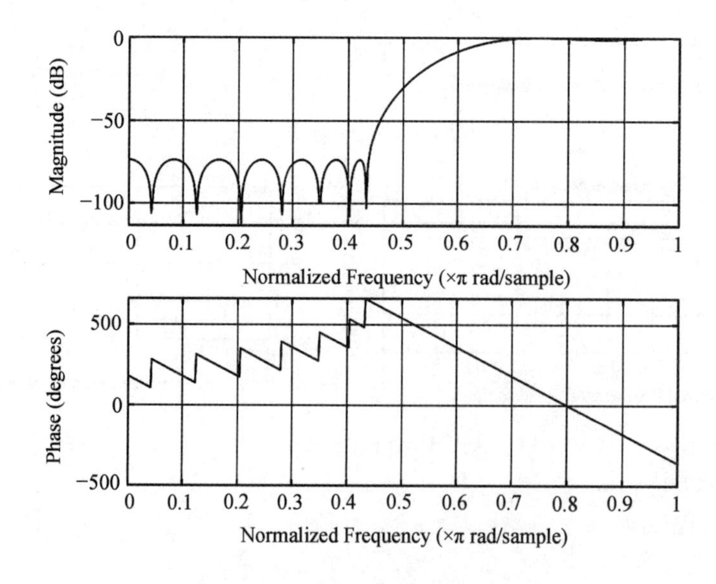

图 6.2.15　习题 23 幅频和相频特性

24. 用窗函数法设计一个线性相位低通 FIR 滤波器，要求通带截止频率为 0.3π rad，阻带截止频率为 0.5π rad，阻带最小衰减为 40 dB。选择合适的窗函数及其长度，求出并显示所设计的单位脉冲响应 $h(n)$ 的数据，并画出损耗函数曲线和相频特性曲线，请检验设计结果。试不用 firl 函数，直接按照窗函数设计法编程设计。

解：直接按照窗函数设计法编程设计的程序 ex624.m 如下：

```
%ex624.m：直接按照窗函数设计法编程设计线性相位低通 FIR 滤波器
clear
 close all
wp=0.3*pi;ws=0.5*pi;rs=40;                    %指标参数
Bt=ws-wp;                                      %过渡带宽度
N=ceil(6.2*pi/Bt);                             %选 hanning 窗，求 wn 长度 N
wc=(wp+ws)/2;r=(N-1)/2;                        %理想低通截止频率 wc
n=0:N-1;hdn=sin(wc*(n-r))./(pi*(n-r));              %计算理想低通的 hdn
hdn((N-1)/2+1)=wc/pi;                               %在 n=(N-1)/2=15 点为 0/0 型，直接赋值
wn=0.5*(1-cos(2*pi*n/(N-1)));                 %求窗函数序列 wn
hn=hdn.*wn                                          %加窗
freqz(hn,1)
```

程序运行结果：单位脉冲响应 $h(n)$ 损耗函数曲线和相频特性曲线如图 6.2.16 所示，请读者运行程序查看 $h(n)$ 的数据。

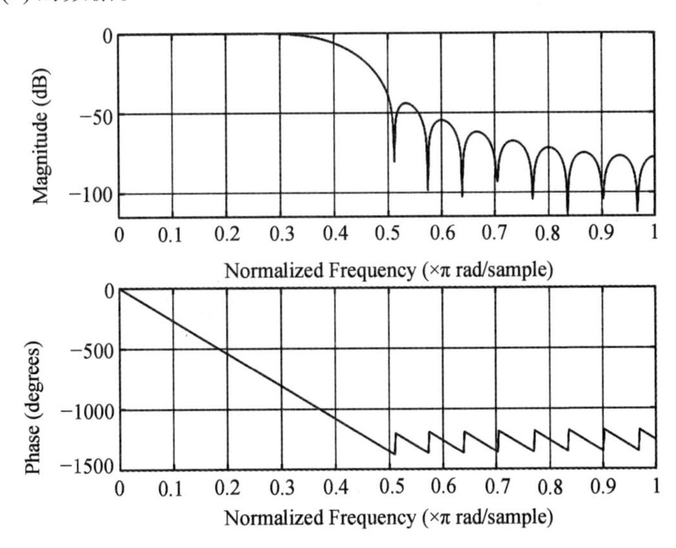

图 6.2.16 习题 24 幅频和相频特性

25. 调用 Matlab 工具箱函数 firl 设计线性相位高通 FIR 滤波器。要求通带截止频率为 0.6π rad，阻带截止频率为 0.45π rad，通带最大衰减为 0.2 dB，阻带最小衰减为 45 dB。显示所设计的单位脉冲响应 $h(n)$ 的数据，并画出损耗函数曲线。

解：直接按照窗函数设计法设计的程序 ex625.m 如下：

```
%ex625.m：直接按照窗函数设计法编程设计线性相位低通 FIR 滤波器
clear
```

```
close all
wp=0.6*pi;ws=0.45*pi;rs=45;            %指标参数
Bt=wp-ws;                              %过渡带宽度
N0=ceil(6.6*pi/Bt);                    %选 hamming 窗，求 wn 长度 N
N=N0+mod(N0+1,2);
wc=(wp+ws)/2/pi;                       %理想低通截止频率 wc
hn=fir1(N-1,wc,'high',hamming(N))      %计算 hn
freqz(hn,1)
```

程序运行结果：单位脉冲响应 $h(n)$ 及其损耗函数曲线如图 6.2.17 所示，请读者运行程序查看 $h(n)$ 数据。

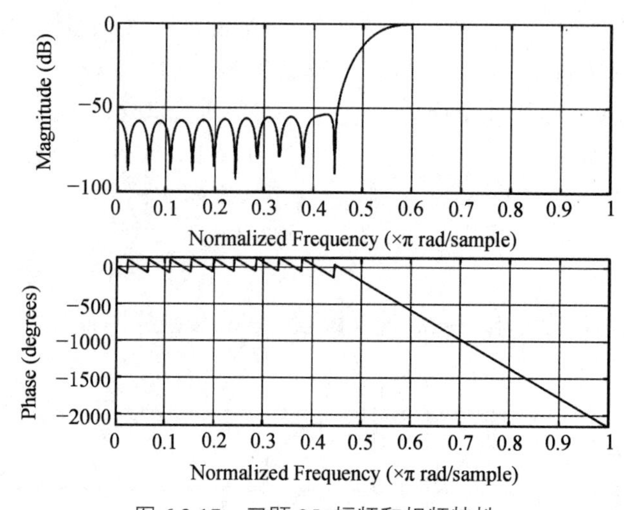

图 6.2.17　习题 25 幅频和相频特性

26. 调用 Matlab 工具箱函数 fir1 设计线性相位带通 FIR 滤波器。要求通带截止频率为 0.55π rad 和 0.7π rad，阻带截止频率为 0.45π rad 和 0.8π rad，通带最大衰减为 0.15 dB，阻带最小衰减为 40 dB。显示所设计的单位脉冲响应 $h(n)$ 的数据，并画出损耗函数曲线。

解：本题设计程序 ex626.m 如下：

```
%ex626.m：调用 firl 设计线性相位带通 FIR 滤波器
clear
close all
wpl=0.55*pi;wpu=0.7*pi;wsl=0.45*pi;wsu=0.8*pi;rs=40;     %指标参数
wc=[(wpl+wsl)/2   (wpu+wsu)/2];             %理想带通截止频率 wc
Bt=wpl-wsl;                                 %过渡带宽度
N=ceil(6.2*pi/Bt);                          %hanning 窗 wn 长度
hn=fir1(N-1,wc/pi,hanning(N))               %计算 hn
%以下为绘图部分（省略）
```

程序运行结果：滤波器长度 N=62。单位脉冲响应 $h(n)$ 及其损耗函数曲线如图 6.2.18 所示。请读者运行程序查看 $h(n)$ 的数据。

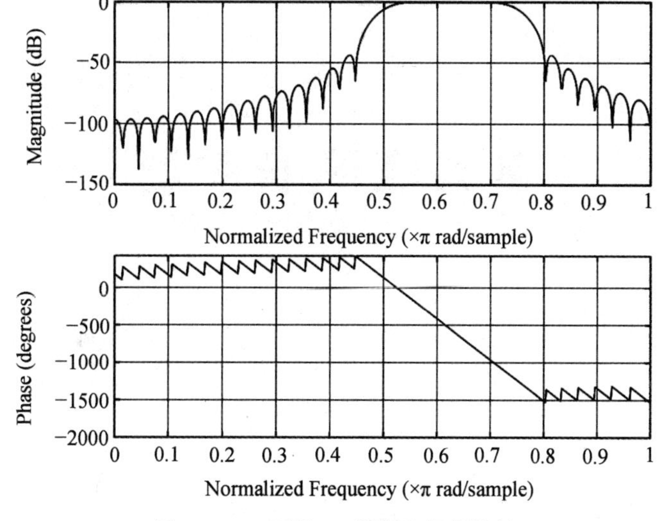

图 6.2.18　习题 26 幅频和相频特性

第7章 数字滤波器的实现

7.1 重点与难点

7.1.1 数字滤波器基本运算单元的信号流图表示

1. 流图

节点：两个以上支路的汇合点。

支路：起始于节点 j 而终止于节点 k 的一条有向通路，称为支路 jk。

基本支路：支路的增益是常数或 z^{-1} 的为基本支路。

输入节点：只有输出无输入的节点。

输出节点：只有输入无输出的节点。

2. 基本运算单元

离散系统的基本运算单元框图与流图表示如图 7.1.1 所示。

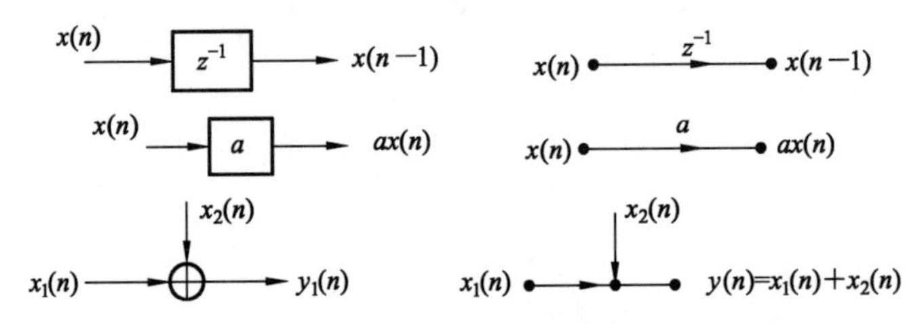

图 7.1.1 离散系统的基本运算单元框图与流图表示

3. 基本信号流图

（1）信号流图中所有支路的增益是常数或 z^{-1}。

（2）流图的环路中必须存在延迟支路。

（3）节点与支路的数目有限。

4. IIR 系统与 FIR 系统比较

（1）IIR 系统函数为 $H(z)=\dfrac{B(z)}{A(z)}=\dfrac{\sum\limits_{k=0}^{M}b_k z^{-k}}{1+\sum\limits_{k=1}^{N}a_k z^{-k}}$，系统有极点。

FIR 系统函数为 $H(z)=\sum_{k=0}^{M}b_k z^{-k}$ ，系统只有零点。

（2）IIR 系统的差分方程为 $y(n)=-\sum_{k=1}^{N}a_k y(n-k)+\sum_{k=0}^{M}b_k x(n-k)$ 。

FIR 系统的差分方程为 $y(n)=\sum_{k=0}^{M}b_k x(n-k)$ 。

（3）IIR 系统的单位脉冲响应 $h(n)$ 有无穷多项；FR 系统的单位脉冲响应 $h(n)$ 只有有限项。

（4）IIR 系统与过去的输出有关，所以网络结构有反馈支路，也被称为递归结构；FIR 系统只与激励有关，因此没有反馈支路，也被称为非递归结构。

7.1.2 IIR 数字滤波器的基本实现结构

1. IIR 系统的直接Ⅱ型

IIR 系统的直接Ⅱ型如图 7.1.2 所示。

$$H(z)=\frac{\sum_{k=0}^{M}b_k z^{-k}}{1+\sum_{k=1}^{N}a_k z^{-k}}$$

直接Ⅱ型结构的特点如下：

（1）所需要的延迟单元最少。

（2）受有限字长影响大。

（3）系统调整不方便。

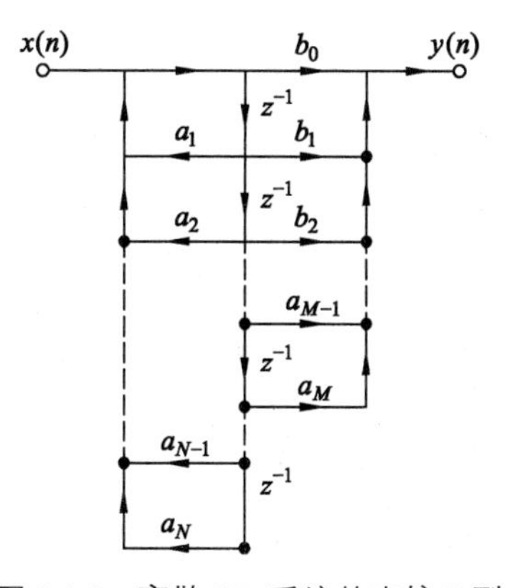

图 7.1.2 离散 IIR 系统的直接Ⅱ型

2. IIR 系统的级联形式

$$H(z)=A\frac{\prod_{k=1}^{M_1}\left(1-p_k z^{-1}\right)\prod_{k=1}^{M_2}\left(1+\beta_{1k}z^{-1}+\beta_{2k}z^{-2}\right)}{\prod_{k=1}^{N_1}\left(1-c_k z^{-1}\right)\prod_{k=1}^{N_2}\left(1-\alpha_{1k}z^{-1}-\alpha_{2k}z^{-2}\right)}$$

IIR 系统的级联形式如图 7.1.3 所示。

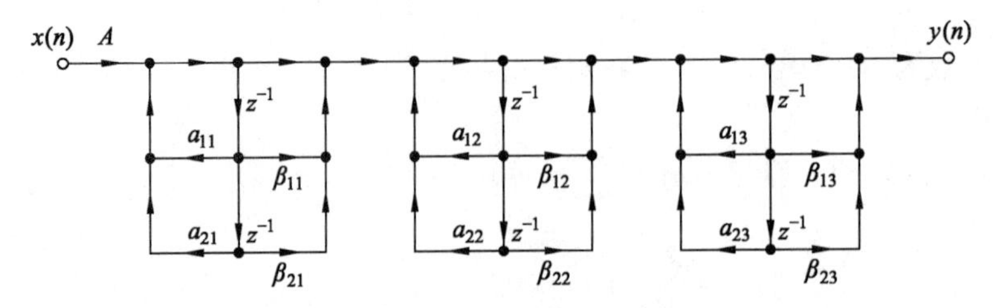

图 7.1.3 六阶 IIR 系统的级联形式

IIR 系统的级联形式特点如下：

（1）可用不同的搭配关系，改变基本节顺序，优选出有限字长影响小的结构。

（2）改变第 k 节系数可以调整第 k 对的零、极点，系统调整方便。

3. IIR 系统的并联形式

$$H(z)=G_0+\sum_{k=1}^{N_1}\frac{A_k}{1-c_k z^{-1}}+\sum_{k=1}^{N_2}\frac{\gamma_{0k}+\gamma_{1k}z^{-1}}{1-\alpha_{1k}z^{-1}-\alpha_{2k}z^{-2}}$$

当 $M<N$ 时，没有上式中的第二项和式。$M=N=3$ 时的并联结构如图 7.1.4 所示。

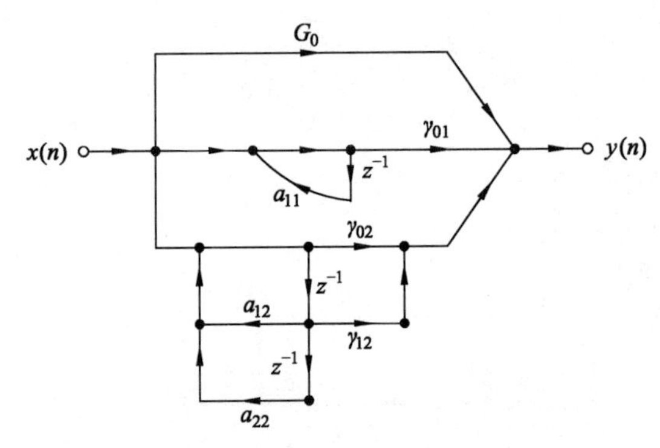

图 7.1.4 $M=N$ 时 IIR 系统的并联结构

IIR 系统的并联形式特点如下：

（1）调整比较方便，可以单独调整第 k 节的极点。

（2）各节的有限字长效应不会互相影响，有限字长影响小。

7.1.3 FIR 数字滤波器的基本实现结构

1. FIR 系统的直接形式（横截型、卷积型）

$$y(n)=\sum_{m=0}^{N-1}h(m)x(n-m)=h(0)x(n)+h(1)x(n-1)+\cdots+h(N-1)x[n-(N-1)]$$

FIR 系统的直接结构如图 7.1.5 所示。

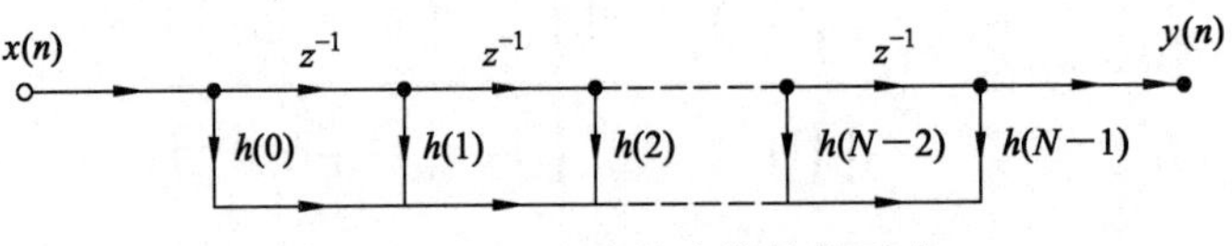

图 7.1.5 FIR 系统的直接结构形式

2. FIR 系统的级联形式

$$H(z)=\sum_{n=0}^{N-1}h(n)z^{-1}=\prod_{k=1}^{\left[\frac{N}{2}\right]}(\beta_{0k}+\beta_{1k}z^{-1}+\beta_{2k}z^{-2})$$

FIR 系统的级联结构形式如图 7.1.6 所示。

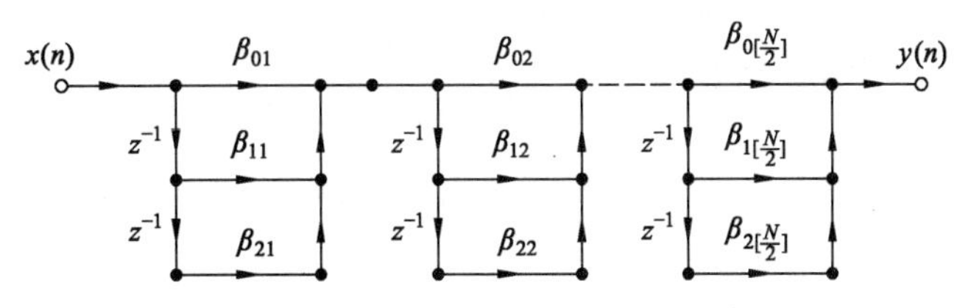

图 7.1.6　FIR 系统的级联结构形式

3. FIR 系统的频率采样结构

$$H(z)=\frac{1-z^{-N}}{N}\sum_{k=0}^{N-1}\frac{H(k)}{1-W_N^{-k}z^{-1}}$$

式中，$W_N^{-k}=\mathrm{e}^{\mathrm{j}\frac{2\pi}{N}k}$。

频率采样结构如图 7.1.7 所示。

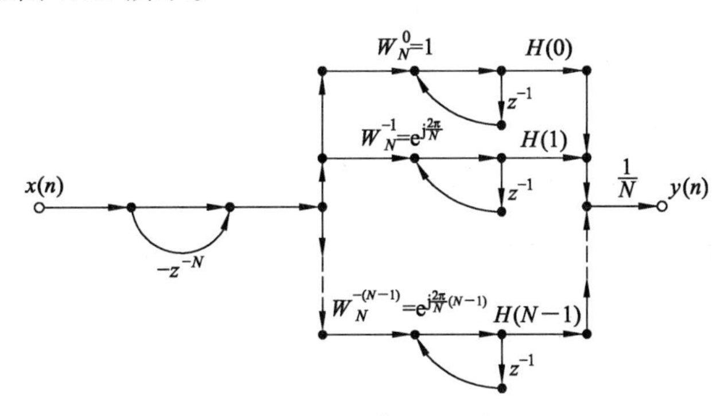

图 7.1.7　频率采样结构

4. 线性相位 FIR 系统的结构形式

线性相位 FIR 系统的条件是单位脉冲响应 $h(n)$ 为实序列，并且对 $(N-1)/2$ 有对称条件，即

偶对称：　　$h(n)=h(N-1-n)$

奇对称：　　$h(n)=-h(N-1-n)$

1）N 为奇数

$$H(z)=\sum_{n=0}^{N-1}h(n)z^{-n}=\sum_{n=0}^{\frac{N-1}{2}-1}h(n)\left[z^{-n}\pm z^{-(N-1-n)}\right]+h\left(\frac{N-1}{2}\right)^{-(N-1)/2}$$

第一类线性相位 FIR 系统的结构形式如图 7.1.8 所示。

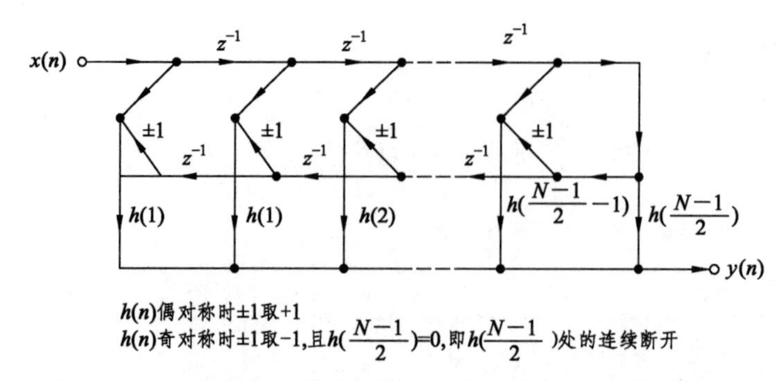

图 7.1.8　N 为奇数，线性相位 FIR 滤波器的直接结构的流图

2）N 为偶数

$$H(z)=\sum_{n=0}^{\frac{N}{2}-1}h(n)\left[z^{-n}\pm z^{-(N-1-n)}\right]$$

第二类线性相位 FIR 系统的结构形式如图 7.1.9 所示。

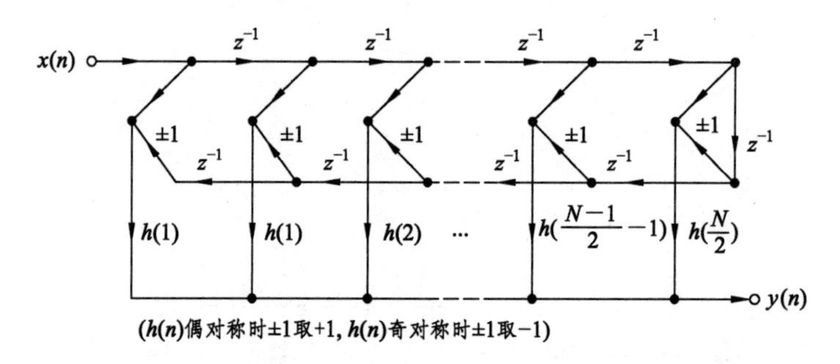

图 7.1.9　N 为偶数，线性相位 FIR 滤波器的直接结构的流图

7.1.4　数字信号处理技术的软件实现

1. 按照网络结构编写程序

首先将信号流图的节点进行排序，延时支路输出节点变量是其输入节点变量前一时刻已存储的数据，起始时，作为已知值（初始条件）；网络输入是已知数值，这样延时支路输出节点以及网络输入节点排序 k=0,网络中可以由 k=0 节点变量计算出节点排序 k=1。然后，由 k=0，1，可以计算出的节点排序 k=2⋯，按照这样的规律进行节点排序，直到将全部节点排完。最后，按照 k 从小到大写出运算次序。如以二阶网络排序（见图 7.1.10）:

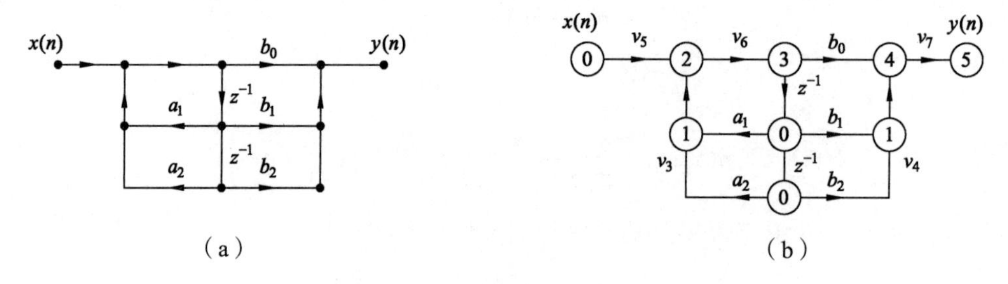

图 7.1.10　二阶网络的节点排序

起始数据 $x(n)$， $v_1=0, v_2=0$

（1）$\begin{cases} v_3 = a_1v_1 + a_2v_2 \\ v_4 = b_1v_1 + b_2v_2 \end{cases}$;

（2）$v_5 = x(n) + v_3$;

（3）$v_6 = v_5$;

（4）$v_7 = b_0v_6 + v_4$;

（5）$y(n) = v_7$;

（6）数据更新：$v_2 = v_1, v_1 = v_6$。

循环执行以上步骤，可完成网络运算。也可以进行简化：（2）、（3）合成一步，（4）、（5）合成一步。软件流程图如图 7.1.11 所示。

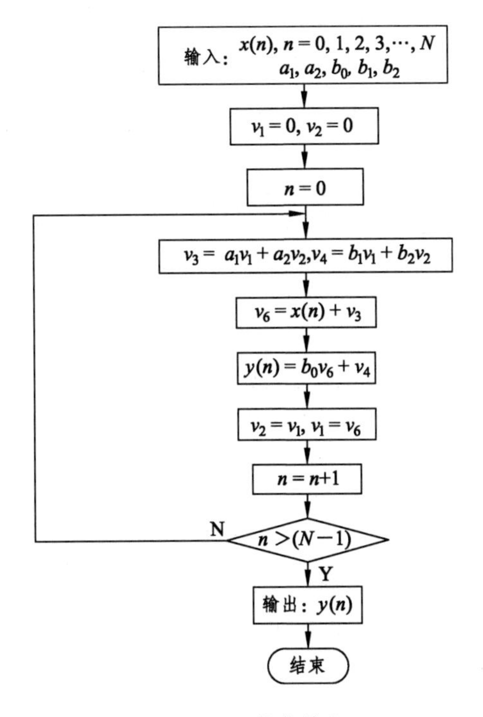

图 7.1.11 软件流程

7.2 习题解答

1. 用直接型结构实现以下系统函数：

$$H(z) = \frac{3 + 4.2z^{-1} + 0.8z^{-2}}{2 + 0.6z^{-1} - 0.4z^{-2}}$$

解：

$$H(z) = \frac{1.5 + 2.1z^{-1} + 0.4z^{-2}}{1 + 0.3z^{-1} - 0.2z^{-2}} = \frac{1.5 + 2.1z^{-1} + 0.4z^{-2}}{1 - (-0.3z^{-1} + 0.2z^{-2})}$$

因为 $$H(z)=\frac{\sum_{m=0}^{M}b_n z^{-m}}{1-\sum_{n=1}^{N}a_n z^{-n}}=\frac{Y(z)}{X(z)}$$

所以 $a_1=-0.3$， $a_2=0.2$

$b_0=1.5$， $b_1=2.1$， $b_2=0.4$

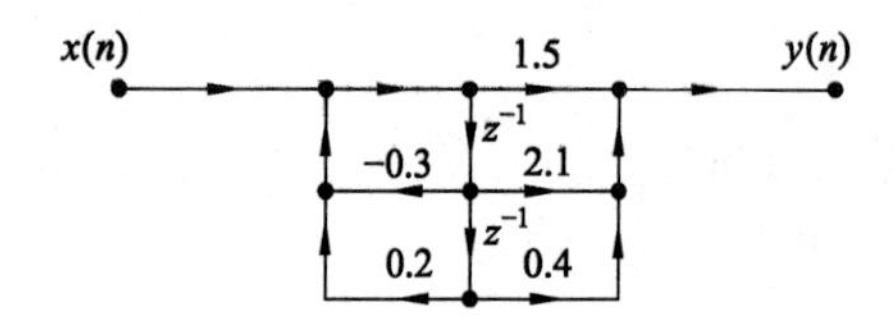

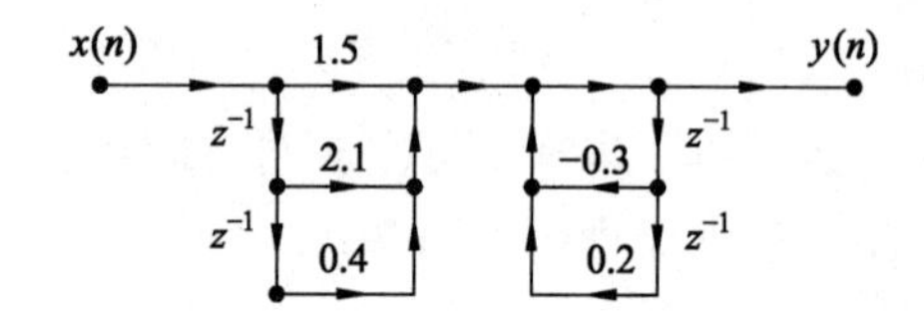

图 7.2.1　习题 1 流图

2. 用级联型结构实现以下系统函数：

$$H(z)=\frac{4(z+1)(z^2-1.4z+1)}{(z-0.5)(z^2+0.9z+0.8)}$$

试问一共能构成几种级联型网络。

解：

$$H(z)=A\prod_k \frac{1+\beta_{1k}z^{-1}+\beta_{2k}z^{-2}}{1-\alpha_{1k}z^{-1}-\alpha_{2k}z^{-2}}$$
$$=\frac{4(1+z^{-1})(1-1.4z^{-1}+z^{-2})}{(1-0.5z^{-1})(1+0.9z^{-1}+0.8z^{-2})}$$

故 $A=4$

$\beta_{11}=1$， $\beta_{21}=0$， $\beta_{12}=-1.4$， $\beta_{22}=1$

$\alpha_{11}=0.5$， $\alpha_{21}=0$， $\alpha_{12}=-0.9$， $\alpha_{22}=-0.8$

由此可得：采用二阶节实现时，考虑分子分母组合成二阶（一阶）基本节的方式，有四种实现形式。

3. 给出以下系统函数的并联型实现：

$$H(z)=4+\frac{0.2}{1-0.5z^{-1}}+\frac{1+0.3z^{-1}}{1+0.9z^{-1}+0.8z^{-2}}$$

解：对此系统函数进行因式分解并展成部分分式得

$$H(z)=4+\frac{0.2}{1-0.5z^{-1}}+\frac{1+0.3z^{-1}}{1+0.9z^{-1}+0.8z^{-2}}$$

故 $G_0=4$

$\alpha_{11}=0.5$， $\alpha_{21}=0$ ， $\alpha_{12}=-0.9$， $\alpha_{12}=-0.8$

$\gamma_{01}=0.2$， $\gamma_{11}=0$， $\gamma_{02}=1$， $\gamma_{12}=0.3$

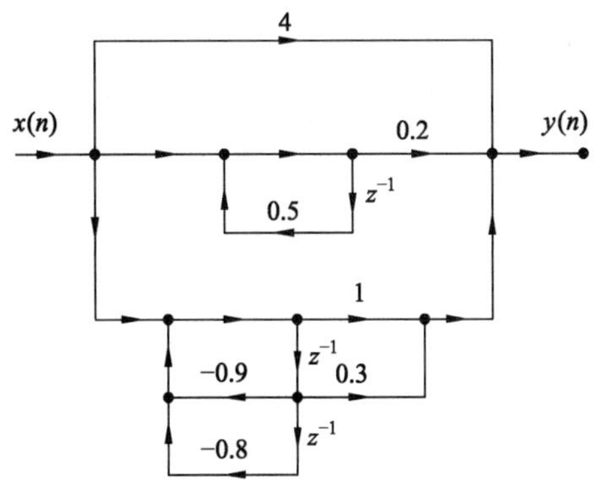

图 7.2.2　习题 3 流图

4. 已知系统用下面差分方程描述：

$$y(n)=\frac{3}{4}y(n-1)-\frac{1}{8}y(n-2)+x(n)+\frac{1}{3}x(n-1)$$

试分别画出系统的直接型、级联型和并联型结构。式中，$x(n)$ 和 $y(n)$ 分别表示系统的输入和输出信号。

解：将原式移项得 $y(n)-\frac{3}{4}y(n-1)+\frac{1}{8}y(n-2)=x(n)+\frac{1}{3}x(n-1)$

将上式进行 Z 变换，得到 $Y(z)-\frac{3}{4}Y(z)z^{-1}+\frac{1}{8}Y(z)z^{-2}=X(z)+\frac{1}{3}X(z)z^{-1}$

$$H(z)=\frac{1+\frac{1}{3}z^{-1}}{1-\frac{3}{4}z^{-1}+\frac{1}{8}z^{-2}}$$

（1）按照系统函数 $H(z)$，画出直接型结构，如图 7.2.3（a）所示。

（2）将 $H(z)$ 的分母进行因式分解：

$$H(z)=\frac{1+\frac{1}{3}z^{-1}}{1-\frac{3}{4}z^{-1}+\frac{1}{8}z^{-2}}=\frac{1+\frac{1}{3}z^{-1}}{\left(1-\frac{1}{2}z^{-1}\right)\left(1-\frac{1}{4}z^{-1}\right)}$$

按照上式可以有两种级联型结构：

$$H(z)=\frac{1+\frac{1}{3}z^{-1}}{1-\frac{1}{2}z^{-1}}\cdot\frac{1}{1-\frac{1}{4}z^{-1}}=\frac{1}{1-\frac{1}{2}z^{-1}}\cdot\frac{1+\frac{1}{3}z^{-1}}{1-\frac{1}{4}z^{-1}}$$

画出级联型结构，如图 7.2.3（b）所示。

（3）将 $H(z)$ 进行部分分式展开：

$$H(z)=\frac{1+\frac{1}{3}z^{-1}}{\left(1-\frac{1}{2}z^{-1}\right)\left(1-\frac{1}{4}z^{-1}\right)}$$

$$\frac{H(z)}{z}=\frac{z+\frac{1}{3}}{\left(z-\frac{1}{2}\right)\left(z-\frac{1}{4}\right)}=\frac{A}{z-\frac{1}{2}}+\frac{B}{z-\frac{1}{4}}$$

$$A=\frac{z+\frac{1}{3}}{\left(z-\frac{1}{2}\right)\left(z-\frac{1}{4}\right)}\left(z-\frac{1}{2}\right)\Big|_{z=\frac{1}{2}}=\frac{10}{3}$$

$$B=\frac{z+\frac{1}{3}}{\left(z-\frac{1}{2}\right)\left(z-\frac{1}{4}\right)}\left(z-\frac{1}{4}\right)\Big|_{z=\frac{1}{4}}=-\frac{7}{3}$$

$$\frac{H(z)}{z}=\frac{\frac{10}{3}}{z-\frac{1}{2}}-\frac{\frac{7}{3}}{z-\frac{1}{4}}$$

$$H(z)=\frac{\frac{10}{3}z}{z-\frac{1}{2}}-\frac{\frac{7}{3}z}{z-\frac{1}{4}}=\frac{\frac{10}{3}}{1-\frac{1}{2}z^{-1}}+\frac{-\frac{7}{3}}{1-\frac{1}{4}z^{-1}}$$

根据上式画出并联型结构，如图 7.2.3（c）所示。

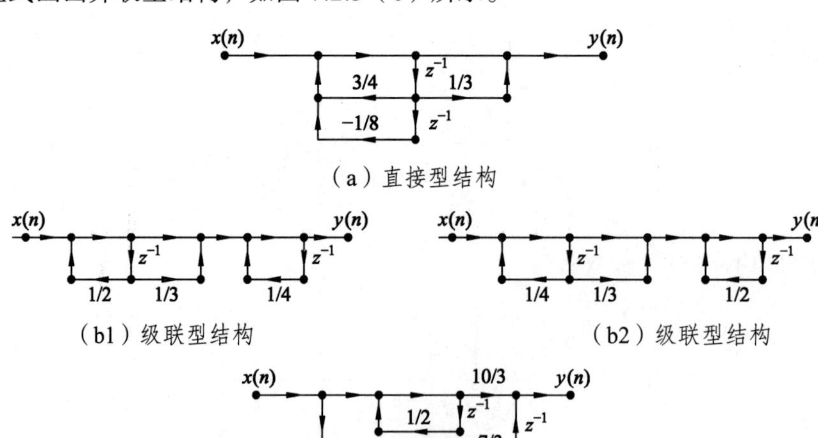

（a）直接型结构

（b1）级联型结构　　（b2）级联型结构

（c）并联型结构

图 7.2.3　习题 4 结构图

5. 图 7.2.4 中画出了 4 个系统，试用各子系统的单位脉冲响应分别表示各总系统的单位脉冲响应，并求其总系统函数。

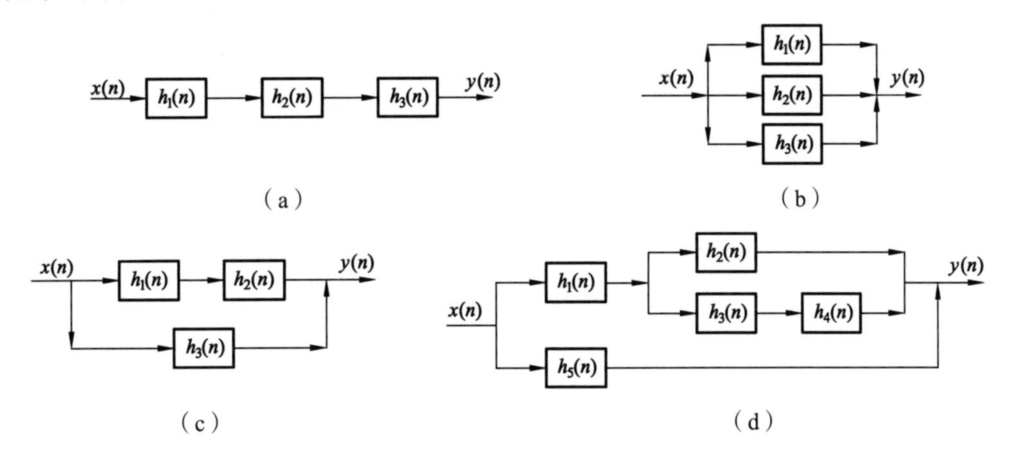

图 7.2.4 题 5 图

解：（1） $h(n)=h_1(n)*h_2(n)*h_3(n), H(z)=H_1(z)H_2(z)H_3(z)$；

（2） $h(n)=h_1(n)+h_2(n)+h_3(n), H(z)=H_1(z)+H_2(z)+H_3(z)$；

（3） $h(n)=h_1(n)*h_2(n)+h_3(n), H(z)=H_1(z)\cdot H_2(z)+H_3(z)$；

（4） $h(n)=h_1(n)*[h_2(n)+h_3(n)*h_4(n)]+h_5(n)=h_1(n)*h_2(n)+h_1(n)*h_3(n)*h_4(n)+h_5(n)$

$H(z)=H_1(z)H_2(z)+H_1(z)H_3(z)H_4(z)+H_5(z)$。

6. 图 7.2.5 中画出了 10 种不同的流图，试分别写出它们的系统函数及差分方程。

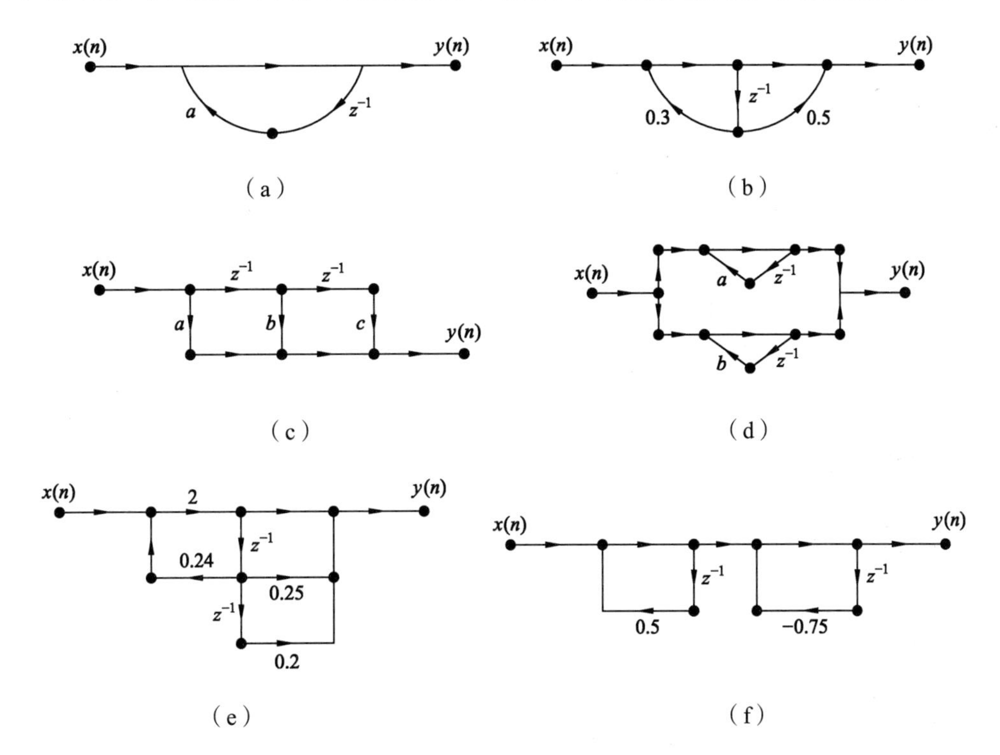

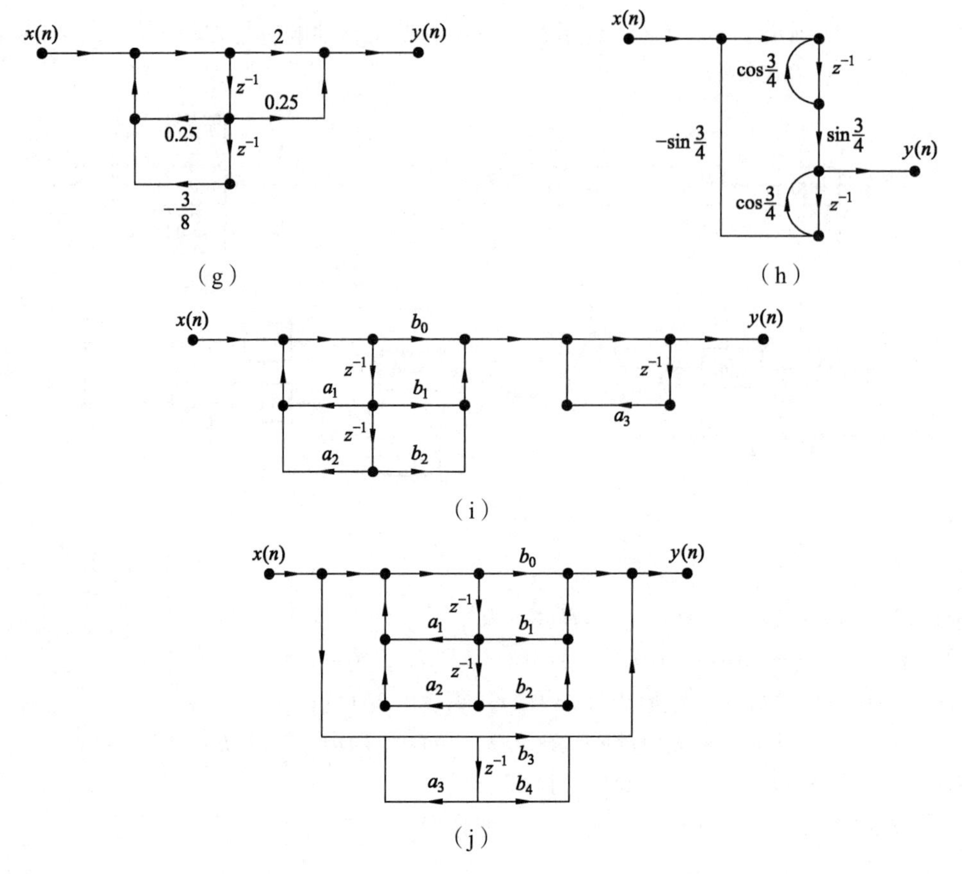

图 7.2.5　题 6 图

解：（1）$H(z)=\dfrac{1}{1+az^{-1}}$；

（2）$H(z)=\dfrac{1+0.5z^{-1}}{1-0.3z^{-1}}$；

（3）$H(z)=a+bz^{-1}+cz^{-2}$；

（4）$H(z)=\dfrac{1}{1-az^{-1}}+\dfrac{1}{1-bz^{-1}}$；

（5）$H(z)=\dfrac{2+0.24z^{-1}}{1-0.25z^{-1}-0.2z^{-2}}$；

（6）$H(z)=\dfrac{1}{1-0.5z^{-1}}\cdot\dfrac{1}{1+0.75z^{-1}}$；

（7）$H(z)=\dfrac{2+0.25z^{-1}}{1-0.25z^{-1}+\dfrac{3}{8}z^{-2}}$；

（8）$H(z)=\dfrac{\sin 0.75\cdot z^{-1}-0.5\sin 1.5\cdot z^{-2}}{1-2\cos 0.75\cdot z^{-1}+z^{-2}}$；

（9）$H(z)=\dfrac{b_0+b_1z^{-1}+b_2z^{-2}}{1-a_1z^{-1}-a_2z^{-2}}\cdot\dfrac{1}{1-a_3z^{-1}}$；

（10）$H(z)=\dfrac{b_0+b_1z^{-1}+b_2z^{-2}}{1-a_1z^{-1}-a_2z^{-2}}+\dfrac{b_3+b_4z^{-1}}{1-a_3z^{-1}}$。

7. 设数字滤波器的差分方程为

$$y(n)=x(n)+x(n-1)+\frac{1}{3}y(n-1)+\frac{1}{4}y(n-2)$$

试画出系统的直接型结构。

解： 由差分方程得到滤波器的系统函数为

$$H(z)=\frac{1+z^{-1}}{1-\frac{1}{3}z^{-1}-\frac{1}{4}z^{-2}}$$

画出其直接型结构，如图 7.2.6 所示。

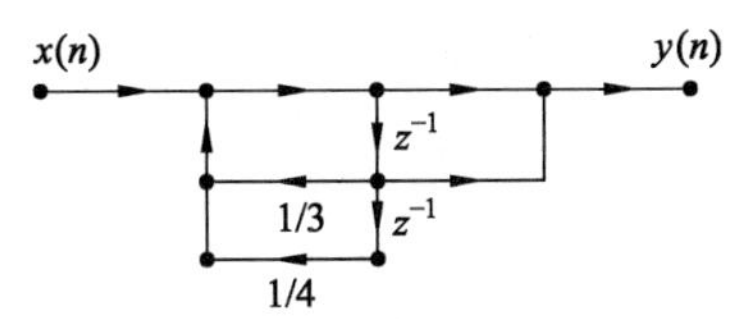

图 7.2.6　习题 7 结构图

8. 设系统的差分方程为

$$y(n)=(a+b)y(n-1)-aby(n-2)+x(n-2)+(a+b)x(n-1)+ab$$

式中，$|a|<1,|b|<1$, $x(n)$ 和 $y(n)$ 分别表示系统的输入和输出信号，试画出系统的直接型和级联型结构。

解：（1）直接型结构。将差分方程进行 Z 变换，得到

$$Y(z)=(a+b)Y(z)z^{-1}-abY(z)z^{-2}+X(z)z^{-2}-(a+b)X(z)z^{-1}+ab$$

$$H(z)=\frac{Y(z)}{X(z)}=\frac{ab-(a+b)z^{-1}+z^{-2}}{1-(a+b)z^{-1}-abz^{-2}}$$

其直接型结构如图 7.2.7（a）所示。

（2）级联型结构。将 $H(z)$ 的分子和分母进行因式分解，得到

$$H(z)=\frac{(a-z^{-1})(b-z^{-1})}{(1-az^{-1})(1-bz^{-1})}=H_1(z)H_2(z)$$

按照上式可以有两种级联型结构：

①

$$H_1(z)=\frac{z^{-1}-a}{1-az^{-1}},\quad H_2(z)=\frac{z^{-1}-b}{1-bz^{-1}}$$

画出级联型结构，如图 7.2.7（b1）所示。

②

$$H_1(z)=\frac{z^{-1}-a}{1-bz^{-1}},\ H_2(z)=\frac{z^{-1}-b}{1-az^{-1}}$$

画出级联型结构，如图 7.2.7（b2）所示。

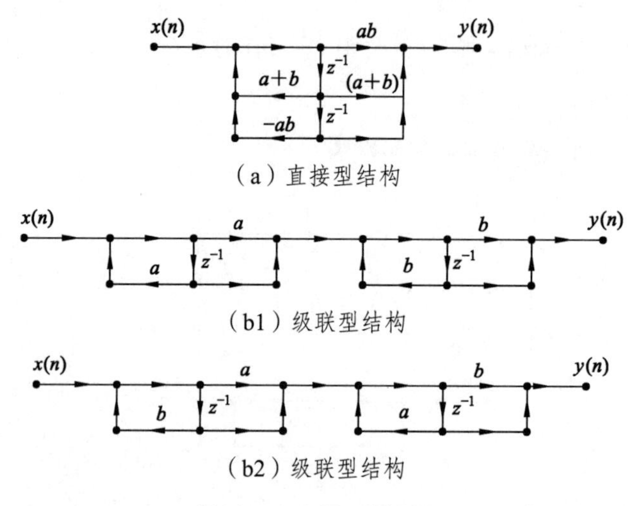

（a）直接型结构

（b1）级联型结构

（b2）级联型结构

图 7.2.7 习题 8 波形图

9. 用直接型结构实现以下系统函数：

$$H(z)=\left(1-\frac{1}{2}z^{-1}\right)\left(1+6z^{-1}\right)\left(1-2z^{-1}\right)\left(1+\frac{1}{6}z^{-1}\right)\left(1-z^{-1}\right)$$

解：

$$\begin{aligned}H(z)&=\left(1-\frac{1}{2}z^{-1}\right)\left(1+6z^{-1}\right)\left(1-2z^{-1}\right)\left(1+\frac{1}{6}z^{-1}\right)\left(1-z^{-1}\right)\\&=\left(1-\frac{1}{2}z^{1}-2z^{1}+z^{2}\right)\left(1+\frac{1}{6}z^{-1}+6z^{-1}+z^{-2}\right)\left(1-z^{-1}\right)\\&=\left(1-\frac{5}{2}z^{1}+z^{2}\right)\left(1+\frac{37}{6}z^{-1}+z^{-2}\right)\left(1-z^{-1}\right)\\&=1+\frac{8}{3}z^{-1}-\frac{205}{12}z^{-2}+\frac{205}{12}z^{-3}-\frac{8}{3}z^{-4}-z^{-5}\end{aligned}$$

结构如图 7.2.8 所示。

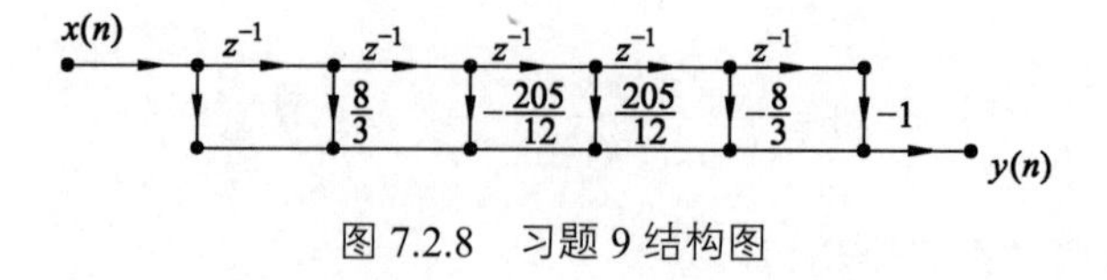

图 7.2.8 习题 9 结构图

10. 已知 FIR 滤波器的单位冲激响应为

$$h(n)=\delta(n)+0.3\delta(n-1)+0.72\delta(n-2)+0.11\delta(n-3)+0.12\delta(n-4)$$

试画出其级联型结构实现。

解：根据 $H(z)=\sum_{n=0}^{N-1}h(n)z^{-n}$ 得

$$\begin{aligned}H(z)&=1+0.3z^{-1}+0.72z^{-2}+0.11z^{-3}+0.12z^{-4}\\&=(1+0.2z^{-1}+0.3z^{-2})(1+0.1z^{-1}+0.4z^{-2})\end{aligned}$$

而 FIR 级联型结构的模型公式为

$$H(z)=\prod_{k=1}^{[\frac{N}{2}]}(\beta_{0k}+\beta_{1k}z^{-1}+\beta_{2k}z^{-2})$$

对照上式可得此题的参数为

$$\begin{aligned}&\beta_{01}=1,\ \beta_{02}=1\\&\beta_{11}=0.2,\ \beta_{12}=0.1\\&\beta_{21}=0.3,\ \beta_{22}=0.4\end{aligned}$$

级联型结构如图 7.2.9 所示。

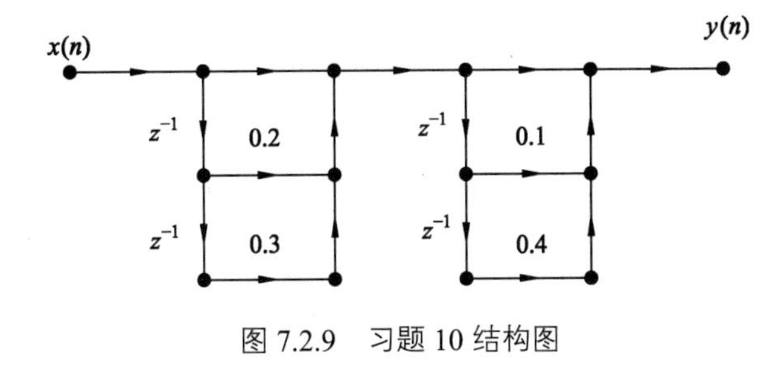

图 7.2.9　习题 10 结构图

11. 假设滤波器的单位脉冲响应为

$$h(n)=a^n u(n),\ 0<a<1$$

求出滤波器的系统函数，并画出它的直接型结构。

解：滤波器的系统函数为

$$H(z)=ZT[h(n)]=\frac{1}{1-az^{-1}}$$

系统的直接型结构如图 7.2.10 所示。

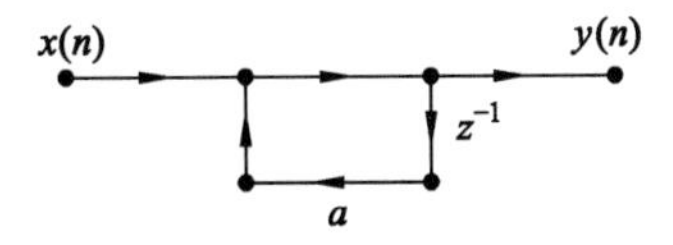

图 7.2.10　习题 11 结构图

12. 已知系统的单位脉冲响应为

$$h(n)=\delta(n)+2\delta(n-1)+0.3\delta(n-2)+2.5\delta(n-3)+0.5(n-5)$$

试写出系统的系统函数，并画出它的直接型结构。

解：将 $h(n)$ 进行 Z 变换，得到它的系统函数

$$H(z)=1+2z^{-1}+0.3z^{-2}+2.5z^{-3}+0.5z^{-5}$$

画出它的直接型结构，如图 7.2.11 所示。

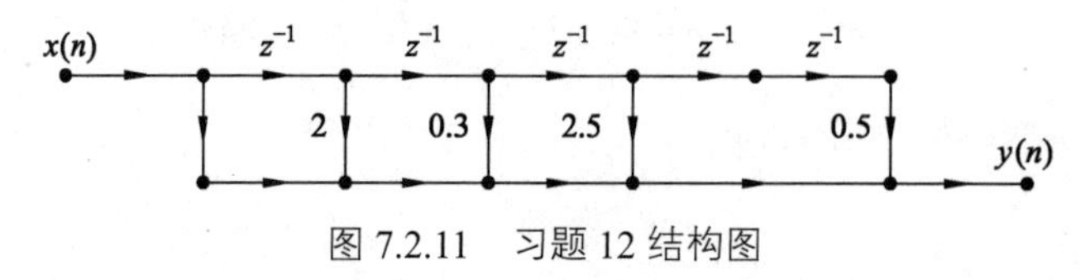

图 7.2.11　习题 12 结构图

13. 已知 FIR 滤波器的系统函数为

$$H(z)=\frac{1}{10}(1+0.9z^{-1}+2.1z^{-2}+0.9z^{-3}+z^{-4})$$

试画出该滤波器的直接型结构和线性相位结构。

解：画出滤波器的直接型结构、线性相位结构，分别如图 7.2.12（a)、（b）所示。

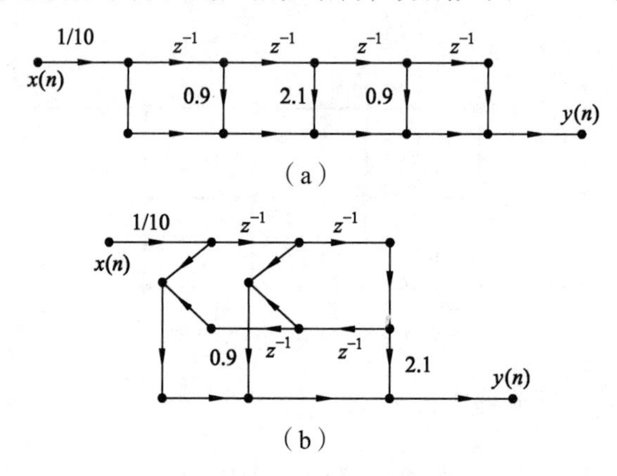

（a）

（b）

图 7.2.12　习题 13 波形图

14. 已知 FIR 滤波器的单位脉冲响应为：

（1）$N=6$，

$h(0)=h(5)=1.5$，

$h(1)=h(4)=2$，

$h(2)=h(3)=3$；

（2）$N=7$，

$h(0)=-h(6)=3$，

$h(1)=-h(5)=-2$，

$h(2)=-h(4)=1$，

$h(3=0$。

试画出它们的线性相位型结构图，并分别说明它们的幅度特性、相位特性各有什么特点。

解：分别画出结构图，如图 7.2.13（a)、（b）所示。

（1）属第一类 N 为偶数的线性相位滤波器，幅度特性关于 $\omega=0$，π，2π 偶对称，相位特

性为线性、奇对称。

（2）属第二类 N 为奇数的线性相位滤波器，幅度特性关于 $\omega=0$，π，2π 奇对称，相位特性为线性且有固定的 $\pi/2$ 相移。

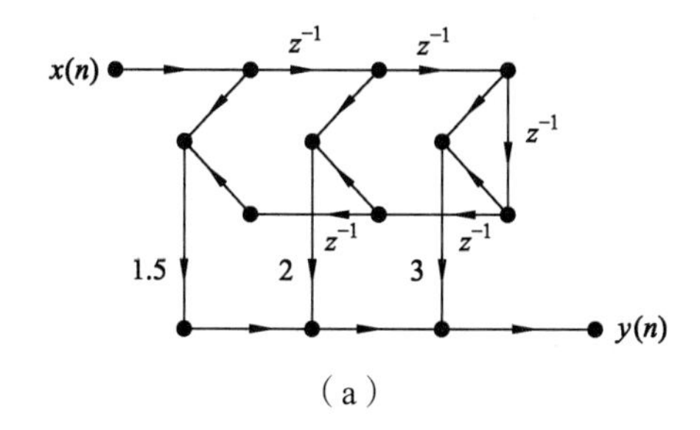

（a）

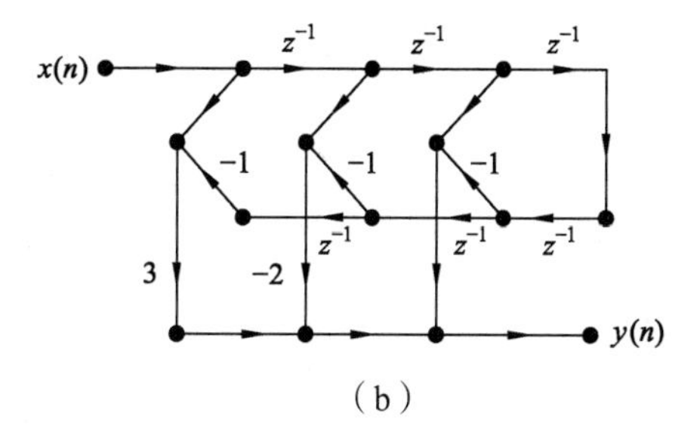

（b）

图 7.2.13　习题 14 波形图

15. 某因果数字滤波器如下列差分方程所示：

$$y(n)=0.25x(n)+0.35x(n-1)+0.45x(n-2)+a_1x(n-3)+a_2x(n-4)+a_3x(n-5)$$

（1）求出系统函数 $H(z)$ 和 $h(n)$，并说明该滤波器属于哪类数字滤波器。

（2）为了使该滤波器具有线性相位，a_1,a_2,a_3 应取何值？试画出该线性相位数字滤波器的结构流程图。

解：（1）对差分方程做 Z 变换，有

$$Y(z)=0.25X(z)+0.35z^{-1}X(z)+0.45z^{-2}X(z)+a_1z^{-3}X(z)+a_2z^{-4}X(z)+a_3z^{-5}X(z)$$

得
$$H(z)=\frac{Y(z)}{X(z)}=0.25+0.35z^{-1}+0.45z^{-2}+a_1z^{-3}+a_2z^{-4}+a_3z^{-5}$$

$$h(n)=0.25\delta(n)+0.35\delta(n-1)+0.45\delta(n-2)+a_1\delta(n-3)+a_2\delta(n-4)+a_3\delta(n-5)$$

该滤波器属于 FIR 滤波器。

（2）为了使该滤波器具有线性相位，$h(n)$ 系数具有奇对称或偶对称，即

$$a_1=\pm 0.45, a_2=\pm 0.35, a_3=\pm 0.25$$

其线性相位数字滤波器的结构流程如图 7.2.14 所示。

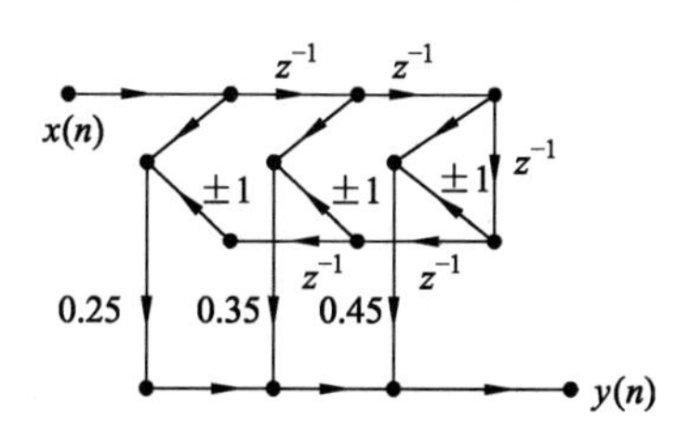

图 7.2.14　习题 15 结构图

16. 已知 FIR 滤波器的 16 个频率采样值为：

$$H(0)=12,\quad H(1)=-3-\mathrm{j}\sqrt{3},\quad H(3)\sim H(13)=0$$

$$H(14)=1-\mathrm{j},\quad H(2)=1+\mathrm{j},\quad H(15)=-3+\mathrm{j}\sqrt{3}$$

试画出其频率采样结构，选择 r=1，可以用复数乘法器。

解： $H(z)=\dfrac{1-z^{-N}}{N}\sum_{k=0}^{N-1}\dfrac{H(k)}{1-W_N^{-k}z^{-1}}$，$N=16$

其结构如图 7.2.15 所示。

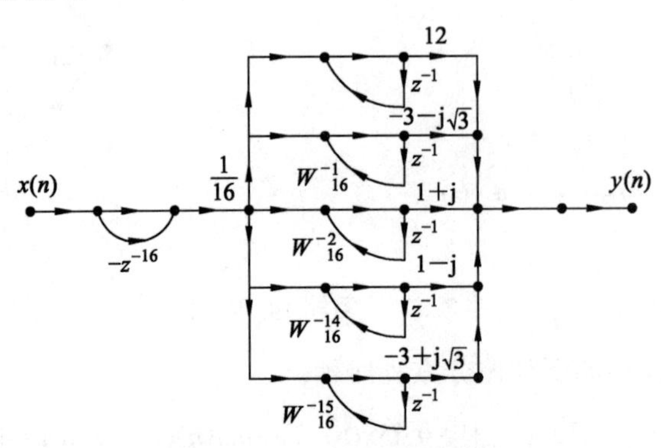

图 7.2.15　习题 16 结构图

17. 已知 FIR 滤波器系统函数在单位圆上 16 个等间隔采样点为：

$H(0)=12,$　　　　　　$H(3)\sim H(13)=0,$

$H(1)=-3-j\sqrt{3},$　　　　$H(14)=1-j,$

$H(2)=1+j,$　　　　　　$H(15)=-3+j\sqrt{3}$

试画出它的频率采样结构，取修正半径 r=0.9，要求用实数乘法器。

解：

$$H(z)=\frac{1-z^{-N}}{N}\sum_{k=0}^{N-1}\frac{H(k)}{1-W_N^{-k}z^{-1}}$$

将上式中互为复共轭的并联支路合并，得到

$$\begin{aligned}H(z)&=\frac{1-r^{16}z^{-16}}{16}\sum_{k=0}^{15}\frac{H(k)}{1-rW_{16}^{k}z^{-1}}\\&=\frac{1}{16}(1-0.1853z^{-16})\left[\frac{H(0)}{1-0.9z^{-1}}+\left(\frac{H(1)}{1-0.9W_{16}^{-1}z^{-1}}+\frac{H(15)}{1-0.9W_{16}^{-15}z^{-1}}\right)+\right.\\&\left.\left(\frac{H(2)}{1-0.9W_{16}^{-2}z^{-1}}+\frac{H(14)}{1-0.9W_{16}^{-14}z^{-1}}\right)\right]\\&=\frac{1}{16}(1-0.1853z^{-16})\left[\frac{12}{1-0.9z^{-1}}+\left(\frac{-6-6.182z^{-1}}{1-1.663z^{-1}+0.81z^{-2}}+\right.\right.\\&\left.\left.\frac{2-2.5456z^{-1}}{1-1.2728z^{-1}+0.81z^{-2}}\right)\right]\end{aligned}$$

其结构如图 7.2.16 所示。

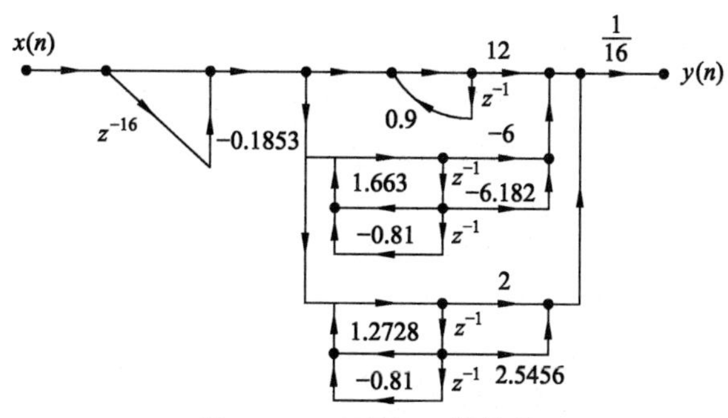

图 7.2.16　习题 17 结构图

18. 已知 FIR 滤波器的单位脉冲响应为

$$h(n)=\delta(n)-\delta(n-1)+\delta(n-4)$$

试用频率采样结构实现该滤波器。设采样点数 N=5，要求画出频率采样网络结构，写出滤波器参数的计算公式。

解：已知频率采样结构的公式为

$$H(z)=(1-z^{-N})\frac{1}{N}\sum_{k=0}^{N-1}\frac{H(k)}{1-W_N^{-k}z^{-1}}$$

式中，$N=5$，

$$\begin{aligned}H(k)&=DFT\,[h(n)]\\&=\sum_{n=0}^{N-1}h(n)W_N^{kn}=\sum_{n=0}^{4}[\delta(n)-\delta(n-1)+\delta(n-4)]W_N^{kn}\\&=1-\mathrm{e}^{-\mathrm{j}\frac{2}{5}\pi k}+\mathrm{e}^{-\mathrm{j}\frac{8}{5}\pi k},\ k=0,1,2,3,4\end{aligned}$$

网络结构如图 7.2.17 所示。

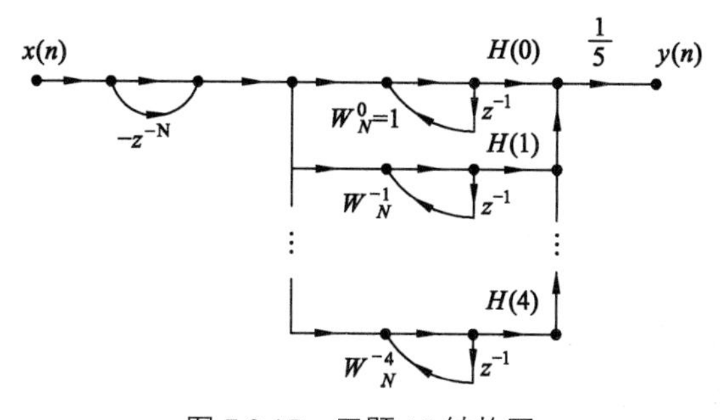

图 7.2.17　习题 18 结构图

19. 某 IIR 滤波器由下列差分方程描述，使用 dir2cas()函数求它的级联结构（用 Matlab 求解）。

$$\begin{aligned}&16y(n)+12y(n-1)+2y(n-2)-4y(n-3)-y(n-4)\\&=x(n)-3x(n-1)+11x(n-2)-27x(n-3)+18x(n-4)\end{aligned}$$

解：用 Matlab 程序实现由直接型转换成级联型结构。

先定义一函数 dir2cas.m：

```
function [b0,B,A] = dir2cas(b,a);
% 直接型到级联型的型式 bai 转换(复数对型)
% -----------------------------------------------------------
% [b0,B,A] = dir2cas(b,a)
% b = 直接型的分子多项式系数
% a = 直接型的分母多项式系数
% b0 = 增益系数
% B = 包含各 bk 的 k 乘 3 维实系数矩阵
% A = 包含各 ak 的 k 乘 3 维实系数矩阵
% compute gain coefficient b0
b0 = b(1); b = b/b0;
a0 = a(1); a = a/a0;
b0 = b0/a0;
%
M = length(b); N = length(a);
if N > M
b = [b zeros(1,N-M)];
elseif M > N
a = [a zeros(1,M-N)]; N = M;
else
NM = 0;
end
%
K = floor(N/2); B = zeros(K,3); A = zeros(K,3);
if K*2 == N;
b = [b 0];
a = [a 0];
end
%
broots = cplxpair(roots(b));
aroots = cplxpair(roots(a));
for i=1:2:2*K
Brow = broots(i:1:i+1,:);
Brow = real(poly(Brow));
B(fix((i+1)/2),:) = Brow;
Arow = aroots(i:1:i+1,:);
Arow = real(poly(Arow));
A(fix((i+1)/2),:) = Arow;
end
```

再编写主程序：

```
%ex719.m
b=[1 -3 11 -27 18];a=[16 12 2 -4 -1];
[b0,B,A]=dir2cas(b,a)
```

运行结果：

```
b0 = 0.0625
B = 1.0000      0.0000      9.0000
      1.0000     -3.0000      2.0000
A = 1.0000      1.0000      0.5000
      1.0000     -0.2500     -0.1250
```

其级联型结构为

$$H(z)=0.0625\frac{1-3z^{-1}+2z^{-2}}{1-0.25z^{-1}-0.125z^{-2}}\cdot\frac{1+9z^{-2}}{1+z^{-1}+0.5z^{-2}}$$

20. 使用 dir2par()函数将上题的系统用并联型实现（用 Matlab 求解）。

解： 用 Matlab 程序实现由直接型转换成并联型结构。

先定义一函数 dir2par.m：

```
function [C,B,A] = dir2par(b,a);
 % DIRECT-form to PARALLEL-form conversion
 % -------------------------------------
 % [C,B,A] = dir2par(b,a)
 %    C = Polynomial part when length(b) >= length(a)
 %    B = K by 2 matrix of real coefficients containing bk's
 %    A = K by 3 matrix of real coefficients containing ak's
 %    b = numerator polynomial coefficients of DIRECT form
 %    a = denominator polynomial coefficients of DIRECT form
 %
 M=length(b);
 N=length(a);
 [r1,p1,C] = residuez(b,a);
 p = cplxpair(p1,10000000*eps);
 I = cplxcomp(p1,p);
 r = r1(I);
 K = floor(N/2); B = zeros(K,2); A = zeros(K,3);
 if K*2 == N; %N even, order of A(z) odd, one factor is first order
       for i=1:2:N-2
             Brow = r(i:1:i+1,:);
             Arow = p(i:1:i+1,:);
             [Brow,Arow] = residuez(Brow,Arow,[]);
```

```
        B(fix((i+1)/2),:) = real(Brow');
        A(fix((i+1)/2),:) = real(Arow');
    end
    [Brow,Arow] = residuez(r(N-1),p(N-1),[]);
    B(K,:) = [real(Brow') 0]; A(K,:) = [real(Arow') 0];
else
        for i=1:2:N-1
        Brow = r(i:1:i+1,:);
        Arow = p(i:1:i+1,:);
        [Brow,Arow] = residuez(Brow,Arow,[]);
        B(fix((i+1)/2),:) = real(Brow');
        A(fix((i+1)/2),:) = real(Arow');
    end
end
```

再定义一函数 cplxcomp.m：

```
function I=cplxcomp(p1,p2)
I=[];
for j=1:1:length(p2)
for i=1:1:length(p1)
if (abs(p1(i)-p2(j))<0.0001)
I=[I,i];
end
end
end
```

再编写主程序：

```
%ex720.m
clear
b=[1 -3 11 -27 18];
a=[16 12 2 -4 -1];
[C,B,A]=dir2par(b,a)
```

运行结果：

```
C = -18
B = -10.0500    -3.9500
    28.1125   -13.3625
A = 1.0000     1.0000     0.5000
    1.0000    -0.2500    -0.1250
```

得其并联型结构为：

$$H(z)=-18+\frac{-10.05-3.95z^{-1}}{1+z^{-1}+0.5z^{-2}}+\frac{28.1125-13.2625z^{-2}}{1-0.25z^{-1}-0.125z^{-2}}$$

第8章 上机实验

实验1　信号、系统及响应

一、实验目的

（1）熟悉理想采样的性质，了解信号采样前后的频谱变化，加深对采样定理的理解。

（2）熟悉离散信号和系统的时域特性。

（3）熟悉线性卷积的计算编程方法：利用卷积的方法，观察分析系统响应的时域特性。

（4）掌握序列傅里叶变换的计算机实现方法，利用序列的傅里叶变换对离散信号、系统及系统响应进行频域分析。

二、实验原理

（一）连续时间信号的采样

采样是从连续时间信号到离散时间信号的桥梁，对采样过程的研究不仅可以了解采样前后信号的时域和频域特性发生的变化以及信号内容不丢失的条件，而且有助于加深对拉普拉斯变换、傅里叶变换、Z变换和序列傅里叶变换之间关系的理解。

对一个连续时间信号进行理想采样的过程可以表示为该信号与一个周期冲激脉冲的乘积，即

$$\hat{x}_a(t) = x_a(t)M(t) \tag{8-1-1}$$

其中，$\tilde{x}_a(t)$是连续信号$x_a(t)$的理想采样；$M(t)$是周期冲激脉冲：

$$M(t) = \sum_{n=-\infty}^{+\infty} \delta(t - nT) \tag{8-1-2}$$

它也可以用傅里叶级数表示为

$$M(t) = \frac{1}{T}\sum_{n=-\infty}^{+\infty} \mathrm{e}^{\mathrm{j}m\Omega_s t} \tag{8-1-3}$$

其中，T 为采样周期；$\Omega_s = 2\pi / T$ 是采样角频率。设$X_a(s)$是连续时间信号$x_a(t)$的双边拉氏变换：

$$X_a(s)=\int_{-\infty}^{+\infty}x_a(t)e^{-st}dt \tag{8-1-4}$$

此时，理想采样信号 $\hat{x}_a(t)$ 的拉氏变换为

$$\begin{aligned}\hat{X}_a(s)&=\int_{-\infty}^{+\infty}\hat{x}_a(t)e^{-st}dt=\int_{-\infty}^{+\infty}x_a(t)\frac{1}{T}\sum_{m=-\infty}^{+\infty}e^{jm\Omega_s t}e^{-st}dt\\&=\frac{1}{T}\sum_{m=-\infty}^{+\infty}\int_{-\infty}^{+\infty}x_a(t)e^{-(s-jm\Omega_s)t}dt=\frac{1}{T}\sum_{m=-\infty}^{+\infty}\int_{-\infty}^{+\infty}X_a(s-jm\Omega_s)\end{aligned} \tag{8-1-5}$$

作为拉氏变换的一种特例，信号采样的傅里叶变换为

$$\hat{X}_a(j\Omega)=\frac{1}{T}\sum_{m=-\infty}^{+\infty}X_a[j(\Omega-m\Omega_s)] \tag{8-1-6}$$

由式(8-1-5)和式(8-1-6)可知，信号理想采样后的频谱是原信号频谱的周期延拓，其延拓周期等于采样频率。根据 Shannon 取样定理，如果原信号是带限信号，且采样频率高于原信号最高频率分量的两倍，则采样以后不会发生频谱混淆现象。

在计算机处理时，不采用式(8-1-6)计算信号的频谱，而是利用序列的傅里叶变换计算信号的频谱。定义序列 $x(n)=x_a(nT)=\hat{x}_a(t)=x_a(t)M(t)$，根据 Z 变换的定义，可得序列 $x(n)$ 的 Z 变换为

$$X(z)=\sum_{n=-\infty}^{+\infty}x(n)z^{-n} \tag{8-1-7}$$

以 $e^{j\omega}$ 代替上式中的 z，就可以得到序列傅里叶变换为

$$X(e^{j\omega})=\sum_{n=-\infty}^{+\infty}x(n)e^{-j\omega n} \tag{8-1-8}$$

式(8-1-6)和式(8-1-8)具有下面关系：

$$\hat{X}_a(j\Omega)=X(e^{j\omega})|_{\omega=\Omega r} \tag{8-1-9}$$

由式(8-1-9)可知，在分析一个连续时间信号的频谱时，可以通过取样将有关的计算转化为序列傅里叶变换的计算。

（二）有限长序列分析

一般来说，在计算机上不可能也没必要处理连续的曲线 $X(e^{j\omega})$。通常，我们只要观察分析 $X(e^{j\omega})$ 在某些频率点上的值，对于长度为 N 的有限长序列：

$$x(n)=\begin{cases}f(n),0\leqslant n\leqslant N-1\\0,其他\end{cases} \tag{8-1-10}$$

一般只需要在 0~2π 均匀地取 M 个频率点，计算这些点上的序列傅里叶变换：

$$X(e^{j\omega k})=\sum_{n=0}^{N-1}x(n)e^{-j\omega_k n} \tag{8-1-11}$$

其中，$\omega_k = 2\pi k/M, k = 0,1,\cdots,M-1$，$X(\mathrm{e}^{\mathrm{j}\omega k})$ 是一个复函数，它的模就是频幅特性曲线。

（三）信号卷积

一个线性时不变系统的响应 $y(n)$ 可以用它的单位冲激响应 $h(n)$ 和输入信号 $x(n)$ 的卷积来表示：

$$y(n) = x(n) * h(n) = \sum_{m=-\infty}^{+\infty} x(m)h(n-m) \quad (8\text{-}1\text{-}12)$$

根据傅里叶变换和 Z 变换的性质，与式(8-1-12)对应有

$$Y(z) = X(z)H(z) \quad (8\text{-}1\text{-}13)$$

$$Y(\mathrm{e}^{\mathrm{j}\omega}) = X(\mathrm{e}^{\mathrm{j}\omega})H(\mathrm{e}^{\mathrm{j}\omega}) \quad (8\text{-}1\text{-}14)$$

式（8-1-12）告诉我们可以通过对两个序列的移位、相乘、累加来计算信号响应；而式(8-1-14)告诉我们卷积运算也可以在频域上用乘积实现。

三、实验内容

（一）编制实验用主程序及相应子程序

1. 信号产生子程序

（1）理想采样信号序列：对信号 $x_{\mathrm{a}}(t) = A\mathrm{e}^{-\alpha t}\sin(\Omega_0 t)u(t)$ 进行理想采样，可以得到一个理想的采样信号序列：$x_{\mathrm{a}}(t) = A\mathrm{e}^{-\alpha t}\sin(\Omega_0 nT), 0 \leqslant n < 50$。其中，$A$ 为幅度因子；α 是衰减因子；Ω_0 是频率；T 为采样周期。根据实验内容的需要，这些参量请设定在程序运行过程中输入。

（2）单位脉冲序列：$x_{\mathrm{b}}(n) = \delta(n) = \begin{cases} 1, n = 0 \\ 0, n \neq 0 \end{cases}$。

（3）矩形序列：$x_{\mathrm{c}}(n) = R_N(n) = \begin{cases} 1, 0 \leqslant n < N-1 \\ 0, 其他 \end{cases}$，其中 N=10。

2. 系统单位脉冲响应序列产生子程序

本实验中用到两种 FIR 系统：

（1）$h_{\mathrm{a}}(n) = R_{10}(n)$。

（2）$h_{\mathrm{b}}(n) = \delta(n) + 2.5\delta(n-1) + 2.5\delta(n-2) + \delta(n-3)$。

3. 有限长序列线性卷积子程序

用于计算两个给定长度（分别是 M 和 N）序列的卷积，输出序列的长度为 L=M+N−1。

（二）上机实验内容

在编制以上各部分程序以后，编制主程序，调用各个功能模块实现对信号、系统和系统响应的时域、频域分析，完成以下实验内容。

1. 分析理想采样信号序列的特性

产生理想采样信号序列 $x_a(n)$，使 A=444.128，$\alpha = 50\sqrt{2}\pi$，$\Omega_0 = 50\sqrt{2}\pi$。

（1）首先选用采样频率为 1000 Hz，T=1/1000：

观察所得理想采样信号的幅频特性，在折叠频率以内和给定的理想幅频特性应无明显差异，并做记录。

（2）改变采样频率为 300 Hz，T=1/300：

观察所得到的幅频特性曲线的变化，并做记录。

（3）进一步减少采样频率为 200 Hz，T=1/200：

观察频谱“混淆”现象是否明显存在，说明原因，并记录幅频特性曲线。

2. 离散信号、系统和系统响应的分析

（1）观察信号 $x_b(n)$ 和系统 $h_b(n)$ 的时域和幅频特性，利用线性卷积求信号通过系统以后的响应。比较系统响应和系统 $h_b(n)$ 的时域和幅频特性，注意它们之间有无差异，并绘出曲线。

（2）观察信号 $x_c(n)$ 和系统 $h_a(n)$ 的时域和幅频特性，利用线性卷积求系统响应。判断响应序列图形及序列非零值长度是否与理论结果一致，说出一种定性判断响应序列图形正确与否的方法[提示：$x_c(n)=h_a(n)=R_{10}(n)$]。利用系统的傅里叶变换数值计算子程序求出 $Y(e^{j\omega_k})$，观察响应序列的幅频特性。定性判断结果正确与否，改变信号 $x_c(n)$ 的脉冲宽度，使 N=5，重复以上动作，观察变化，记录改变参数前后的差异。

（3）将实验步骤（2）中信号变换为 $x_a(n)$，其中 A=1，α=0.4, Ω_0=2.0734,T=1，重复（2）各步骤；改变 $x_a(n)$ 参数 α=0.1，再重复（2）各步骤；改变参数 Ω_0=1.2516，再重复（2）各步骤。在实验中观察改变 α 和 Ω_0 对信号及系统响应的时域和幅频特性的影响，绘制相应的图形。

3. 卷积定理的验证

利用式(8-1-14)将 $x_a(n)$ 和系统 $h_a(n)$ 的傅氏变换相乘，直接求得 $Y(e^{j\omega_k})$，将得到的幅频特性曲线和上述实验 2-（3）中得到的曲线进行比较，观察两者有无差异，验证卷积定理。

四、思考题

（1）在分析理想采样信号序列的特性实验中，利用不同采样频率得到采样信号序列的傅里叶变化频谱，数字频率度量是否相同？它们所对应的模拟频率是否都相同？

（2）在卷积定律的验证试验中，如果选用不同的 M 值，例如选 M=50 和 M=30，分别做序列的傅里叶变换，并求得 $Y(e^{j\omega_k})=X_a(e^{j\omega_k})H_b(e^{j\omega_k}), k=0,1,\cdots,M-1$，所得的结果之间有何差异？为什么？

五、实验报告

（1）在实验报告中简述实验目的和实验原理要点。

（2）总结在上机实验内容中要求比较时域、幅频曲线差异部分内容的结果，定性分析它们正确与否，并简要说明这些结果的含义。

（3）总结实验中的主要结论。

（4）回答思考题。

实验 2　应用 FFT 对信号进行频谱分析

一、实验目的

（1）在理论学习基础上，通过本次实验，加深对快速傅里叶变换的理解，熟悉 FFT 算法及其程序的编写。

（2）熟悉应用 FFT 对典型信号进行频谱分析的方法。

（3）了解应用 FFT 进行信号频谱分析过程中可能出现的问题，以便在实际中正确应用 FFT。

二、实验原理

一个连续信号 $x_{\mathrm{a}}(t)$ 的频谱可以用它的傅里叶变换表示为

$$X_{\mathrm{a}}(\mathrm{j}\Omega)=\int_{-\infty}^{+\infty} x_{\mathrm{a}}(t)\mathrm{e}^{-\mathrm{j}\Omega t}\mathrm{d}t \tag{8-2-1}$$

如果对该信号进行理想采样，可以得到采样序列为

$$x(n)=x_{\mathrm{a}}(nT) \tag{8-2-2}$$

其中，T 为采样周期。同样可以对该序列进行 Z 变换：

$$X(z)=\sum_{n=-\infty}^{+\infty} x(n)z^{-n} \tag{8-2-3}$$

当 $z=\mathrm{e}^{\mathrm{j}\omega}$ 的时候，我们就得到了序列的傅里叶变换：

$$X(\mathrm{e}^{\mathrm{j}\omega})=\sum_{n=-\infty}^{+\infty} x(n)\mathrm{e}^{-\mathrm{j}\omega n} \tag{8-2-4}$$

其中，ω 称为数字频率，它和模拟域频率的关系为

$$\omega=\Omega T={\Omega}/{f_{\mathrm{s}}} \tag{8-2-5}$$

其中，f_{s} 是采样频率。上式说明数字频率是模拟频率对采样率 f_{s} 的归一化。同模拟域的情况相似，数字频率代表了序列值变化的速率，而序列的傅里叶变换称为序列的频谱。序列的傅里叶变换和对应的采样信号频谱具有下式的对应关系：

$$X(\mathrm{e}^{\mathrm{j}\omega})=\frac{1}{T}\sum X_{\mathrm{a}}(\mathrm{j}\frac{\omega-2\pi m}{T}) \tag{8-2-6}$$

即序列的频谱是采样信号频谱的周期延拓。从式（8-2-6）可以看出，只要分析采样序列的频谱，就可以得到相应的连续信号的频谱。注意：这里的信号必须是带限信号，采样也必须满足 Nyquist（奈奎斯特）定理。

在各种信号序列中，有限长序列在数字信号处理中占有很重要的地位。无限长的序列也往往可以用有限长序列来逼近。对于有限长的序列，我们可以使用离散傅里叶变换（DFT），

这一变换可以很好地反映序列的频域特性，并且容易利用快速算法在计算机上实现。当序列的长度是 N 时，定义离散傅里叶变换为

$$X(k)=DFT[x(n)]=\sum_{n=0}^{N-1}x(n)W_N^{kn} \tag{8-2-7}$$

其中，$W_N=\mathrm{e}^{-\mathrm{j}\frac{2\pi}{N}}$。它的反变换定义为

$$x(n)=IDFT[X(k)]=\frac{1}{N}\sum_{k=0}^{N-1}X(k)W_N^{-kn} \tag{8-2-8}$$

根据式（8-2-3）和式（8-2-7），令 $z=W_N^{-k}$，则有

$$X(z)\big|_{z=W_N^{-k}}=\sum_{n=0}^{N-1}x(n)W_N^{kn}=DFT[x(n)] \tag{8-2-9}$$

可以得到 $X(k)=X(z)\big|_{z=W_N^{-k}}=\mathrm{e}^{\mathrm{j}\frac{2\pi}{N}k}$,$W_N^{-k}$ 是 z 平面单位圆上幅角为 $\omega=\dfrac{2\pi}{N}k$ 的点，就是将单位圆进行 N 等分以后第 k 个点。所以，$X(k)$ 是 Z 变换在单位圆上的等距采样，或者说是序列傅里叶变换的等距采样。时域采样在满足 Nyquist 定理时，不会发生频谱混淆；同样地，在频率域进行采样的时候，只要采样间隔足够小，也不会发生时域序列的混淆。

DFT 是对序列傅里叶变换的等距采样，因此可以用于序列的频谱分析。在运用 DFT 进行频谱分析的时候可能有 3 种误差，分析如下：

1. 混淆现象

从式（8-2-6）中可以看出，序列的频谱是采样信号频谱的周期延拓，周期是 $\dfrac{2\pi}{T}$，因此当采样速率不满足 Nyquist 定理，即采样频率 $f_{\mathrm{s}}=\dfrac{1}{T}$ 小于两倍的信号（这里指的是实信号）频率时，经过采样就会发生频谱混淆。这导致采样后的信号序列频谱不能真实地反映原信号的频谱。所以，在利用 DFT 分析连续信号频谱的时候，必须注意这一问题。避免混淆现象的唯一方法是保证采样的速率足够高，使频谱交叠的现象不能出现。这就告诉我们，在确定信号的采样频率之前，需要对频谱的性质有所了解。在一般的情况下，为了保证高于折叠频率的分量不会出现，在采样之前先用低通模拟滤波器对信号进行滤波。

2. 泄漏现象

实际中的信号序列往往很长，甚至是无限长序列。为了方便，我们往往用截短的序列来近似它们。这样可以使用较短的 DFT 来对信号进行频谱分析。这种截短等价于给原信号序列乘以一个矩形窗函数。而矩形窗函数的频谱不是有限带宽的，从而它和原信号的频谱进行卷积以后会扩展原信号的频谱。值得一提的是，泄漏是不能和混淆完全分离开的，因为泄露导致频谱的扩展，从而造成混淆。为了减小泄漏的影响，可以选择适当的窗函数使频谱的扩散减到最小。

3. 栅栏效应

因为 DFT 是对单位圆上 Z 变换的均匀采样，所以它不可能将频谱视为一个连续函数。这

样就产生了栅栏效应，从某种角度来看，用 DFT 来观看频谱就好像通过一个栅栏来观看一幅景象，只能在离散点上看到真实的频谱。这样的话就会有一些频谱的峰点或谷点被“栅栏”挡住，不能被我们观察到。减小栅栏效应的一个方法是在源序列的末端补一些零值，从而变动 DFT 的点数。这种方法的实质是人为地改变了对真实频谱采样的点数和位置，相当于搬动了“栅栏”的位置，从而使得原来被挡住的一些频谱的峰点或谷点显露出来。注意，这时候每根谱线对应的频率和原来的已经不相同了。

从上面的分析过程可以看出，DFT 可以用于信号的频谱分析，但必须注意可能产生的误差，在应用过程中要尽可能减小和消除这些误差的影响。

快速傅里叶变换 FFT 并不是与 DFT 不相同的另一种变换，而是为了减少 DFT 运算次数的一种快速算法。它是对变换式（8-2-7）进行一次次的分解，使其成为若干小点数 DFT 的组合，从而减小运算量。常用的 FFT 是以 2 为基数，其长度 $N=2^M$。它的运算效率高，程序比较简单，使用也十分方便。当需要进行变换的序列的长度不是 2 的整数次方的时候，为了使用以 2 为基的 FFT，可以用末尾补零的方法，使其长度延长至 2 的整数次方。IFFT 一般可以通过 FFT 程序来完成，比较式（8-2-7）和（8-2-8），只要对 $X(k)$ 取共轭，进行 FFT 运算，然后再取共轭，并乘以因子 $1/N$，就可以完成 IFFT。

三、实验内容

（一）编制实验用主程序及相应子程序

（1）在实验之前，认真复习 DFT 和 FFT 有关的知识，阅读本实验原理与方法和实验附录部分中和本实验有关的子程序，掌握子程序的原理并学习调用方法。

（2）编制信号产生子程序及本实验的主程序。实验中需要用到的基本信号包括：

高斯序列：$x_{\mathrm{a}}(n)=\begin{cases}\mathrm{e}^{-\frac{(n-p)^2}{q}}, & 0\leqslant n\leqslant 15\\ 0, & 其他\end{cases}$

衰减正弦序列：$x_{\mathrm{b}}(n)=\begin{cases}\mathrm{e}^{-an}\sin 2\pi fn, & 0\leqslant n\leqslant 15\\ 0, & 其他\end{cases}$

三角波序列：$x_{\mathrm{c}}(n)=\begin{cases}n+1, & 0\leqslant n\leqslant 3\\ 8-n, & 4\leqslant n\leqslant 7\\ 0, & 其他\end{cases}$

反三角序列：$x_{\mathrm{d}}(n)=\begin{cases}4-n, & 0\leqslant n\leqslant 3\\ n-3, & 4\leqslant n\leqslant 7\\ 0, & 其他\end{cases}$

（二）上机实验内容

（1）观察高斯序列的时域和频域特性。

① 固定信号 $x_{\mathrm{a}}(n)$ 中的参数 p=8，改变 q 的值，使 q 分别等于 2，4，8。观察它们的时域

和幅频特性，了解 q 取不同值的时候，对信号时域特性和幅频特性的影响。

② 固定 q=8，改变 p，使 p 分别等于 8，13，14，观察参数 p 的变化对信号序列时域及幅频特性的影响。注意 p 等于多少时，会发生明显的泄漏现象？混淆现象是否也会随之出现？记录实验中观察到的现象，绘制相应的时域序列和幅频特性曲线。

（2）观察衰减正弦序列的时域和幅频特性。

① 令 α=0.1 并且 f=0.0625，检查谱峰出现的位置是否正确，注意频谱的形状，绘制幅频特性曲线。

② 改变 f=0.4375，再变化为 f=0.5625，观察这两种情况下频谱的形状和谱峰出现的位置，有无混淆和泄漏现象发生？并说明产生现象的原因。

（3）观察三角波序列和反三角波序列的时域和幅频特性。

① 用 8 点 FFT 分析信号 $x_{\mathrm{c}}(n)$ 和 $x_{\mathrm{d}}(n)$ 的幅频特性，观察两者的序列形状和频谱曲线有什么异同？（注意：这时候的 $x_{\mathrm{d}}(n)$ 可以看作是 $x_{\mathrm{c}}(n)$ 经过圆周移位以后得到的）绘制两者的序列和幅频特性曲线。

② 在 $x_{\mathrm{c}}(n)$ 和 $x_{\mathrm{d}}(n)$ 末尾补零，用 16 点 FFT 分析这两个信号的幅频特性，观察幅频特性发生了什么变化？两个信号之间的 FFT 频谱还有没有相同之处？这些变化说明了什么？

（4）将 $x_{\mathrm{b}}(n)$ 信号的长度 N 设为 63，用 Matlab 中 randn(1,N)函数产生一个噪声信号 $w(n)$，计算将这个噪声信号叠加到 $x_{\mathrm{b}}(n)$ 上以后新信号 $y(n)=x_{\mathrm{b}}(n)+w(n)$ 的频谱，观察发生的变化并记录。

（5）在（4）的基础上，改变参数 α 和 f，观察在出现混淆现象和泄漏现象的时候有噪声的 $y(n)$信号的频谱有什么变化？是否明显？

四、思考题

（1）实验中的信号序列 $x_{\mathrm{c}}(n)$ 和 $x_{\mathrm{d}}(n)$，在单位圆上的 Z 变换频谱 $\left|X_{\mathrm{c}}(\mathrm{e}^{\mathrm{j}\omega})\right|$ 和 $\left|X_{\mathrm{d}}(\mathrm{e}^{\mathrm{j}\omega})\right|$ 会相同吗？如果不同，你能说出哪一个低频分量更多一些吗？为什么？

（2）对一个有限长序列进行离散傅里叶变换（DFT），等价于将该序列周期延拓后进行傅里叶级数（DFS）展开。因为 DFS 也只是取其中一个周期来运算，所以 FFT 在一定条件下也可以用以分析周期信号序列。如果实正弦信号为 $\sin(2\pi fn), f=0.1$，用 16 点的 FFT 来做 DFS 运算，得到的频谱是信号本身的真实谱吗？

五、实验报告

（1）在实验报告中简述实验目的和实验原理要点。

（2）在实验报告中附上在实验过程中记录的各个信号序列的时域和幅频特性曲线，分析所得到的结果图形，说明各个信号的参数变化对其时域和幅频特性的影响。

（3）总结实验中的主要结论。

（4）回答思考题。

实验3　用双线性变换法设计 IIR 滤波器

一、实验目的

（1）了解两种工程上最常用的变换方法：冲激响应不变法和双线性变换法。

（2）掌握双线性变换法设计 IIR 滤波器的原理及具体设计方法，熟悉用双线性设计法设计低通、带通和高通 IIR 数字滤波器的计算机程序。

（3）观察用双线性变换法设计的滤波器的频域特性，并与冲激响应不变法相比较，了解双线性变换法的特点。

（4）熟悉用双线性变换法设计数字 Butterworth 和 Chebyshev 滤波器的全过程。

（5）了解多项式乘积和多项式乘方运算的计算机编程方法。

二、实验原理

用模拟滤波器设计 IIR 数字滤波器有四种方法：微分-差分变换法、冲激响应不变法、双线性变换法、匹配 Z 变换法；在工程上常用的是其中两种：冲激响应不变法、双线性变换法。冲激响应不变法需要经历如下基本步骤：由已知系统传输函数 $H(s)$计算系统冲激响应 $h(t)$；对 $h(t)$进行等间隔取样得到 $h(n)=h(nT)$；由 $h(n)$获得数字滤波器的系统响应 $H(z)$。这种方法非常直观，其算法宗旨是保证所设计的 IIR 滤波器的冲激响应和响应模拟滤波器的冲激响应在采样点上完全一致。而双线性变换法的设计准则是使数字滤波器的频率响应与参考模拟滤波器的频率响应相似。

冲激响应不变法一个重要的特点是频率坐标的变换是线性的（ $\omega=\Omega T$），其缺点是有频谱的周期延拓效应，存在频谱混淆的现象。为了克服冲激响应不变法可能产生的频谱混淆，提出了双线性变换法，它依靠双线性变换式：

$$s=\frac{1-z^{-1}}{1+z^{-1}}，\quad z=\frac{1+s}{1-s}，\quad s=\sigma+\mathrm{j}\Omega，\quad z=r\mathrm{e}^{\mathrm{j}\omega}$$

建立起 s 平面和 z 平面的单值映射关系，数字频域和模拟频域之间的关系：

$$\Omega=\tan(\omega/2)\,,\omega=2\arctan\Omega \qquad （8\text{-}3\text{-}1）$$

由上面的关系式可知，当 $\Omega\to\infty$时，ω 终止在折叠频率 $\omega=\pi$ 处，整个 $\mathrm{j}\Omega$ 轴单值地对应单位圆的一周。因此双线性变换法不同于脉冲响应不变法，不存在频谱混淆的问题。从式（8-3-1）还可以看出，两者的频率不是线性关系。这种非线性关系使得通带截止频率、过渡带的边缘频率的相对位置都发生了非线性畸变。这种频率的畸变可以通过预畸来校正。用双线性变换法设计数字滤波器时，一般总是先将数字滤波器的各临界频率经过式（8-3-1）的频率预畸，求得相应参考模拟滤波器的各临界频率，然后设计参考模拟滤波器的传递参数，最后通过双线性变换式求得数字滤波器的传递函数。这样通过双线性变换，正好将这些频率点映射到我们所需要的位置上。参考模拟滤波器的设计，可以按照一般模拟滤波器设计的方法，利用已经成熟的一整套计算公式和大量的归一化设计表格和曲线。这些公式、表格主要是用于归一化低通原型的。通过原型变换，可以完成实际的低通、带通和高通滤波器的设计。在用双线性变换法设计滤波器的过程中，我们也可以通过原型变换直接求得归一化参考模拟滤波器原型参数，从而使得设计更加简化。表 8.3.1 是 IIR 低通、带通、高通滤波器设计双线性原型变换公式的总结。

表 8.3.1　低通、带通、高通滤波器设计双线性原型变换公式

变换类型	变换关系式	参考模拟原型频率确定	备注
低通变换	$s=\dfrac{1-z^{-1}}{1+z^{-1}}$	$\Omega=\tan\left(\dfrac{\omega}{2}\right)$	$\omega=2\pi fT$； f：模拟频率； T：采样周期； $\cos\omega_0=\dfrac{\sin(\omega_1+\omega_2)}{\sin\omega_1+\sin\omega}$； ω_1,ω_2：带通的上下边带临界频率
高通变换	$s=\dfrac{1+z^{-1}}{1-z^{-1}}$	$\Omega=\left\lvert\cot\left(\dfrac{\omega}{2}\right)\right\rvert$	
带通变换	$s=\dfrac{z^2-2z\cos\omega_0+1}{z^2-1}$	$\Omega=\left\lvert\dfrac{\cos\omega_0-\cos\omega}{\sin\omega}\right\rvert$	

在本实验中，我们只涉及 Butterworth 和 Chebyshev 两种滤波器的设计，相应的这两种参考模拟原形滤波器的设计公式如表 8.3.2 所示。

综上所述，以巴特沃思低通数字滤波器设计为例，可以将双线性变换法设计数字滤波器的步骤归纳如下：

（1）确定数字滤波器的性能指标。这些指标包括：通带、阻带临界频率 f_p、f_s；通带内的最大衰减 α_p；阻带内的最小衰减 α_s；采样周期 T。

（2）确定相应的数字频率：$\omega_p=2\pi f_pT$；$\omega_s=2\pi f_sT$。

（3）计算经过频率预畸的相应参考模拟低通原型的频率：$\Omega_p=\tan(\dfrac{\omega_s}{2})$；$\Omega_s=\tan(\dfrac{\omega_s}{2})$。

（4）计算低通原型阶数 N，计算 3 dB 归一化频率 Ω_c，从而求得低通原型的传递函数 $H_a(s)$。

（5）将表（8.3.1）中所列变换公式 $s=\dfrac{1-z^{-1}}{1+z^{-1}}$ 代入 $H_a(s)$，求得数字滤波器传递函数 $H(z)=H_a(s)\Big|_{s=\frac{1-z^{-1}}{1+z^{-1}}}$

（6）分析滤波器频域特性，检查其指标是否满足要求。

表 8.3.2　Butterworth 和 Chebyshev 模拟原形滤波器的设计

类型	巴特沃思（Butterworth）	切比雪夫（Chebyshev）
阶数	$N=\dfrac{\lg\sqrt{\dfrac{10^{0.1\alpha_p}-1}{10^{0.1\alpha_s}-1}}}{\lg\left(\dfrac{\Omega_p}{\Omega_s}\right)}$	$N\geqslant\dfrac{\mathrm{ch}^{-1}\sqrt{\dfrac{10^{0.1\alpha_s}-1}{10^{0.1\alpha_p}-1}}}{\mathrm{ch}^{-1}\left(\dfrac{\Omega_p}{\Omega_s}\right)}$
传递函数	$H_a(s)=\dfrac{\Omega_c^N}{\prod\limits_{k=0}^{N-1}(S-S_k)}$ $S_k=\Omega_c\mathrm{e}^{\mathrm{j}\pi\left[\frac{1}{N}(k+0.5)+0.5\right]}$	$H_a(s)=\dfrac{\Omega_p^N}{2^{N-1}\varepsilon\prod\limits_{k=0}^{N-1}[S-\Omega_p(\mathrm{sh}x_k\sin y_k+\mathrm{jch}x_k\cos y_k)]}$ 式中，$x_k=-\dfrac{1}{N}\mathrm{sh}^{-1}\dfrac{1}{\varepsilon}$；$y_k=-\dfrac{2k-1}{N}\dfrac{\pi}{2}$

续表

类型	巴特沃思（Butterworth）	切比雪夫（Chebyshev）
有关函数	3 dB 频率： $\Omega_c=\dfrac{\Omega_s}{(10^{0.1\alpha_s}-1)^{\frac{1}{2N}}}$ $\Omega_c=\dfrac{\Omega_p}{(10^{0.1\alpha_p}-1)^{\frac{1}{2N}}}$	波纹系数： $\varepsilon=\sqrt{10^{0.1\alpha_p}-1}$
备注	通带临界频率 Ω_p 及 α_p 衰减，阻带临界频率 Ω_s 及衰减 α_s	

三、实验内容

（一）编制实验用主程序及相应子程序

（1）在实验前复习数字信号处理课程中滤波器设计有关的知识，认真阅读本实验的原理部分。

（2）*实验用子程序（选做题）。

编写各对应的函数功能及滤波器。

（3）*实验用子程序（选做题）。将其结果与 Matlab 的结果进行比对。

① 模拟滤波器传递函数产生子程序。

该程序用于产生表 8.3.2 中两种逼近方法的传递函数，根据实际需要，产生的传递函数有两种逼近形式的输出：a. 分母以根的形式；b. 分母以多项式的形式。具体见下式：

$$H_a(s)=\frac{a_0}{\sum_{k=1}^{N}(s-s_k)}=\frac{1}{b_0+b_1s+\cdots+b_Ns^N} \tag{8-3-2}$$

在子程序运行过程中，采用 Butterworth 逼近，还是采用 Chebyshev 逼近，由用户自己选择。调用该子程序的时候，需要输入滤波器临界频率 Ω_p、Ω_s 和相应衰减 α_p、α_s。根据这些条件，子程序可以计算阶数 N，产生传递函数 $H_a(s)$。

② 有理分式代换子程序。

该子程序用于双线性变换中的有理分式代换：

$$H(z)=H_a(s)\Big|_{s=\frac{F_1(z)}{F_2(z)}} \tag{8-3-3}$$

这里只考虑传递函数 $H_a(s)$ 分子为常数 1 的情况，这也是通常低通原形的形式。

③ 多项式乘方展开子程序。

用于多项式的乘方展开，如下所示：

$$[a_0+a_1x+\cdots a_mx^m]^n=b_0+b_1x+\cdots b_{mn}x^{mn} \tag{8-3-4}$$

④ 多项式乘积展开子程序。

用于两个多项式的乘积展开，如下所示：

$$c(x)=a(x)b(x)=(a_0+a_1x+\cdots a_mx^m)(b_0+b_1x+\cdots b_nx^n) \tag{8-3-5}$$

$$c(x)=c_0+c_1x+c_2x^2+\cdots+c_{m+n}x^{m+n} \tag{8-3-6}$$

（二）上机实验内容

（1）设计一个 Chebyshev 高通数字滤波器，其中采样频率为 1 Hz，通带临界频率 $f_p=0.3$ Hz，通带内衰减小于 0.8 dB（$a_s=0.8$ dB），阻带临界频率 f_s=0.2 Hz，阻带内衰减大于 20 dB（$a_s=20$ dB）。求这个数字滤波器的传递函数 $H(z)$，输出它的幅频特性曲线，观察其通带衰减和阻带衰减是否满足要求。

（2）设计一个数字低通滤波器，要求采样频率为 1 Hz，其通带临界频率 $f_p=0.2$ Hz，通带内衰减小于 1 dB(a_p=1 dB)，阻带临界频率 $f_s=0.3$ Hz，阻带内衰减大于 25 dB（$a_s=25$ dB）。求这个数字滤波器的传递函数 $H(z)$，输出它的幅频特性曲线。

（3）设计 Butterworth 带通数字滤波器，其上下边带 1 dB 处的通带临界频率分别为 20 kHz 和 30 kHz（$f_{p1}=20$ kHz，f_{p2}=30 kHz，$a_p=1$ dB），当频率低于 15 kHz 时，衰减要大于 40 dB（$f_s=15$ kHz，$a_s=40$ dB），采样周期 10 μs，求这个数字滤波器的传递函数 $H(z)$，输出它的幅频特性曲线，观察其通带衰减和阻带衰减是否满足要求。

（4）Matlab 上机内容。

① 在 Matlab 下实现上机实验内容的所有要求，将 Matlab 的输出结果同自己程序的输出结果进行比较。

② 在上机实验内容部分只要求用双线性变换法实现 IIR 滤波器，在 Matlab 下将已经实现的滤波器用冲激响应不变法再实现一遍，并将所得到的结果进行比较。

四、思考题

（1）双线性变换和脉冲响应不变法相比较，有哪些优点和缺点？为什么？

（2）双线性变换是一种非线性变换，在实验中你观察到这种非线性关系了吗？应该怎样从哪种数字滤波器幅频特性曲线中可以观察到这种非线性关系？

（3）在 Matlab 用脉冲响应不变法设计滤波器的时候，你有没有观察到频谱混淆的现象？请解释所得到的结果。

五、实验报告

（1）在实验报告中简述实验目的和实验原理要点。

（2）记录在上机实验内容中所设计的滤波器的传递函数 $H(z)$及对应的幅频特性曲线，定性分析它们的性能，判断设计是否满足要求。

（3）总结实验中的主要结论。

（4）回答思考题。

实验 4　用窗函数设计 FIR 滤波器

一、实验目的

（1）熟悉 FIR 滤波器设计的基本方法。

（2）掌握用窗函数设计 FIR 数字滤波器的原理及方法，熟悉相应的计算机高级语言编程。
（3）熟悉线性相位 FIR 滤波器的幅频特性和相位特性。
（4）了解各种不同窗函数对滤波器性能的响应。

二、实验原理

（一）FIR 滤波器的设计

在前面的实验中，我们介绍了 IIR 滤波器的设计方法并实践了其中的双线性变换法。IIR 具有许多诱人的特性，但与此同时，也具有一些缺点。例如：若想利用快速傅里叶变换技术进行快速卷积实现滤波器，则要求单位脉冲响应是有限列长的。此外，IIR 滤波器的优异幅度响应，一般是以相位的非线性为代价的，非线性相位会引起频率色散。FIR 滤波器具有严格的相位特性，这对于语音信号处理和数据传输是很重要的。目前，FIR 滤波器的设计方法主要有三种：窗函数法、频率取样法和切比雪夫等波纹逼近的最优化设计方法。常用的是窗函数法和切比雪夫等波纹逼近的最优化设计方法。本实验项目中的窗函数法比较简单，可应用现成的窗函数公式，在技术指标要求不高的时候是比较灵活方便的。它从时域出发，用一个窗函数截取理想的 $h_{\mathrm{d}}(n)$ 得到 $h(n)$，以有限长序列 $h(n)$ 近似理想的 $h_{\mathrm{d}}(n)$；如果从频域出发，用理想的 $H_{\mathrm{d}}(\mathrm{e}^{\mathrm{j}\omega})$ 在单位圆上等角度取样得到 $H(k)$，根据 $H(k)$ 得到 $H(z)$ 来逼近理想的 $H_{\mathrm{d}}(\mathrm{e}^{\mathrm{j}\omega})$，这就是频率取样法。

（二）窗函数设计法

同其他的数字滤波器的设计方法一样，用窗函数设计滤波器也首先要对滤波器提出性能指标。一般是给定一个理想的频率响应 $H_{\mathrm{d}}(\mathrm{e}^{\mathrm{j}\omega})$，使所设计的 FIR 滤波器的频率响应 $H(\mathrm{e}^{\mathrm{j}\omega})$ 去逼近所要求的理想的滤波器的响应 $H_{\mathrm{d}}(\mathrm{e}^{\mathrm{j}\omega})$。窗函数法设计的任务在于寻找一个可实现（有限长单位脉冲响应）的传递函数

$$H(\mathrm{e}^{\mathrm{j}\omega})=\sum_{n=0}^{N-1}h(n)\mathrm{e}^{-\mathrm{j}\omega n} \tag{8-4-1}$$

去逼近 $H_{\mathrm{d}}(\mathrm{e}^{\mathrm{j}\omega})$。我们知道，一个理想的频率响应 $H_{\mathrm{d}}(\mathrm{e}^{\mathrm{j}\omega})$ 傅里叶反变换

$$h_{\mathrm{d}}(n)=\frac{1}{2\pi}\int_{0}^{2\pi}H_{\mathrm{d}}(\mathrm{e}^{\mathrm{j}\omega})\,\mathrm{e}^{\mathrm{j}\omega n}\mathrm{d}\omega \tag{8-4-2}$$

所得到的理想单位脉冲响应 $h_{\mathrm{d}}(n)$ 往往是一个无限长序列。对 $h_{\mathrm{d}}(n)$ 经过适当的加权、截断处理才能得到一个所需要的有限长脉冲响应序列。对应不同的加权、截断就有不同的窗函数。所要寻找的滤波器脉冲响应就等于理想脉冲响应和窗函数的乘积，即

$$h(n)=h_{\mathrm{d}}(n)w(n) \tag{8-4-3}$$

由此可见，窗函数的性质就决定了滤波器的品质。例如：窗函数的主瓣宽度决定了滤波器的过渡带宽；窗函数的旁瓣带宽决定了滤波器的阻带衰减。以下是几种常用的窗函数：

（1）矩形窗：

$$w(n)=R_{N}(n) \tag{8-4-4}$$

（2）Hanning 窗：

$$w(n)=0.5\left[1-\cos\left(\frac{2\pi n}{N-1}\right)\right]R_N(n) \qquad (8\text{-}4\text{-}5)$$

（3）Hamming 窗：

$$w(n)=\left[0.54-0.46\cos\left(\frac{2\pi n}{N-1}\right)\right]R_N(n) \qquad (8\text{-}4\text{-}6)$$

（4）Blackman 窗：

$$w(n)=\left[0.42-0.5\cos\left(\frac{2\pi n}{N-1}\right)+0.08\left(\frac{2\pi n}{N-1}\right)\right]R_N(n) \qquad (8\text{-}4\text{-}7)$$

（5）Kaiser 窗：

$$w(n)=\frac{I_0\left[\beta\sqrt{1-\left(\frac{2n}{N-1}-1\right)^2}\right]}{I_0(\beta)} \qquad (8\text{-}4\text{-}8)$$

其中，$I_0(.)$是零阶贝塞尔函数。Kaiser 窗可以通过改变 β 参数，改变其主瓣宽度和旁瓣大小。

在实际设计过程中，上述几种窗函数可以根据对滤波器过渡带宽度和阻带衰减的要求，适当选取窗函数的类型和长度 N，以得到比较满意的设计效果。

如何根据滤波器长度 N 的奇偶性选择 $h(n)$ 的奇偶对称性则是另外一个需要考虑的问题。线性相位实系数 FIR 滤波器按其 N 值奇偶和 $h(n)$ 的奇偶对称性，可以分成 4 种，它们具有不同的幅频和相位特性：

（1）$h(n)$ 为偶对称，N 为奇数：

$$H(\mathrm{e}^{\mathrm{j}\omega})=\left[h\left(\frac{N-1}{2}\right)+\sum_{n=1}^{\frac{N-1}{2}}2h\left(\frac{N-1}{2}+n\right)\cos\omega n\right]\mathrm{e}^{-\mathrm{j}\omega\frac{N-1}{2}} \qquad (8\text{-}4\text{-}9)$$

它的幅度是关于 $\omega=0$，π，2π 点成偶对称。

（2）$h(n)$为偶对称，N 为偶数：

$$H(\mathrm{e}^{\mathrm{j}\omega})=\left[\sum_{n=1}^{\frac{N-1}{2}}2h\left(\frac{N-1}{2}+n\right)\cos\left[\omega(n-\frac{1}{2})\right]\right]\mathrm{e}^{-\mathrm{j}\omega\frac{N-1}{2}} \qquad (8\text{-}4\text{-}10)$$

它的幅度是关于 $\omega=\pi$ 点成奇对称，$\omega=\pi$ 处有零点，所以它不适合于作高通滤波器。

（3）$h(n)$为奇对称，N 为奇数：

$$H(\mathrm{e}^{\mathrm{j}\omega})=\left[\sum_{n=1}^{\frac{N-1}{2}}2h\left(\frac{N-1}{2}+n\right)\sin\omega n\right]\mathrm{e}^{-\mathrm{j}\left[\omega\frac{N-1}{2}+\frac{\pi}{2}\right]} \qquad (8\text{-}4\text{-}11)$$

它的幅度是关于 ω=0，π，2π 点成奇对称。$H(\mathrm{e}^{\mathrm{j}\omega})$ 在 ω=0，π，2π 处都有零点，因此它不适用于低通和高通。

（4）$h(n)$为奇对称，N 为偶数：

$$H(\mathrm{e}^{\mathrm{j}\omega})=\left[\sum_{n=1}^{\frac{N-1}{2}}2h\left(\frac{N-1}{2}-1+n\right)\sin\omega\left(n-\frac{1}{2}\right)\right]\mathrm{e}^{-\mathrm{j}\left[\omega\frac{N-1}{2}+\frac{\pi}{2}\right]} \tag{8-4-12}$$

它的幅度是关于 $\omega=0$，2π 点成奇对称。$H(\mathrm{e}^{\mathrm{j}\omega})$ 在 $\omega=0$，2π 处都有零点，因此它不适用于低通。

在滤波器设计过程中，只有根据上述 4 种线性相位滤波器传递函数的性质，合理地选择应采用的种类，构造出的幅频特性和相位特性，才能求得所需要的、具有单位脉冲响应的线性相位 FIR 滤波器传递函数。

窗函数法设计线性相位 FIR 滤波器可以按如下步骤进行：

（1）确定数字滤波器的性能要求。确定各临界频率 ω 和滤波器单位脉冲响应长度 N。

（2）根据性能要求和 N 值，合理地选择单位脉冲响应 $h(n)$ 的奇偶对称性，从而确定理想频率响应 $H_{\mathrm{d}}(\mathrm{e}^{\mathrm{j}\omega})$ 的幅频特性和相位特性。

（3）用傅里叶反变换公式（8-4-2），求得理想单位脉冲响应 $h_{\mathrm{d}}(n)$。

（4）选择适当的窗函数 $w(n)$，根据式（8-4-3），求得所设计的 FIR 滤波器单位脉冲响应。

（5）用傅里叶变换求得其频率响应 $H(\mathrm{e}^{\mathrm{j}\omega})$，分析它的幅频特性，若不满足要求，可适当改变窗函数形式或长度 N，重复上述过程，直至得到满意的结果。

注意：在上述步骤（3）中，从 $H_{\mathrm{d}}(\mathrm{e}^{\mathrm{j}\omega})$ 到 $h_{\mathrm{d}}(n)$ 的反变换要用到式（8-4-2）。这里的积分运算，在计算机上可取其数值解：

$$h_{\mathrm{d}}(n)\approx\frac{1}{M}\sum_{k=0}^{M-1}H_{\mathrm{d}}\left(\mathrm{e}^{\mathrm{j}\frac{2\pi}{M}k}\right)\mathrm{e}^{\mathrm{j}\frac{2\pi}{M}kn} \tag{8-4-13}$$

其中，$0\leqslant n\leqslant N-1$，而 $M\geqslant 8N$，这样，数值解才能较好地逼近解析解。

三、实验内容

（一）编制实验用主程序及相应子程序

（1）在实验编程之前，认真复习有关 FIR 滤波器设计的有关知识，尤其是窗函数法的有关内容，阅读本实验原理与方法，熟悉窗函数及 4 种线性相位 FIR 滤波器的特性，掌握窗函数设计滤波器的具体步骤。

（2）编制窗函数设计 FIR 滤波器的主程序及相应子程序。

① 编制傅里叶反变换数值计算子程序，用于计算设计步骤（3）中的傅里叶反变换，给定 $H_{\mathrm{d}}(\mathrm{e}^{\mathrm{j}\frac{2\pi}{M}k}),k=0,\cdots,M-1$，按照公式（8-4-13）求得理想单位脉冲响应 $h_{\mathrm{d}}(n),n=0,\cdots,N-1$。

② 编制窗函数产生子程序，用于产生几种常见的窗函数序列。本实验中要求产生的窗函数序列有：矩形窗、Hanning 窗、Hamming 窗、Blackman 窗、Kaiser 窗。根据给定的长度 N，按照公式（8-4-4）~（8-4-8）生成相应的窗函数序列。

③ 编制主程序。在上述子程序的基础上，设计主程序完成线性相位 FIR 滤波器的窗函数法设计。其中理想滤波器幅频特性的一半（从 $\omega=0$ 到 $\omega=\pi$ 的区间）频率点上的值 $H_{\mathrm{d}}(\mathrm{e}^{\mathrm{j}\frac{2\pi}{M}k}),k=$

$0,\cdots,\dfrac{M}{2}-1$ 以及滤波器的长度 N 可以从数据文件或其他形式输入。

$H_d(e^{j\frac{2\pi}{M}k})$ 的另外一半（从 $\omega=\pi$ 到 $\omega=2\pi$ 的区间）的幅频特性和全部相位特性在程序中根据 N 的奇偶性和幅频特性的要求，在 4 种滤波器中选择一种，自动产生。

（二）上机实验内容

在计算机上调试用自己设计好的窗函数法设计的 FIR 线性相位滤波器程序。以下是一个例题及其标准答案，用于同学们在调试过程中作参考。

例 8-4-1 用窗函数法设计一个长度 N 等于 8 的线性相位 FIR 滤波器。其理想的幅频特性为

$$\left|H_d(e^{j\frac{2\pi}{M}k})\right|=\begin{cases}1, 0\leqslant\omega\leqslant 0.4\pi\\0, 0.4\pi<\omega\leqslant\pi\end{cases}$$

分别用矩形窗、Hanning 窗、Hamming 窗、Blackman 窗、Kaiser 窗（β=8.5）设计该滤波器，比较设计结果，表 8.4.1 所示为计算结果。

表 8.4.1　用矩形窗、Hanning 窗、Hamming 窗、Blackman 窗、Kaiser 窗(β=8.5)设计例 8.4.1 滤波器

窗函数类型	h (0)	h (1)	h (2)	h (3)	h (4)	h (5)	h (6)
矩形窗	−0.089 773	−0.016 582	0.195 896	0.387 515	0.387 515	0.195 896	−0.016 582
Hanning 窗	0.0	−0.003 522	0.119 748	0.368 327	0.368 327	0.119 743	−0.003 122
Hamming 窗	−0.007 182	−0.004 198	0.125 836	0.369 862	0.369 862	0.125 836	−0.004 193
Blackman 窗	0.0	−0.001 5	0.089 952	0.356 655	0.356 655	0.089 952	−0.001 5
Kaise(β=8.5)	−0.000 131	−0.001 557	0.090 918	0.357 060	0.357 060	0.090 918	−0.001 557

程序调试成功以后，请完成以下实验内容：

（1）用 Hanning 窗设计一个线性相位带通滤波器，其长度 N=15，上下边带截至频率分别为 $\omega_1=0.3\pi,\omega_2=0.5\pi$，求 $h(n)$，绘制它的幅频和相位特性曲线，观察它的实际 3 dB 和 20 dB 带宽。如果 N=45，重复这一设计，观察幅频和相位特性的变化，注意长度 N 变化对结果的影响。

（2）改用矩形窗和 Blackman 窗，设计步骤（1）中的带通滤波器，观察并记录窗函数对滤波器幅频和相位特性的影响，比较这 3 种窗函数的特点。

（3）用 Kaiser 窗设计一个专用的线性相位滤波器。N=40，理想的幅频特性如图 8.4.1 所示。

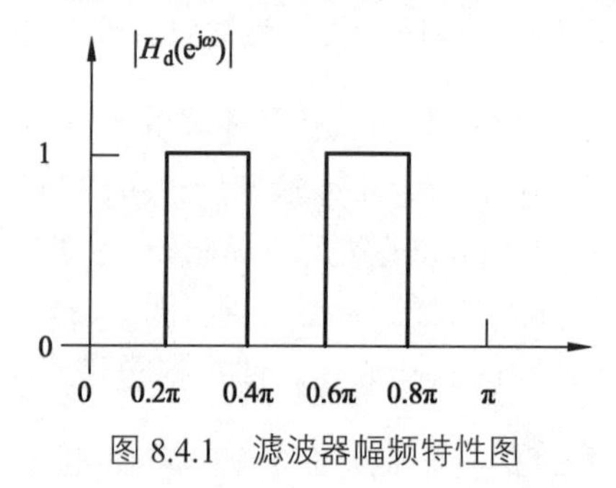

图 8.4.1　滤波器幅频特性图

当 β 值分别 4,6,8 时，设计相应的滤波器，比较它们的幅频和相位特性，观察并分析不同

的 β 值对结果有什么影响。

四、思考题

（1）定性地说明用本实验程序设计的 FIR 滤波器的 3 dB 截止频率在什么位置？它等于理想频率响应的截止频率吗？

（2）如果没有给定 $h(n)$ 的长度 N，而是给定了通带边缘截止频率 ω_c、阻带临界频率 ω_s 以及相应的衰减，你能根据这些条件用窗函数法设计线性相位 FIR 低通滤波器吗？

（3）*频率取样方法和窗函数法各有什么特点？请简单说明。

五、实验报告

（1）在实验报告中简述实验目的和实验原理要点。

（2）在实验报告中附上在实验过程中记录的 $h(n)$的幅频和相位特性曲线，比较它们的性能，说明滤波器 N 和窗函数对滤波器性能的影响。

（3）总结实验中窗函数设计 FIR 的特点，归纳设计中的主要公式。

（4）回答思考题。

实验 5　用 FDATool 设计数字滤波器

一、实验目的

（1）掌握 Matlab 中图形化滤波器设计与分析工具 FDATool 的使用方法。

（2）学习使用 FDATool 对数字滤波器进行设计。

（3）了解 FDATool 输出滤波器数据的方法。

二、实验原理

（一）FDATool 集成环境

在工程实际中常常遇到滤波器设计和分析的问题，其过程相当烦琐，涉及很多方面的内容。Matlab 中的滤波器设计分析工具很好地解决了这一问题，它使得滤波器设计直观化，设计过程中可以随时观察设计结果，调整设计指标参数，改变实现的结构，选择合适的量化字长。Matlab 环境利用已有的大量滤波器设计函数，加上日益成熟且方便的界面技术，已经开发出集成所有设计方法和过程的滤波器综合设计工具。在信号处理工具箱中，这个工具的名称为 FDATool(Filter Design and Analysis Tool，滤波器设计与分析工具）。利用 FDATool 这一工具，可以进行 FIR 和 IIR 数字滤波器的设计，并且能够显示数字滤波器的幅频、相频响应以及零极点分布图等。这里以 Matlab R2018a 版本为例简单介绍 FDATool 的主要功能和使用方法，更详细的内容请读者进一步查询参考资料。

在 Matlab 命令窗口中输入 FDATool，系统将打开 FDATool 工作界面，如图 8.5.1 所示。界面中包含了滤波器设计的全部功能，下面进行简单介绍。

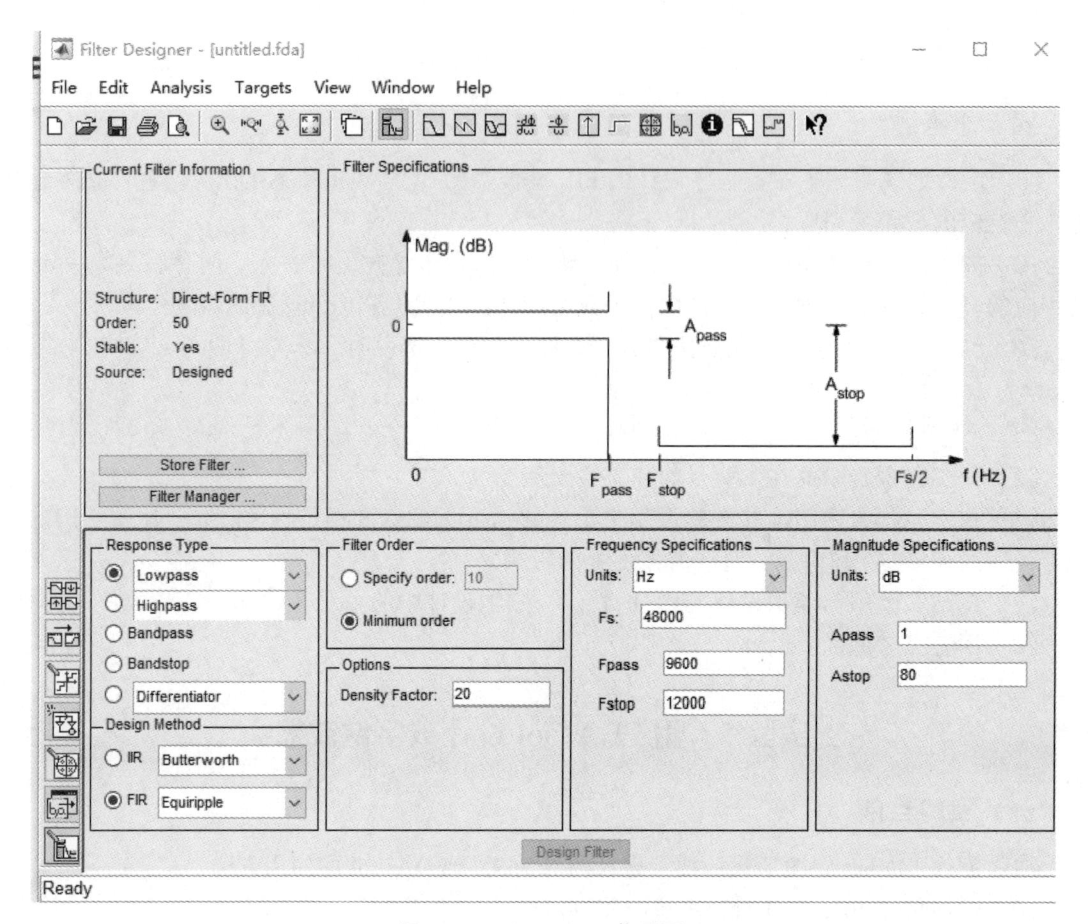

图 8.5.1 FDATool 工作界面

1. 主菜单

主菜单包括 File（文件）、Edit（编辑）、Analysis（分析）、Tagets（目标）、View（观察）、Window（窗口）、Help（帮助）菜单项，每一菜单项又分为若干个二级菜单项。有些二级菜单项在下面的图形界面上另有图标按钮，完成相同功能。

下面重点介绍 Analysis 菜单项。

Analysis 菜单项提供了滤波器的多种分析方法，如图 8.5.2 所示，在界面中有相应的图标按钮与这些二级菜单项相对应，其中最左边的按钮对应 Full View Analysis 命令，构成独立的图形分析视窗。从左边第二个按钮开始，依次对应的命令为：Filter Specifications（滤波器技术指标）、Magnitude Response（幅频响应）、Phase Response（相频响应）、Magnitude and Phase Responses（幅频和相频响应）、Group Delay Response（群时延）、Phase Delay（相时延）、Impulse Response（脉冲响应）、Step Response（阶跃响应）、Pole/Zero Plot（零极点分布）、Filter Coefficients（滤波器系数）、Filter Information（滤波器信息）、Magnitude Response Estimate （相频响应估计）、Round-off Noise Power Spectrum（噪声功率谱）。

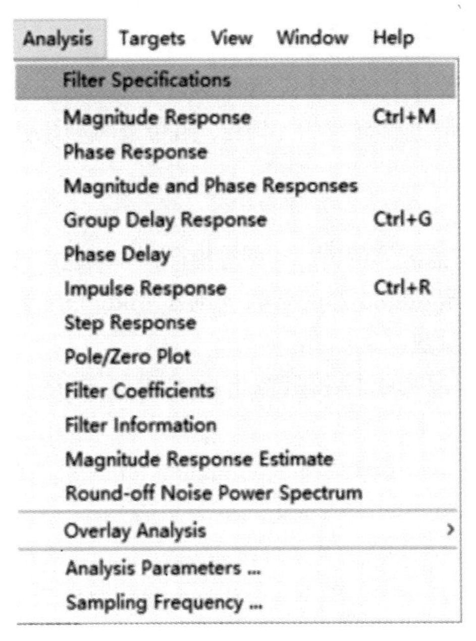

图 8.5.2 Analysis 菜单项

2. 图形窗

图形窗分为上、下两大部分。

上半部分是用来显示设计结果的。其中，右半部分是图形画面，它的显示内容受上述按钮的控制；左半部分用文字显示当前滤波器的结构、阶数等信息。

下半部分默认处于 Design Filter 选项，主要用来输入滤波器的设计参数，共有 4 栏，从左到右依次为 Response Type、Filter Order、Frequency Specifications 和 MagnitudeSpecifications。

在 Response Type 选项组中，有 5 个单选按钮，如果是简单选频类的滤波器，则在前 4 项中任选一项；如果是其他类，就要选择第 5 项，然后在它右方的下拉列表框中选择具体类型，这里有数字微分器、希尔伯特变换器等多种滤波器。下面的 Design Method 选项，用来确定 IIR 和 FIR 滤波器。它们的右方都有下拉列表框，框中有两个单选按钮用于选定具体类型。IIR 中有巴特沃思、切比雪夫Ⅰ、切比雪夫Ⅱ、椭圆等 7 种类型：FIR 中则有等纹波最佳逼近法、窗函数法、最小二乘法等 11 种类型。如果选择了窗函数选项，则在它的右方（进入第二栏位置），窗函数选择的下拉列表框将会生效，由灰色变成白色，其中包含有十多种窗函数可供选择，有些窗函数（如凯塞窗）还有可调参数，应将适当的参数输入它下方的参数框中。

在 Filter Order 选项组中有两个单选按钮。其中，Specify order 由用户强制选择，Minimum order 则由计算机在设计过程中自动计算出最小阶数。

在 Frequency Specifications 选项组中，用于选择频率单位的 Units 下拉列表框中有 4 个选项，分别为 Hz、kHz、MHz 和归一化频率。其中归一化频率的单位是 π，对应于模拟频率 $f_s/2$，范围取 0 ~ 1。其他选项将随着选定的滤波器的不同类型而变化，用于输入通带、阻带截止频率和采样频率等指标。

在 Magnitude Specifications 选项组中，Units 下拉列表框用于选择幅度的单位，其中只有 2 个选项，分别为 dB 和 Linear。以下各选项将随着选定的滤波器的不同类型而变化，用于输入通带波动和阻带衰减指标。

（二）用 FDATool 设计数字滤波器

例 8.5.1 利用 FDATool 设计 IIR 巴特沃思低通数字滤波器，要求通带边界频率为 12 Hz，通带内衰减不超过 1 dB；阻带边界频率为 14 Hz，阻带衰减要求达到 40 dB 以上。信号的采样频率为 100 Hz。

解：设计步骤如下：

（1）根据任务，首先确定滤波器种类、类型等指标，如本题应选 Lowpass、IIR、Butterworth。

（2）如果设计指标中给定了滤波器的阶数，则在 Filter Order 选项组中选中 Specify order 单选按钮，并输入滤波器的阶数。

如果设计指标中给定了通带指标和阻带指标，则在 Filter Order 选项组中一般应选中 Minimum order 单选按钮。

根据本题给定的通带、阻带指标，选中 Minimum order 单选按钮。

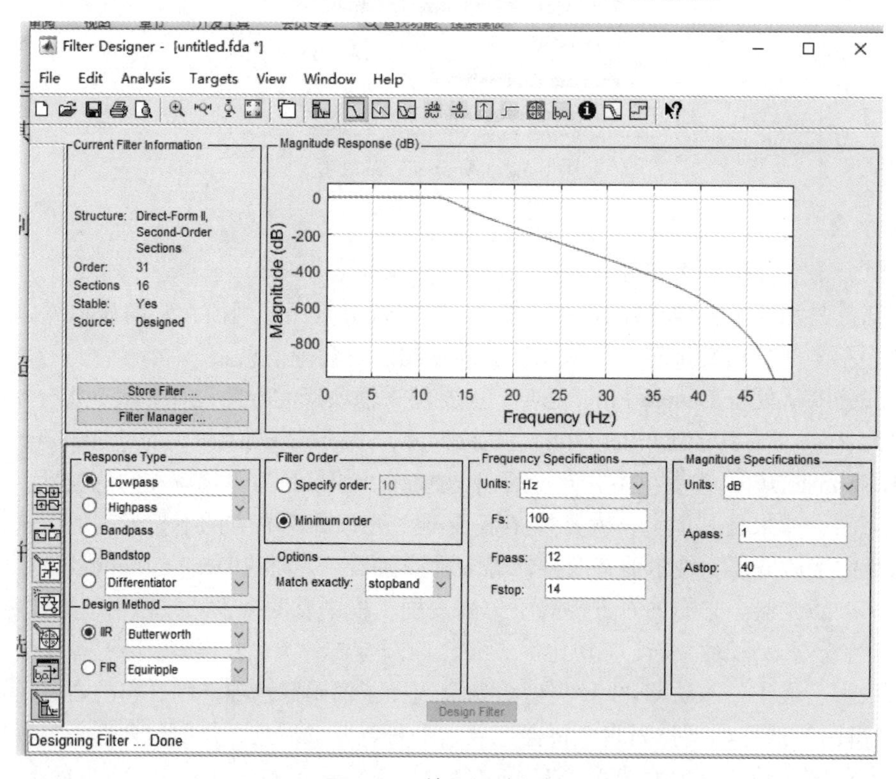

图 8.5.3　输入设计指标

（3）输入采样频率、通带和阻带频率以及衰减等指标。

（4）指标输入完毕，单击 Design Filter 按钮进行滤波器设计，将显示如图 8.5.3 所示的结果。观察幅频特性曲线，如果满足设计指标，即可使用。

（5）观察其他图形画面。利用 Analysis 菜单下的二级菜单项或相关的图标按钮，可以观察幅频响应、相频响应、群时延、相时延、冲激响应、阶跃响应、零极点分布、滤波器系数、滤波器信息、相频响应估计、噪声功率谱等图形。

图 8.5.4 ~ 8.5.7 显示了本滤波器的幅频和相频响应、脉冲响应、零极点分布以及噪声功率谱图形。

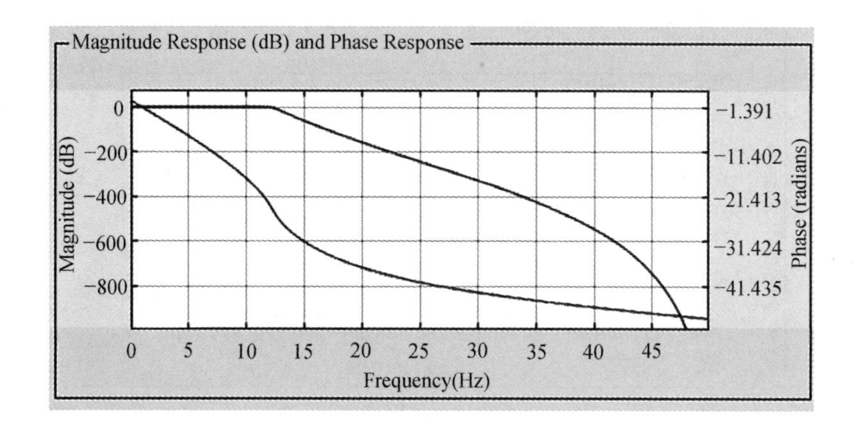

图 8.5.4　幅频和相频响应

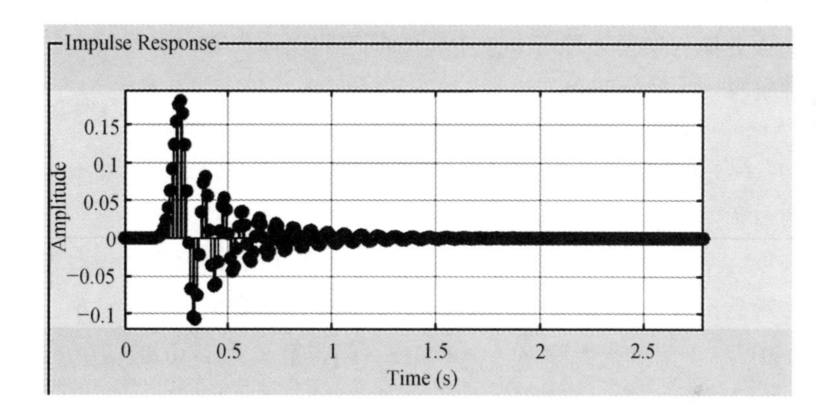

图 8.5.5　脉冲响应

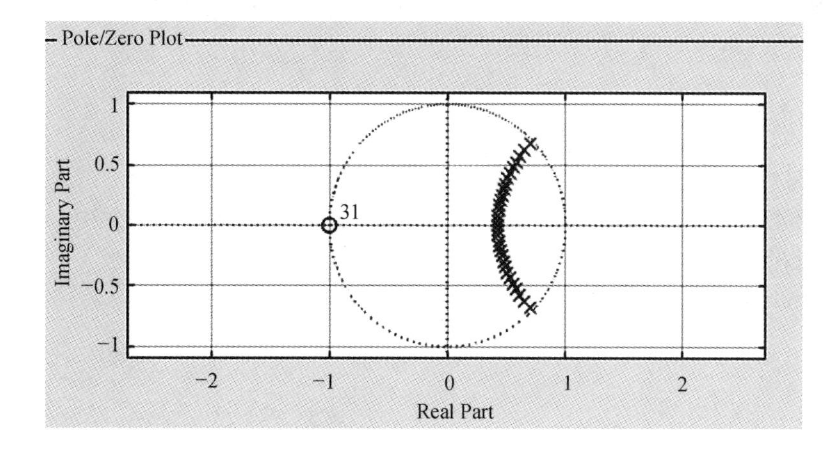

图 8.5.6　零极点分布

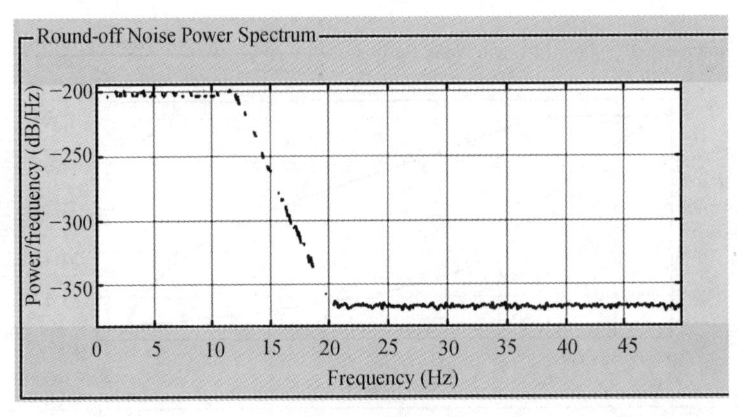

图 8.5.7 噪声功率谱

三、实验内容

（1）认真阅读并输入实验原理与方法中介绍的例题设计步骤，观察输出的数据和图形，结合基本原理理解每一项操作的含义。

（2）用 FDATool 设计一个椭圆 IIR 数字低通滤波器，要求：通带 $f_p = 2\ \text{kHz}$，$\alpha_p = 1\ \text{dB}$；阻带 $f_s = 3\ \text{kHz}$，$A_s = 15\ \text{dB}$；滤波器采样频率 $F_s = 10\ \text{kHz}$。观察幅频响应和相频响应曲线、零极点分布图，写出传递函数。

（3）利用 FDATool 设计工具，选择凯塞窗设计一个 FIR 数字带通滤波器，其采样频率 $F_s = 20\ \text{kHz}$，通带截止频率为 $f_{pl} = 2.5\ \text{kHz}$，$f_{ph} = 5.5\ \text{kHz}$，通带范围内波动小于 $1\ \text{dB}$；下阻带边界频率 $f_{sl} = 2\ \text{kHz}$，上阻带边界频率 $f_{sh} = 6\ \text{kHz}$，阻带衰减大于 $30\ \text{dB}$。

四、思考题

FDATool 设计工具与用 Matlab 直接设计滤波器相比有何特点？能否用 FDATool 工具设计非典型滤波器？

五、实验报告

（1）在实验报告中简述实验目的和实验原理要点。

（2）明确本次实验任务，熟悉实验环境，了解 FDATool 的基本操作方法。

（3）列出调试通过的实验程序，打印或描绘实验程序产生的图形曲线。

（4）回答思考题。

参考文献

[1] OPPENHEIM A V，SCHALER R W，Buck J R. 离散时间信号处理[M]. 刘树棠，黄建国，译. 2 版. 西安：西安交通大学出版社，2017.

[2] 姚天任，江太辉. 数字信号处理[M]. 武汉：华中科技大学出版社，2013.

[3] 胡广书. 数字信号处理理论、算法与实现[M]. 北京：清华大学出版社，20012.

[4] 高西全，丁玉美. 数字信号处理. [M]. 4 版. 西安：西安电子科技大学出版社，2018.

[5] 王华奎. 数字信号处理及应用[M]. 北京：高等教育出版社，2009.

[6] 王世一. 数字信号处理[M]. 北京：北京理工大学出版社，2011.

[7] 程佩清. 数字信号处理教程[M]. 5 版. 北京：清华大学出版社，2017.

[8] 袁世英，姚道金. 数字信号处理[M]. 1 版. 成都：西南交通大学出版社 2020.

[9] 宋宇飞. 数字信号处理实验与学习指导[M]. 北京：清华大学出版社，2012.

[10] 张小虹. 数字信号处理学习指导与习题解答[M]. 2 版. 北京：机械工业出版社，2010.

[11] 姚天任. 数字信号处理习题解答[M]. 2 版. 北京：清华大学出版社，2013.

[12] 胡广书. 数字信号处理题解及电子课件[M]. 2 版. 北京：清华大学出版社，2014.

[13] 程佩青，李振松. 数字信号处理教程习题分析与解答[M]. 4 版. 北京：清华大学出版社，2014.

[14] MITRA S K. 数字信号处理实验指导书（MATLAB 版）[M]. 孙洪，余翔宇，等，译. 北京：电子工业出版社，2005.

附录 A　用 Matlab 进行数字信号处理

A.1　Matlab 简介

在科学研究和工程应用中，往往要进行大量的数学计算，这些计算一般来说难以用手工精确和快捷地进行，往往要借助计算机编制相应的程序做近似计算。目前流行用 Basic、Fortran 和 C 语言编制计算程序，既需要对有关算法有深刻的了解，还需要熟练地掌握所用语言的语法及编程技巧。这些功能代码段仅仅是在数字信号处理过程中很小的一部分。一方面是实验时间有限，另一方面是各个专业对编程有不同程度的要求，如果实验的大部分时间用来调试程序，那么真正用于理解课程内容的时间则相对被压缩。

为克服上述困难，美国 Mathwork 公司于 1967 年推出了“Matrix Laboratory”（Matlab）软件包，并不断更新和扩充。Matlab 是一种功能强、效率高、便于进行科学和工程计算的交互式软件包，其中包括一般数值分析、矩阵运算、数字信号处理、建模和系统控制及优化等应用程序，并集应用程序和图形的集成环境中。在此环境下所解问题的 Matlab 语言表述形式和其数学表达形式相同，不需要按传统的方法编程。

虽然 Matlab 是一种新的计算机语言，但由于使用 Matlab 进行编程运算与手工进行科学计算的思路和表达方式完全一致，所以不像学习其他高级语言（如 Basic、Fortran 和 C 等）那样难以掌握，用 Matlab 编写程序犹如在演算纸上排列出公式与求解问题。Matlab 语言具有编程效率高、易学易懂、使用方便、绘图方便等一系列优点。

A.2　Matlab 基本绘图

有关 Matlab 运算、函数、逻辑控制等可以参考一些 Matlab 的书籍，或参阅多媒体通信实验室主页中有关 Matlab 的部分，这里不再赘述。下面介绍 Matlab 下二维图形的绘制。表 A-1 所示是 Matlab 中不同绘图函数的名称和功能简介。

表 A-1　不同绘图函数的名称和功能

函数名称	函数功能介绍	函数名称	函数功能介绍
Bar	长条图	errorbar	图形加上误差范围
Fplot	较精确的函数图形	polar	极坐标图
Hist	累计图	rose	极坐标累计图
Stairs	阶梯图	stem	针状图
Fill	实心图	feather	羽毛图
Compass	罗盘图	Quiver	向量场图
Contour	在 x-y 平面绘制等位线图	Gplot	绘拓扑图
Loglog	双对数坐标曲线	Pcolor	伪彩图
Semilogx	x 轴对数坐标曲线	Semilogy	y 轴对数坐标曲线

1. stem 函数绘图

各种不同的绘图函数分别适用于不同的场合，stem 函数用来绘制针状图。只需要将需要绘制的数据存放在一个数组中，然后将这个数组作为参数传递给 stem 函数就可以得到输出图形。例如，下面的代码可以绘制冲激函数的图形：

```
n=1:50;              %定义序列的长度是 50
x=zeros(1,50);       %注意：Matlab 中数组下标从 1 开始
x(1)=1;              %冲激函数
stem(x);             %绘制函数图形
```

得到的函数图形如图 A-1 所示。

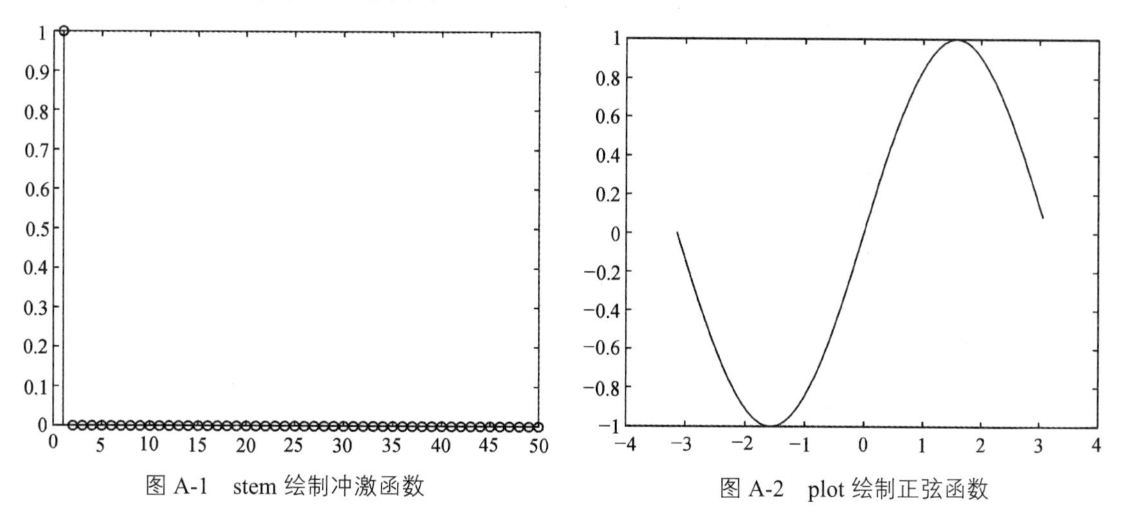

图 A-1　stem 绘制冲激函数

图 A-2　plot 绘制正弦函数

2. plot 函数绘图

当然，在某些时候针状图的显示效果并不是非常理想，这时候，我们通常采用 plot 函数绘制图形。plot 函数功能非常强大，输入以下内容：

```
x = -pi:.1:pi;
y = sin(x);
plot(x,y)
```

可以绘制正弦函数的图形，如图 A-2 所示。

如果输入以下代码，则可以同时得到正弦函数和余弦函数的图形：

```
plot(x, sin(x), x, cos(x)); %同时绘制两条曲线
```

3. 图形的修饰

在绘制图形的过程中可以用其他函数调整图形坐标、坐标轴标题等和图形有关的信息，以下是一个操作示例：

```
x=linspace(0, 2*pi, 100);      %100 个点的 x 坐标
close all;                     %关闭所有已经打开的图形视窗
plot(x, sin(x), x, cos(x));    %同时绘制两条曲线
```

图形完成后，可用 axis([xmin,xmax,ymin,ymax])函数来调整图轴的范围：

```
axis([0, 6, -1.2, 1.2]);
```

此外，Matlab 也可对图形加上各种注解与处理：

```
xlabel('Input Value');     %x 轴注解
```

```
ylabel('Function Value'); %y 轴注解
title('Two Trigonometric Functions');   %图形标题
legend('y = sin(x)','y = cos(x)');      %图形注解
grid on;                                %显示格线
```

程序运行结果如图 A-3 所示。

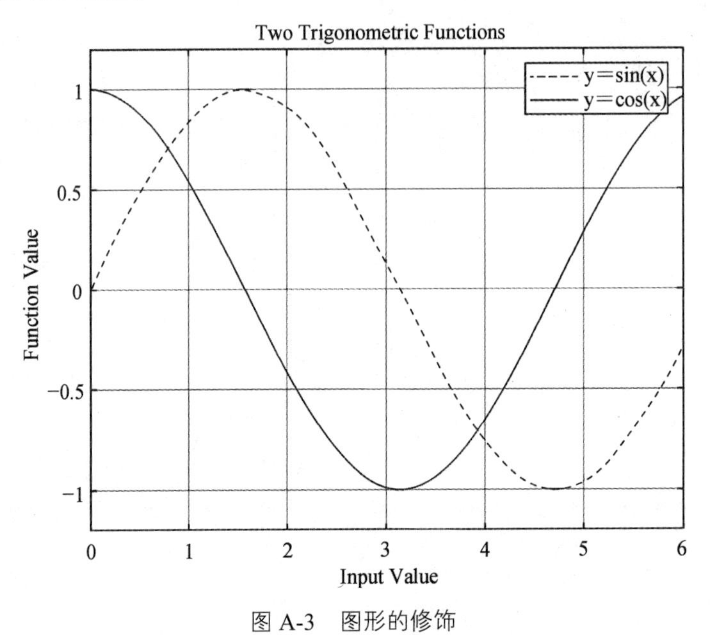

图 A-3　图形的修饰

经过这些处理以后，可以得到一张十分美观的函数图形，当然图形可以进一步处理得到个性化的结果，有兴趣的同学可以查阅 Matlab 有关书籍或 Matlab 联机帮助中的有关部分。这里再介绍一个十分有用的函数 subplot，该函数用来在同一个视窗中同时画出数个小图形，请大家自己在 Matlab 中输入以下命令，并查看一下显示的结果：

```
subplot(2,2,1); plot(x, sin(x));
subplot(2,2,2); plot(x, cos(x));
subplot(2,2,3); plot(x, sinh(x));
subplot(2,2,4); plot(x, cosh(x));
```

A.3　Matlab 联机帮助的使用

联机帮助对于任何软件都是十分重要的一个部分，对于没有系统学习过 Matlab 的同学来说，通过联机帮助学会如何使用 Matlab 是非常必要的。Matlab 提供两种格式的联机帮助：一种是 HTML 文件，可以用浏览器来查看；另一种是 PDF 文件，需要由 Matlab 提供的阅读工具来查看和搜索。以下分别介绍这两种格式联机帮助的调用方法和操作示例。

1. HTML 格式联机帮助的查询

HTML 格式的帮助文件利用浏览器作为工具进行阅读和搜索，对于网络环境中的技术人员，首先推荐使用这种格式的联机帮助。通过主页工具栏上的帮助按钮“?”，按下该按钮将打开帮助浏览器，如图 A-4 所示；也可在 Matlab 命令窗口中输入“doc”，则 Matlab 打开缺省

的浏览器并装载 Matlab 帮助文件索引。现在可以在该 HTML 文件中显示搜索输入框的位置输入需要搜索的关键字进行搜索。

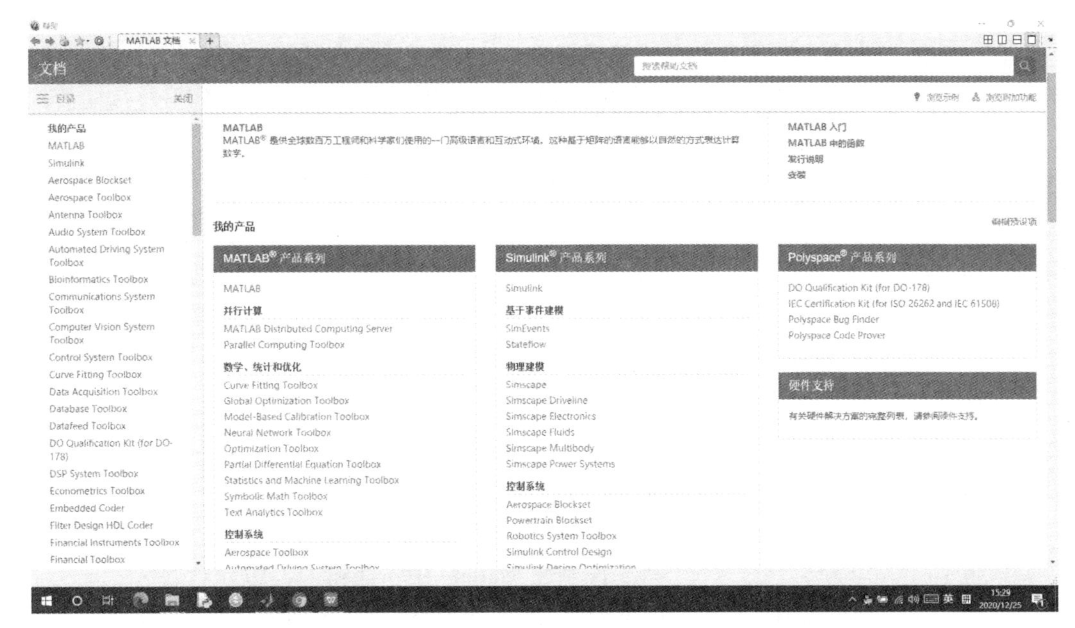

图 A-4 Matlab 联机帮助

2. PDF 格式联机帮助的查询

PDF 文件也是一种非常流行的文件格式，像 Oracle、3COM 等大公司，其产品文档中一般都提供该格式。Matlab 也不例外，在 Matlab 中调用 PDF 格式的联机帮助需要打开“Help”菜单中的“文档”子选项，Matlab 会打开一个 PDF 文件阅读器，和 HTML 情况下相同，其界面也为图 A-4 所示。可以按照内容分类查找有关信息，也可以在左上角的输入框中输入查找关键字进行内容的搜索。

Matlab 能识别一般常用到的加（+）、减（-）、乘（*）、除（/）等数学运算符号，以及幂次运算（^）。

附录B Matlab下的数字信号处理实现示例

本附录内容是本书上机实验部分实验项目在Matlab下的实现代码。之所以提供这些代码，是希望学生通过研究以下代码，能够更快、更好地掌握用Matlab进行数据信号处理实验的方法，提高学习效率；在阅读代码的时候，注意学习方法，在最短的时间内熟悉Matlab，提高应用能力；在学习Matlab编程的同时加强对数字信号处理有关实验项目的理解。

B.1 信号、系统和系统响应

1. 理想采样信号序列

（1）产生信号 $x(n)$,0≤n≤50：

```
n=0:50;                              %定义序列的长度是50
A=444.128;                           %设置信号有关的参数
a=50*sqrt(2.0)*pi;
T=0.001;                             %采样率
w0=50*sqrt(2.0)*pi;                  %ω符号在Matlab 中不能输入，用w代替
x=A*exp(-a*n*T).*sin(w0*n*T);        %pi是Matlab 定义的π，信号乘可采用“.*”
close all                            %清除已经绘制的x(n)图形
subplot(3,1,1); stem(x);             %绘制x(n)的图形
title(‘理想采样信号序列’);             %设置结果图形的标题
```

（2）绘制信号 $x(n)$的幅度谱和相位谱：

```
k=-25:25;
W=(pi/12.5)*k;
X=x*(exp(-j*pi/12.5)).^(n’*k);
magX=abs(X);                         %绘制x(n)的幅度谱
subplot(3,1,2);stem(magX);title(‘理想采样信号序列的幅度谱’);
angX=angle(X);                       %绘制x(n)的相位谱
subplot(3,1,3);stem(angX) ; title (‘理想采样信号序列的相位谱’)
```

（3）改变参数为 A=1, α=0.4, Ω_0=2.0734, T=1：

```
n=0:50;                              %定义序列的长度是50
A=1; a=0.4; w0=2.0734; T=1;          %设置信号有关的参数和采样率T
x=A*exp(-a*n*T).*sin(w0*n*T);        %pi是Matlab定义的π，信号乘可采用“.*”
close all                            %清除已经绘制的x(n)图形
subplot(3,1,1);stem(x);              %绘制x(n)的图形
title(‘理想采样信号序列’);
k=-25:25;
W=(pi/12.5)*k;
X=x*(exp(-j*pi/12.5)).^(n’*k);
magX=abs(X);           %绘制x(n)的幅度谱
```

```
subplot(3,1,2); stem(magX); title('理想采样信号序列的幅度谱');
angX=angle(X);          %绘制 x(n)的相位谱
subplot(3,1,3); stem(angX); title ('理想采样信号序列的相位谱')
```

2. 单位脉冲序列

在 Matlab 中，这一函数可以用 zeros 函数实现：

```
n=1:50;                 %定义序列的长度是 50
x=zeros(1,50);          %注意：Matlab 中数组下标从 1 开始
x(1)=1;close all;
subplot(3,1,1);stem(x);title('单位冲激信号序列');
k=-25:25;
X=x*(exp(-j*pi/12.5)).^(n'*k);
magX=abs(X);            %绘制 x(n)的幅度谱
subplot(3,1,2);stem(magX); title('单位冲激信号的幅度谱');
angX=angle(X);          %绘制 x(n)的相位谱
subplot(3,1,3);stem(angX); title ('单位冲激信号的相位谱')
```

3. 矩形序列

```
n=1:10; x=sign(sign(10-n)+1);
close all; subplot(3,1,1); stem(x); title('单位冲激信号序列');
k=-25:25; X=x*(exp(-j*pi/25)).^(n'*k);
magX=abs(X);            %绘制 x(n)的幅度谱
subplot(3,1,2);stem(magX); title('单位冲激信号的幅度谱');
angX=angle(X);          %绘制 x(n)的相位谱
subplot(3,1,3);stem(angX); title ('单位冲激信号的相位谱')
```

4. 特定冲击串

$$x(n)=\delta(n)+2.5\delta(n-1)+2.5\delta(n-2)+\delta(n-3)$$

```
n=1:50;                 %定义序列的长度是 50
x=zeros(1,50);          %注意：Matlab 中数组下标从 1 开始
x(1)=1; x(2)=2.5; x(3)=2.5; x(4)=1;
close all; subplot(3,1,1); stem(x);title('单位冲激信号序列');
k=-25:25; X=x*(exp(-j*pi/12.5)).^(n'*k);
magX=abs(X);            %绘制 x(n)的幅度谱
subplot(3,1,2);stem(magX); title('单位冲激信号的幅度谱');
angX=angle(X);          %绘制 x(n)的相位谱
subplot(3,1,3);stem(angX); title ('单位冲激信号的相位谱')
```

5. 卷积计算

$$y(n)=x(n)*h(n)=\sum_{m=-\infty}^{\infty}x(m)h(n-m)$$

在 Matlab 中，提供了卷积函数 conv，即 y=conv(x,h)，调用十分方便。

例 B-1：

系统：

$$h_{\rm b}(n)=\delta(n)+2.5\delta(n-1)+2.5\delta(n-2)+\delta(n-3)$$

信号：$x_{\rm a}(t)=A{\rm e}^{-anT}\sin(\Omega_0 nT), 0\leqslant n<50$；

```
n=1:50;                     %定义序列的长度是 50
hb=zeros(1,50);             %注意：Matlab 中数组下标从 1 开始
hb(1)=1; hb(2)=2.5; hb(3)=2.5; hb(4)=1;
close all; subplot(3,1,1);stem(hb);title('系统 hb[n]');
m=1:50; T=0.001;                        %定义序列的长度和采样率
A=444.128; a=50*sqrt(2.0)*pi;           %设置信号有关的参数
w0=50*sqrt(2.0)*pi;
x=A*exp(-a*m*T).*sin(w0*m*T);           %pi 是 Matlab 定义的 π，信号乘可采用".*"
subplot(3,1,2);stem(x); title('输入信号 x[n]');
y=conv(x,hb);
subplot(3,1,3);stem(y); title('输出信号 y[n]');
```

6. 卷积定律验证

```
k=-25:25; X=x*(exp(-j*pi/12.5)).^(n'*k);
magX=abs(X);                    %绘制 x(n)的幅度谱
subplot(3,2,1);stem(magX); title('输入信号的幅度谱');
angX=angle(X);                  %绘制 x(n)的相位谱
subplot(3,2,2);stem(angX); title ('输入信号的相位谱')
Hb=hb*(exp(-j*pi/12.5)).^(n'*k);
magHb=abs(Hb);                  %绘制 hb(n)的幅度谱
subplot(3,2,3);stem(magHb); title('系统响应的幅度谱');
angHb=angle(Hb);                %绘制 hb(n)的相位谱
subplot(3,2,4);stem(angHb); title ('系统响应的相位谱')
n=1:99; k=1:99;
Y=y*(exp(-j*pi/12.5)).^(n'*k);
magY=abs(Y);                    %绘制 y(n)的幅度谱
subplot(3,2,5);stem(magY); title('输出信号的幅度谱');
angY=angle(Y);                  %绘制 y(n)的相位谱
subplot(3,2,6);stem(angY); title ('输出信号的相位谱')
%以下将验证的结果显示
XHb=X.*Hb;
Subplot(2,1,1); stem(abs(XHb)); title('x(n)的幅度谱与 hb(n)幅度谱相乘');
Subplot(2,1,2); stem(abs(Y); title('y(n)的幅度谱'); axis([0,60,0,8000])
```

B.2 用 FFT 对信号进行频谱分析

1. 高斯序列

$$x_a=\begin{cases}e^{-\frac{(n-p)^2}{q}}, & 0\leqslant n\leqslant 15\\ 0, & 其他\end{cases}$$

```
n=0:15; p=8; q=2; x=exp(-1*(n-p).^2/q);              %利用 fft 函数实现傅里叶变换
close all; subplot(3,1,1); stem(abs(fft(x)))
p=8; q=4; x=exp(-1*(n-p).^2/q);                      %改变信号参数，重新计算
subplot(3,1,2); stem(abs(fft(x)))
p=8; q=8; x=exp(-1*(n-p).^2/q); subplot(3,1,3); stem(abs(fft(x)))
```

2. 衰减正弦序列

$$x_b=\begin{cases}e^{-an}\sin 2\pi fn, & 0\leqslant n\leqslant 15\\ 0, & 其他\end{cases}$$

```
n=0:15;a=0.1; f=0.0625; x=exp(-a*n).*sin(2*pi*f*n);
close all; subplot(2,1,1); stem(x); subplot(2,1,2); stem(abs(fft(x)))
```

3. 三角波序列

$$x_c=\begin{cases}n+1, & 0\leqslant n\leqslant 3\\ 8-n, & 4\leqslant n\leqslant 7\\ 0, & 其他\end{cases}$$

```
for i=1:4              %设置信号前 4 个点的数值
x(i)=i;                %注意：Matlab 中数组下标从 1 开始
end
for i=5:8              %设置信号后 4 个点的数值
x(i)=9-i;
end
close all; subplot(2,1,1); stem(x); %绘制信号图形
subplot(2,1,2); stem(abs(fft(x,16))) %绘制信号的频谱
```

4. 反三角序列

$$x_d=\begin{cases}4-n, & 0\leqslant n\leqslant 3\\ n-3, & 4\leqslant n\leqslant 7\\ 0, & 其他\end{cases}$$

```
for i=1:4              %设置信号前 4 个点的数值
x(i)=5-i;              %注意：Matlab 中数组下标从 1 开始
```

```
end
for i=5:8                %设置信号后 4 个点的数值
x(i)=i-4;
end
close all; subplot(2,1,1); stem(x);        %绘制信号图形
subplot(2,1,2); stem(abs(fft(x,16)))       %绘制信号的频谱
```

B.3 用窗函数设计 FIR 滤波器

1. 在 Matlab 中产生窗函数

（1）矩形窗（Rectangle Window）。

调用格式：w=boxcar(n)，根据长度 n 产生一个矩形窗 w。

（2）三角窗（Triangular Window）

调用格式：w=triang(n)，根据长度 n 产生一个三角窗 w。

（3）汉宁窗（Hanning Window）。

调用格式：w=hanning(n)，根据长度 n 产生一个汉宁窗 w。

（4）海明窗（Hamming Window）。

调用格式：w=hamming(n)，根据长度 n 产生一个海明窗 w。

（5）布拉克曼窗（Blackman Window）。

调用格式：w=blackman(n)，根据长度 n 产生一个布拉克曼窗 w。

（6）恺撒窗（Kaiser Window）。

调用格式：w=kaiser(n,beta)，根据长度 n 和影响窗函数旁瓣的 beta 参数产生一个恺撒窗 w。

2. 基于窗函数的 FIR 滤波器设计

利用 Matlab 提供的函数 firl 来实现。

调用格式：firl (n,Wn,'ftype',Window)，n 为阶数，Wn 是截止频率（如果输入是形如[W1 W2]的矢量时，本函数将设计带通滤波器，其通带为 W1<ω<W2），ftype 是滤波器的类型（低通——省略该参数、高通——ftype=high、带阻——ftype=stop），Window 是窗函数。

例 B-2 设计一个长度为 8 的线性相位 FIR 滤波器。

其理想幅频特性满足 $\left|H_{\mathrm{d}}(\mathrm{e}^{\mathrm{j}\omega})\right|=\begin{cases}1, & 0\leqslant\omega\leqslant 0.4\pi\\ 0, & \text{其他}\end{cases}$

```
Window=boxcar(8);                %设置长度为 8 的矩形窗 Window
b=fir1(7,0.4,Window); freqz(b,1)
Window=blackman(8);              %设置长度为 8 的布拉克曼窗 Window
b=fir1(7,0.4,Window); freqz(b,1)
```

例 B-3 设计线性相位带通滤波器，设计指标：长度 N=16；上下边带截止频率分别为 W1= 0.3π，W2=0.5π。

```
Window=blackman(16);
b=fir1(15,[0.3 0.5],Window); freqz(b,1)
```

例 B-4 设计指标为 $\omega_p=0.2\pi$，$R_p=0.25\text{dB}$，$\omega_s=0.3\pi$，$A_s=50\text{ dB}$ 的低通数字 FIR 滤波器。

```
wp=0.2*pi; ws=0.3*pi; wc=(ws+wp)/2; tr_width=ws-wp;
M=ceil(6.6*pi/tr_width)+1; N=[0:1:M-1];
alpha=(M-1)/2;
n=[0:1:(M-1)];
%n=[0,(M-1)];
m=n-alpha + eps;
hd=sin(wc*m)./(pi*m);
w_ham=(boxcar(M))';
h=hd.*w_ham;
[H,w]=freqz(h,[1],1000,'whole');
H=(H(1:501))';
w=(w(1:501))';
mag=abs(H);
db=20*log10((mag+eps)/max(mag));
pha=angle(H);
grd=grpdelay(h,[1],w);
delta_w=2*pi/1000;
Rp=-(min(db(1:1:wp/delta_w+1)));
As=-round(max(db(ws/delta_w+1:1:501)));
Close all;
subplot(2,2,1);stem(hd);title('理想冲击响应')
axis([0 M-1 -0.1 0.3]);ylabel('hd[n]');
subplot(2,2,2);stem(w_ham);title('汉明窗');
axis([0 M-1 0 1.1]);ylabel('w[n]');
subplot(2,2,3);stem(h);title('实际冲击响应');
axis([0 M-1 -0.1 0.3]);ylabel('h[n]');
subplot(2,2,4);plot(w/pi,db); title('衰减幅度');
axis([0 1 -100 10]);ylabel('Decibles');
```

B.4 IIR 滤波器的实现

1. freqs 函数：模拟滤波器的频率响应

例 B-5 系统传递函数为 $H(s)=\dfrac{0.2s^2+0.3s+1}{s^2+0.4s+1}$ 的模拟滤波器，在 Matlab 中可以用以下程序来实现：

```
a=[1 0.4 1]; b=[0.2 0.3 1];        %设置分子分母的系数
w=logspace(-1,1);                  %产生从 10^-1 到 10^1 之间等间距点，即 50 个频率点
freqs(b,a,w)                       %根据输入的参数绘制幅度谱和相位谱
```

2. freqz 函数：数字滤波器的频率响应

例 B-6 系统传递函数为 $H(z)=\dfrac{0.2+0.3z^{-1}+z^{-2}}{1+0.4z^{-1}+z^{-2}}$ 的数字滤波器，在 Matlab 中可以用以下程序来实现：

```
a=[1 0.4 1];b=[0.2 0.3 1];          %根据输入的参数绘制幅度谱和相位谱
freqz(b,a,128)                       %得到 0 到 π 之间 128 个点处的频率响应
```

3. ButterWorth 模拟和数字滤波器

（1）butterd 函数：ButterWorth 滤波器阶数的选择。

调用格式：[n,Wn]=butterd(Wp,Ws,Rp,Rs)

在给定滤波器性能的情况下（通带临界频率 Wp、阻带临界频率 Ws、通带内最大衰减 Rp 和阻带内最小衰减 Rs），计算 ButterWorth 滤波器的阶数 n 和 3 dB 截止频率 Wn。

其中，调用参数 Wp、Ws 分别为数字滤波器的通带、阻带截止频率的归一化值，要求：0≤Wp≤1，0≤Ws≤1。1 表示数字频率 pi。

当 Ws≤Wp 时，为高通滤波器；

当 Wp 和 Ws 为二元矢量时，为带通或带阻滤波器，这时 Wc 也是二元向量。

相同参数条件下的模拟滤波器调用格式为：

[N,Ωc]=buttord(Ωp, Ωs, Rp, Rs, 's')

该函数用于计算巴特沃斯模拟滤波器的阶数 N 和 3 dB 截止频率 Ωc。

Ωp、Ωs、Ωc 均为实际模拟角频率。

（2）butter 函数：ButterWorth 滤波器设计。

调用格式：[b,a]=butter(n,Wn)

根据阶数 n 和截止频率 Wn 计算 ButterWorth 滤波器分子分母系数（b 为分子系数的矢量形式，a 为分母系数的矢量形式）。

相同参数条件下的模拟滤波器调用格式为：[b,a]=butter(n,Wn,'s')

例 B-7 采样频率为 1 Hz，通带临界频率 fp =0.2 Hz，通带内衰减小于 1 dB（αp=1）；阻带临界频率 fs=0.3Hz，阻带内衰减大于 25 dB（αs=25）。设计一个数字滤波器满足以上参数。

```
[n,Wn]=buttord(0.4,0.6,1,25);
[b,a]=butter(n,Wn); freqz(b,a,512,1);
```

4. Chebyshev 模拟和数字滤波器

（1）cheb1ord 函数：Chebyshev Ⅰ型Ⅱ滤波器阶数计算。

调用格式：[n,Wn]=cheb1ord(Wp,Ws,Rp,Rs)

在给定滤波器性能的情况下（通带临界频率 Wp、阻带临界频率 Ws、通带内波纹 Rp 和阻带内衰减 Rs），选择 Chebyshev Ⅰ型滤波器的最小阶 n 和截止频率 Wn。

其中,调用参数 Wp、Ws 分别为数字滤波器的通带、阻带截止频率的归一化值，要求：0≤Wp≤1，0≤Ws≤1。1 表示数字频率 pi。

当 Ws≤Wp 时，为高通滤波器；

当 Wp 和 Ws 为二元矢量时，为带通或带阻滤波器，这时 Wc 也是二元向量。

相同参数条件下的模拟滤波器调用格式为：

[N,Ωc]=cheb1ord(Ωp, Ωs, Rp, Rs, ’s’)

该函数为模拟切比雪夫 I 型滤波器找到最小阶数 N 和截止频率 Ωc。

Ωp、Ωs、Ωc 均为实际模拟角频率。

（2）cheby1 函数：Chebyshev Ⅰ型滤波器设计。

调用格式：[b,a]=butter(n,Rp,Wn)

根据阶数 n、通带内波纹 Rp 和截止频率 Wn 计算 Chebyshev Ⅰ型滤波器分子分母系数（b 为分子系数的矢量形式，a 为分母系数的矢量形式）。

注：Chebyshev Ⅱ型滤波器所用函数和Ⅰ型类似，分别是 cheb2ord、cheby2。

5. 滤波器设计

（1）脉冲响应不变法设计数字 ButterWorth 滤波器。

调用格式：[bz,az]=impinvar(b,a,Fs)

在给定模拟滤波器参数 b、a 和取样频率 Fs 的前提下，计算数字滤波器的参数。两者的冲激响应不变，即模拟滤波器的冲激响应按 Fs 取样后等同于数字滤波器的冲激响应。

（2）利用双线性变换法设计数字 ButterWorth 滤波器。

调用格式：[bz,az]=bilinear[b,a,Fs]

根据给定的分子 b、分母系数 a 和取样频率 Fs，根据双线性变换将模拟滤波器变换成离散滤波器，具有分子系数向量 bz 和分母系数向量 az。

模拟域的 butter 函数说明与数字域的函数说明相同：[b,a]=butter(n,Wn,’s’)，可以得到模拟域的 Butterworth 滤波器。

例 B-8 采样频率为 1 Hz，通带临界频率 fp =0.2 Hz，通带内衰减小于 1 dB（Rp=1）；阻带临界频率 fs=0.3 Hz，阻带内衰减大于 25 dB（Rs=25）。设计一个数字滤波器满足以上参数。

```
%直接设计数字滤波器
close all;
clear
Fs=1;T=1;
fp=0.2;fs=0.3;
Rp=1;Rs=25;
[n1,Wn1]=buttord(fp/(Fs/2),fs/(Fs/2),Rp,Rs);
[b1,a1]=butter(n1,Wn1)
figure(1)
 freqz(b1,a1,512,Fs);
 grid on
 title("%直接设计数字滤波器频率响应")
%脉冲响应不变法设计数字滤波器
[n2,Wn2]=buttord(2*fp*pi,2*fs*pi,Rp,Rs,'s');
[b2,a2]=butter(n2,Wn2,'s');
[bz2,az2]=impinvar(b2,a2,Fs)
```

```
figure(2)
freqz(bz2,az2,512,Fs)
grid on
 title("%脉冲响应不变法设计 ButterWorth 数字滤波器频率响应")
%双线性变换法设计 ButterWorth  数字滤波器
wp=2*pi*fp/Fs;
ws=2*pi*fs/Fs;
OmegaP = (2/T)*tan(wp/2); %  频率预畸
OmegaS = (2/T)*tan(ws/2);   %  频率预畸
[n3,Wn3]=buttord(OmegaP,OmegaS,Rp,Rs,'s');
[b3,a3]=butter(n3,Wn3,'s');
[bz3,az3]=bilinear(b3,a3,Fs)
figure(3)
freqz(bz3,az3,512,Fs)
grid on
 title("%双线性变换法设计 ButterWorth  数字滤波器频率响应")
```

用三种方法设计的频率响应如图 B-1、B-2、B-3 所示。

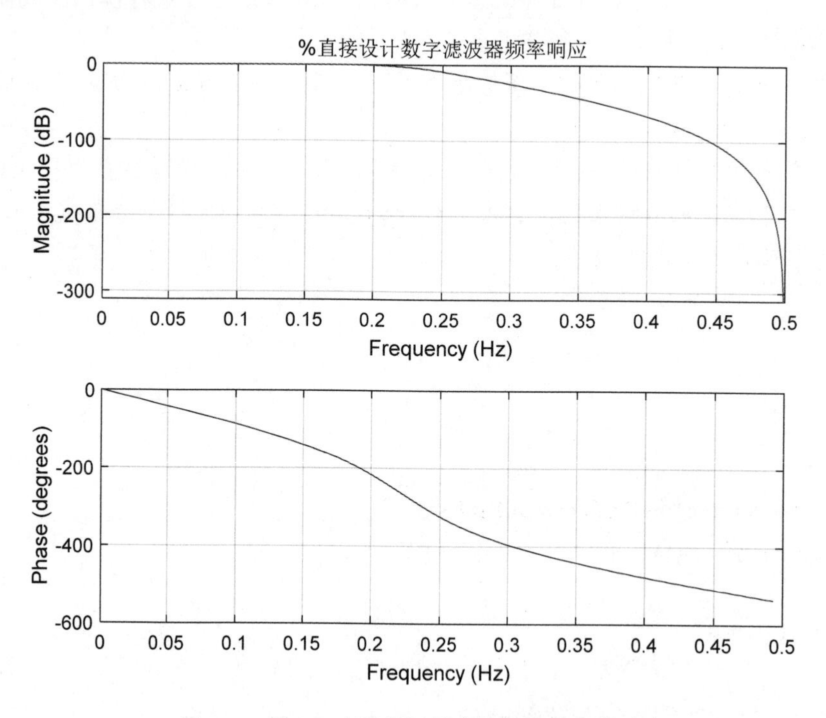

图 B-1　例 B-8 直接设计数字滤波器的频率响应

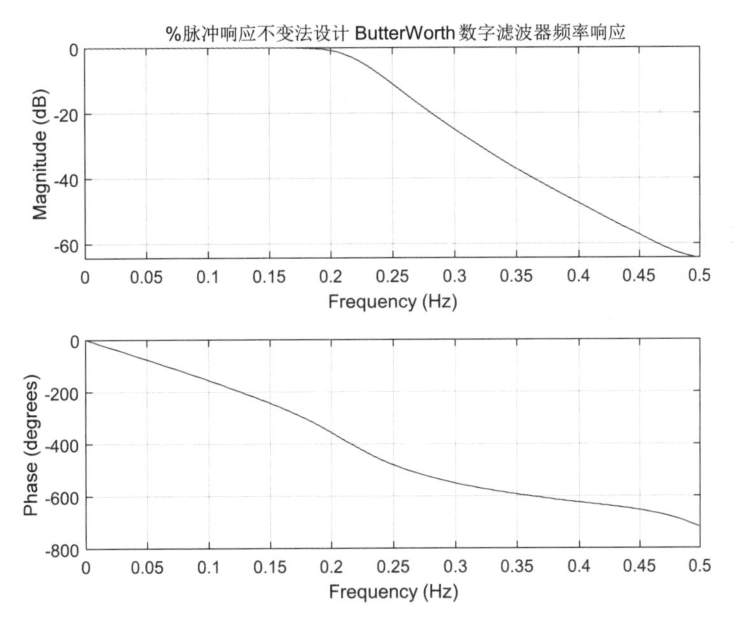

图 B-2　例 B-8 脉冲响应不变法设计 ButterWorth 数字滤波器频率响应

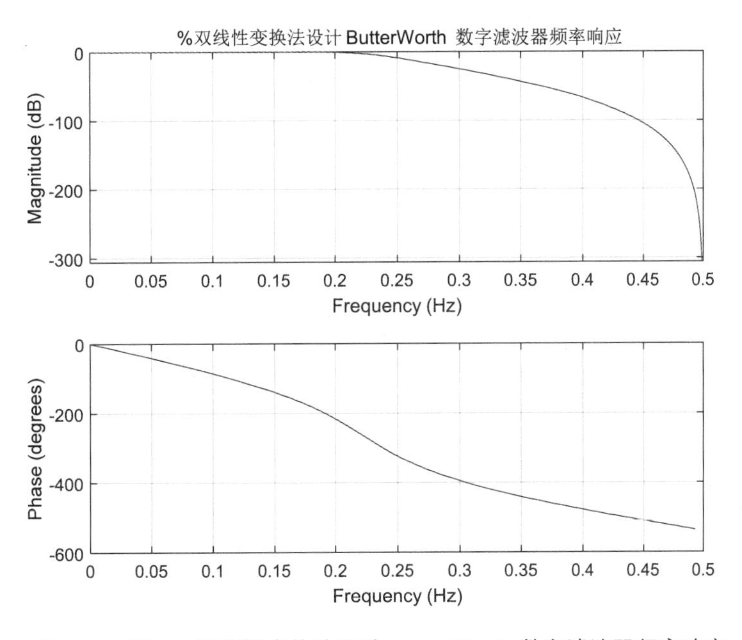

图 B-3　例 B-8 双线性变换法设计 ButterWorth 数字滤波器频率响应

其对应的分子分母系数分别为：

（1）直接设计数字滤波器：

n1=6,Wn1=0.4493

b1 = 0.0179　　0.1072　　0.2681　　0.3575　　0.2681　　0.1072　　0.0179

a1 = 1.0000　　-0.6019　　0.9130　　-0.2989　　0.1501　　-0.0208　　0.0025

（2）脉冲响应不变法设计数字滤波器：

n2=9,Wn2=1.3693

bz2 = −0.0000   0.0002   0.0153   0.0995   0.1444   0.0611   0.0075   0.0002
0.0000   0

az2 =1.0000   −1.9199   2.5324   −2.2053   1.3868   −0.6309   0.2045   −0.0450   0.0060
−0.0004

（3）双线性变换法设计 ButterWorth 数字滤波器：

n3=6,Wn3=1.7043

bz3 = 0.0179   0.1072   0.2681   0.3575   0.2681   0.1072   0.0179

az3 =1.0000   −0.6019   0.9130   −0.2989   0.1501   −0.0208   0.0025